Peter Henshaw | Peter D. Simpson | Bernhard Roes | Dieter Theyssen

SPEKTAKULÄRE TRAKTOR GIGANTEN

Impressum

HEEL Verlag GmbH
Gut Pottscheidt
53639 Königswinter
Telefon 0 22 23 / 92 30-0
Telefax 0 22 23 / 92 30 13
Mail: info@heel-verlag.de
Internet: www.heel-verlag.de

© 2016 für die deutsche Ausgabe: HEEL Verlag GmbH, Königswinter

Der Originaltitel „Super Tractors – Farmyard monsters from around the world" ist erschienen bei:
Haynes Publishing, Sparkford, Nr Yeovil, Somerset, BA22 7JJ, UK
written by Peter Henshaw, © Peter Henshaw 2006

Deutsche Übersetzung: Dorko M. Rybiczka

Der Originaltitel „Riesentraktoren" ist erschienen bei:
Landwirtschaftsverlag, Münster-Hiltrup, herausgegeben von
Dieter Theyssen Media, Dwarsefeld 11, 46419 Isselburg, © 2004

Lektorat: Jürgen Schlegelmilch

Satz und Gestaltung: F5 Mediengestaltung, Ralf Kolmsee, Bonn

Titelfoto: Peter D. Simpson

Bildnachweis:
Peter D. Simpson, Dieter Theyssen, Bernhard Roes, Alexander Konopinskij, Peter Henshaw
© Werksmaterial John Deere (S.128, S.150 bis S.157)
© Werksmaterial AGCO Corporation Massey Ferguson (S.171 bis S.175)
© Werksmaterial Fendt Archiv (S.80 bis S.93)

Alle Rechte, auch die des Nachdrucks, der Wiedergabe in jeder Form und der Übersetzung in andere Sprachen, behält sich der Herausgeber vor. Es ist ohne schriftliche Genehmigung des Verlages nicht erlaubt, das Buch und Teile daraus auf fotomechanischem Weg zu vervielfältigen oder unter Verwendung elektronischer bzw. mechanischer Systeme zu speichern, systematisch auszuwerten oder zu verbreiten. Ebenso untersagt ist die Erfassung und Nutzung auf Netzwerken, inklusive Internet, oder die Verbreitung des Werkes auf Portalen wie Googlebooks.

Alle Angaben ohne Gewähr, Irrtümer vorbehalten

Printed in Romania

ISBN 978-3-95843-305-2

Peter Henshaw | Peter D. Simpson | Bernhard Roes | Dieter Theyssen

SPEKTAKULÄRE
TRAKTOR
GIGANTEN

HEEL

Inhalt

Einführung 6

AGCOSTAR
Namen sind Schall und Rauch 24

Allis-Chalmers
Eine kurze Geschichte 30

Big Bud
Big is beautiful 36

Buhler Versatile 46

Caterpillar
Durchbruch mit Kettenantrieb 48

CNH Global
Reiche Ahnenreihe 58

Fendt
Vom Dieselross zum Großtraktor 80

Ford FW
Besser spät 94

Greytak Customs 103

Fiat Versatile 105

International Harvester
Snoopy und seine Freunde 106

JCB
Geschwindigkeitsrekorde 116

John Deere
Immergrün 124

Inhalt

Kharkov 158

Kirovets 160

Kirschmann 163

Massey Ferguson
Die roten Giganten 164

Minneapolis-Moline/Oliver
Rückzugsgefechte 178

New Holland 184

Rite 186

Rome 188

Schlüter 190

Steiger
Von Haus aus größer 192

Versatile
Vielseitigkeit aus Kanada 218

Wagner
Der Pionier aus Portland 238

Waltanna 244

White
Flach und gut 250

TRAKTOR-GIGANTEN

Einführung

Es gibt Super-Sportwagen, Super-Motorräder ... und Traktor-Giganten. Ein Ferrari Testarossa oder eine Suzuki Hayabusa sind gute Beispiele für die ersten beiden Kategorien, boten sie doch unerhörte Leistung und atemberaubende Höchstgeschwindigkeiten. Traktor-Giganten bestechen mit Leistung und Tempo, wenn auch auf andere Weise. Schiere Kraft ist natürlich vorhanden, kommen die ladeluftgekühlten Turbodieselmotoren doch auf 500 PS und mehr, aber auf der Farm zählen nicht die km/h. Was diese Ferraris der Feldarbeit stattdessen leistungsfähig macht, ist ihr Arbeitsvolumen, und auf diesem Gebiet sind sie nicht minder eindrucksvoll als italienische Supersportwagen.

Als die Feldarbeit noch von Pferden verrichtet wurde, kam ein erfahrener Pflüger mit zwei oder drei Tieren auf einen halben Hektar pro Tag, vielleicht auch etwas mehr, wenn der Boden leicht und das Wetter gut war. Dann tauchten die ersten Traktoren auf, und selbst diese kruden frühen Maschinen konnten rund fünf Hektar am Tag pflügen. Ein moderner 100-PS-Traktor schafft wesentlich mehr, rund ein Hektar pro Stunde, und Traktor-Giganten erreichen noch viel höhere Werte; sie pflügen einen halben Hektar Land in etwas über einer Minute um. Wenn ein Bauer des 19. Jahrhunderts eines heutigen 500-PS-Traktors ansichtig würde, hielte er ihn wohl für außerirdischen Ursprungs. Diese eindrucksvollen Eckdaten allein erklären aber nicht, weshalb die Traktor-Giganten bislang so erfolgreich sind.

Der Advance-Rumely Oil Pull aus der Zeit des Ersten Weltkriegs beweist, dass große, schwere, kraftvolle Traktoren keine Errungenschaft der Gegenwart sind.

EINFÜHRUNG

Kleinere Kettentraktoren wie dieser McCormick-Deering kamen in den 1930er Jahren zum Einsatz.

Der ultimative Megatraktor? Ein kleiner Ferguson 35 mit V12-Motor von Jaguar.

Schnellfahr-Traktors sicherlich auch in diese Kategorie. Dasselbe gilt für den MB-Trac, einen der ersten großen Systemtraktoren, der an beiden Fahrzeugenden zugleich Geräte betreiben konnte.

Traktor-Giganten, ob mit Rädern oder mit Ketten, mit ein- oder mehrteiligem Chassis, sind eine Errungenschaft der modernen Landwirtschaft, obgleich die Elemente, die sie ausmachen, einzeln bereits in der Frühzeit des Traktorwesens vorhanden waren. Zum Beispiel die hohe Leistungsfähigkeit – viele frühe Traktoren waren große, schwere Maschinen und erschienen vor den kleineren Modellen, da sie als natürliche Nachfolger der dampfbetriebenen Traktoren angesehen wurden.

Dies galt insbesondere in den USA, wo die Gehöfte größer waren und sich im Mittleren Westen die Weizenfelder bis an den Horizont erstreckten. Charles Hart und Charles Parr (passenderweise aus Charles City in Iowa stammend) bauten ihren ersten Serientraktor im Jahre 1903. Er wog über sechs Tonnen und wurde von einem gigantischen Zweizylindermotor mit über 30 Litern Hubraum angetrieben; das Schwungrad allein wog gut und gerne 450 kg. Dieser erste Hart-Parr-Traktor leistete 30 PS; es folgten noch viel größere Motoren. Der 60 PS starke „Old Reliable" wurde bis 1918 verkauft, und das größte Modell überhaupt von Hart-Parr war der 60-100 mit 100 PS mit 2,70 m großen Antriebsrädern und einem Gesamtgewicht von 26 Tonnen.

Der Advance-Rumely Oil Pull war ebenso groß und ähnelte eher einer Zugmaschine als einem Traktor (Hart-Parr behauptet, den englischen Ausdruck „tractor" geprägt zu haben). Mit seinem ölgekühlten 30-Liter-Zweizylinder war er nicht eben handlich zu nennen, lief aber zuverlässig den ganzen Tag, eine Quelle sanfter, verlässlicher und bei niedrigen Drehzahlen vorhandener Kraft, ideal etwa zum Dreschen. Advance-Rumely spannte einmal drei dieser

TRAKTOR-GIGANTEN

Wenn man zwei Traktoren zu einem Tandem zusammenspannt, erhält man einen 4x4 mit doppelt so hoher Leistung. Das war eine praktische Lösung, ehe die großen Werke eigene Allradmodelle auf den Markt brachten.

Mit steigender Leistung wurde es für den Zweiradantrieb zunehmend schwieriger; Zwillingsräder, wie an diesem WFE, waren eine Hilfslösung.

Traktoren vor einen speziellen Pflug mit 50 Scharen zusammen – wie man ihn auch an einem heutigen Traktor-Giganten sehen kann – und schaffte damit 800 Hektar in sechs Tagen.

Die Oil Pull Modelle waren die langlebigsten dieser frühen Monstertraktoren und wurden bis in die 1920er Jahre hinein gebaut. Dann aber wurden sie durch eine neue Art kleinerer Traktoren mit Benzinmotor verdrängt, die 20 bis 30 PS stark auch für mittelgroße Farmen erschwinglich und vor allem wesentlich leichter zu bedienen waren als die Giganten. In den 1930er Jahren kamen die stärksten Erntetraktoren auf 40 PS, der Alleskönner Farmall auf 20 PS.

Der Fowler Gyrotiller war eine schwere Bodenfräse mit einem 125 PS leistenden Ricardo-Benzinmotor. Der ursprünglich für einen Panzer konstruierte Motor verbrauchte bei Vollgas 240 Liter Benzin pro Stunde. Wichtiger war aber wohl, dass es sich beim Gyrotiller um einen Halbkettenentwurf handelte. Kurz, es gab bereits vor dem Erscheinen der Traktor-Giganten große, leistungsstarke Traktoren auf den Feldern zu sehen.

Auch der Vierradantrieb ist nichts Neues. Ihn gab es bereits zur Zeit der Pioniere, gar schon an Dampf-Traktoren; der Four-Wheel Pull der Firma Olmstead in Montana kam 1912 auf den Markt. Massey Harris fertigte einen erfolgreicheren vierradgetriebenen Traktor und lancierte 1930 das Modell

EINFÜHRUNG

Der Fastrac von JCB ist der schnelle Traktor von heute; in den 1930er Jahren war es der Minneapolis-Moline und in den Siebzigern der Trantor (Bild).

General Purpose. Es war bescheiden motorisiert (22 PS), die vier Antriebsräder von identischer Größe verliehen ihm aber unerreichte Traktion; der Traktor fand seine Nische im Forstwesen. Der GP war aber auch teuer und besaß einen allzu großen Wendekreis. Erst über 30 Jahre später kam der Vierradantrieb allgemein zum Einsatz, obgleich schon in den 1950er Jahren britische Firmen wie Bray, County und Roadless konventionelle Traktormodelle von Nuffield, Ford und Fordson auf Vierradantrieb umrüsteten.

Auch der Kettenantrieb taucht schon früh in der Traktorgeschichte auf; 1908 baute Benjamin Holt seine großen „Caterpillar"-Traktoren mit Benzinmotor. Schon damals waren Endlosketten keine neue Idee, funktionierten aber prächtig, und Holts Caterpillar-Modelle wurden im frühen 20. Jahrhundert in der Landwirtschaft und beim Militär verwendet. Holts Firma fusionierte 1925 mit dem Erzrivalen Leo Best zur Caterpillar Tractor Company. Von diesem Zeitpunkt an war Caterpillar weltweit führend in Kettenfahrzeugen, von denen manche auch an Farmer verkauft wurden; es sollten aber noch viele Jahre vergehen, ehe das Unternehmen den Durchbruch bei den zivilen Traktoren schaffte.

Ein Vorteil, den Ketten gegenüber Rädern aufweisen, abgesehen von der überlegenen Traktion, ist die Fähigkeit derartiger Fahrzeuge, praktisch auf der Stelle zu wenden; der große Wendekreis war insbesondere ein Nachteil des Massey Harris GP gewesen. Vier gleich große Räder an jedem Ende eines starren Chassis ließen am vorderen Räderpaar einen nur geringen Lenkeinschlag zu, und der GP war wesentlich unhandlicher als ein kleiner Fordson oder Farmall mit Hinterradantrieb. Dieses Problem umgehen alle modernen Traktor-Giganten durch ein zweiteiliges Chassis (Knickrahmen), das in der Mitte Gelenke enthält, so dass die Hinterräder den vorderen

Wagner war Pionier des Allrad-Megatraktors mit vorne wie hinten gleich großen Rädern und Gelenkrahmen.

Gegenüberliegende Seite: Noch ein PS-Monster – der Big Roy von Versatile. Auch dieses Modell kam nicht über das Prototypenstadium hinaus.

Obwohl also Traktor-Giganten im heutigen Sinne erst gegen Ende der 1950er Jahre erschienen, hatten sich ihre technischen Besonderheiten (Größe, Kraft, Allradantrieb und Knickrahmen) bereits zuvor einzeln bewährt, waren aber noch nicht an einem einzigen Modell vereint zur Anwendung gekommen.

Wie aber erging es zwischenzeitlich den konventionellen Traktormodellen? Hohe Motorkraft besaßen in den dreißiger Jahren lediglich die Kettenmodelle von Cletrac und Caterpillar; Innovationen gab es eher bei den kleineren Traktoren wie dem Allis-Chalmers B, dazu ließen technische Fortschritte – pneumatische Reifen und Harry Fergusons wunderbare Dreipunkt-Hydraulik – die leichten Traktoren effizienter werden.

Der Zweite Weltkrieg unterbrach die technische Evolution, doch zu Beginn der fünfziger Jahre gab es Anzeichen dafür, dass die Entwicklung wieder Fahrt aufnahm. Obgleich sich der Dieselantrieb durchzusetzen begann, experimentierten die Hersteller mit alternativen Antrieben – Ford baute in den Fünfzigern einen Gasturbinentraktor, Allis-Chalmers ein

Steiger war der bekannteste der auf Megatraktoren spezialisierten Hersteller.

Knapp hinter dem Bekanntheitsgrad des Steiger rangierte der Versatile aus Kanada.

folgen können. Das ergibt einen wesentlich engeren Wendekreis und fügt den Pflanzen weniger Schaden zu. Aber auch das ist keine neue Idee, denn bereits 1923 brachte Lanz eine solche Version von seinem bekannten Bulldog heraus und wenige Jahre später lancierte Pavesi in Italien den ähnlich konstruierten P4. Der Absatz beider Traktoren war enttäuschend, aber die Idee war da.

Oben: Nicht alle Megatraktoren entstanden in den USA oder in Kanada; der Belarus stammte aus der UdSSR.

Unten: Der in Südafrika hergestellte Bell war einer von vielen Kleinserien-Megatraktoren, die außerhalb ihrer Heimat selten zu sehen waren.

Modell mit Brennstoffzellenantrieb. Auch startete das Zeitalter der vielgängigen Getriebe. Zum konventionellen Drei-, Vier- oder Fünfganggetriebe kam ein Vorgelegegetriebe hinzu – bei Massey Ferguson trug es die Bezeichnung „Multi-Power" –, das die Gangzahl verdoppelte.

Einer der Gründe für diese Entwicklung auf dem Getriebesektor war, dass man die steigenden Leistungen besser ausnutzen wollte. In den 1930er Jahren leisteten die stärksten Traktoren um die 40 PS. 1949 brachte John Deere seinen bislang größten Traktor auf den Markt, das Model R, dessen 51 PS einen fünfscharigen Pflug ziehen konnten. Angesichts der sich verschärfenden Konkurrenzsituation mussten die Mitbewerber mit Deere mithalten, und bald waren 60 PS die Messlatte. Ab 1955 verkaufte Oliver den Super 99 mit 70 Kompressor-PS.

Jahr um Jahr hielt das Leistungswettrüsten bei den Traktoren an, an dem sich allen voran die US-amerikanischen Hersteller beteiligten. In Großbritannien und Europa bevorzugte der Markt im Gegensatz dazu kleinere Traktoren, wie sie etwa Ferguson, Fiat und Ford herstellten. In den USA und in Kanada hingegen schien der Leistungshunger keine Grenzen zu kennen. Der Oliver mit seinen 70 PS wurde bald durch den 75 PS starken Minneapolis-Moline Gvi übertroffen (der auch mit Massey-Ferguson-Emblemen unter der Bezeichnung 97 verkauft wurde).

Allis-Chalmers (A-C) brachte 1963 den ersten Erntetraktor mit 100 PS. Der D21 mit seinem 6,9-Liter-Diesel-Direkteinspritzer war so groß, dass man für ihn einen eigenen Gerätesatz entwickeln musste, bis hin zum siebenscharigen Pflug. A-C war auch das erste Werk, das einen turbogeladenen Traktor anbot, und in den folgenden Jahren stießen auch die meisten Konkurrenzmarken in den 100-PS-Club vor. Zum Beispiel International mit dem 1206 – die Prototypen dieses Traktors waren so stark, dass die Seitenwände der Hinterreifen nachgaben oder die Reifen von den Felgen rutschten; es mussten eigens spezielle Reifen entwickelt werden. Ende der sechziger Jahre lag die Latte bei 130 PS, und es schien, als ginge das Traktor-Wettrüsten ohne Ende weiter.

Allerdings gab es ein Problem. Genau genommen zwei – die Traktion und den Leistungsehrgeiz einiger Farmer. Zunächst zur Traktion – als die Leistungswerte kletterten, gestaltete es sich immer schwieriger, die ganze Kraft auch auf den Boden zu bringen. Mehr Gänge im Getriebe halfen, aber die beiden angetriebenen Hinterräder, so grobstollig die Reifen auch immer waren, konnten eben nur ein gewisses Maß an Traktion auf nassem, rutschigem Untergrund stellen. Etwas Radschlupf auf dem Feld ist hinnehmbar, doch bei

EINFÜHRUNG

Caterpillars bahnbrechende Gummiketten fanden zahlreiche Nachahmer, etwa den Track Marshall.

größerem Schlupf gehen Kraft, Treibstoff und Zeit verloren – leistungsstarke Traktoren mit Hinterradantrieb vergeudeten auf schwierigem Terrain alle drei Leistungswerte.

In den 1960er Jahren wurden mehrere Ansätze entwickelt, um die Traktion mit den immer weiter steigenden Leistungswerten Schritt halten zu lassen. Einmal gab es den Tandem-Traktor, ein interessanter Seitenweg in der Traktor-Giganten-Geschichte. Die Idee war einfach: Es wurden zwei Traktoren hintereinander gekoppelt und der Fahrer lenkte die Einheit vom hinteren Traktor aus, dessen Vorderräder entfernt wurden. Tandem-Umbausätze wurden in den USA, Australien und Frankreich hergestellt, am berühmtesten war aber wohl der englische Doe Triple-D. Traktorhändler Ernest Doe spannte zwei Fordson Major zusammen und hatte damit einen 100-PS-Traktor mit Vierradantrieb an der Hand, wie ihn damals kein anderer britischer Hersteller im Programm hatte. Später fertigte Doe ein 150-PS-Tandem auf Basis des Ford 5000; dieses Modell blieb bis 1966 im Angebot, obschon Doe nicht auf hohe Stückzahlen kam.

Einfacher war es, einen konventionellen Traktor mit Zwillings- oder Drillings-Hinterrädern auszurüsten, und Ende der sechziger/Anfang der siebziger Jahre waren diese an vielen der starken Modelle mit Hinterradantrieb auf Wunsch erhältlich. Zur selben Zeit begannen die großen Werke auch, Allradvarianten ins Programm zu nehmen, wenn auch nur in Gestalt einer zusätzlich angetriebenen Vorderachse mit kleinen Rädern. Auch das half der Traktion merklich auf die Sprünge, um aber die Vorzüge des Allradantriebs voll auszunutzen, führte kein Weg an vier Rädern von identischer Größe vorbei.

Das war alles gut und schön, doch Tandem-Traktoren und die übrigen geschilderten Traktionshilfen waren für die Bedürfnisse mancher Bauern, insbesondere in den USA, ungenügend. Die amerikanischen Traktorhersteller hatten sich in den fünfziger und sechziger Jahren ein PS-Rennen geliefert und waren um 1965 bei 100 PS starken „Hot-Rods" angelangt, deren schiere Kraft die Grenzen des Hinterradantriebs nur allzu deutlich aufzeigte. Noch während die großen Werke in diesen Wettlauf verstrickt waren, war die Antwort auf das Dilemma – hohe Leistung und gute Traktion – auf den Feldern des Mittleren Westens bereits zu sehen – der Supertraktor.

Supertraktor-Pioniere

Elmer Wagner ließ sich bereits im Jahr 1949 das Konzept eines vierradgetriebenen Traktors mit Knickrahmen einfallen, bis zu dessen marktreifer Umsetzung aber noch fünf weitere Jahre vergehen sollten. 1955 erschien der erste Wagner-Traktor, der TR-6 mit 64 PS, dem bald der TR-9 mit 85 PS und der TR-14 mit 160 PS folgten, alle von eigenen Motoren angetrieben. Dies waren die ersten Traktoren mit Allrad-

Der Fendt Xylon war ein moderner Systemtraktor, sehr wandelbar und vielseitig einsetzbar.

Der Mercedes MB-Trac 1300, auch er ein Systemtraktor, der sich gleichzeitig vorne und hinten mit Geräten bestücken ließ.

antrieb und Knickrahmen, und der Wagner war erfolgreich; er war wendiger als der Caterpillar-Kettentraktor und wesentlich schneller.

Wie wir gesehen haben, hatte es schon früher Allrad-Traktoren gegeben, doch erst im Verein mit dem Knickrahmen des Wagner wurde der Allradantrieb praktisch nutzbar und ermöglichte den Einsatz stärkerer Motoren ohne Traktionsprobleme. Die Grundidee des Knickrahmens ist simpel und einfacher umzusetzen als die Kraftübertragung auf eine gelenkte Vorderachse. Ein solcher Traktor besitzt an der Rahmenmitte Gelenke und zwei starre Achsen sowie Lenkspindeln, die rechts wie links einen Lenkeinschlag von etwa 40 Grad ermöglichen. Damit ist der Knickrahmen-Traktor für seine Größe überraschend wendig, und da die Hinterräder den Vorderrädern folgen, werden die Pflanzen nur wenig in Mitleidenschaft gezogen. Ein weiterer Vorteil der Knickrahmenkonstruktion besteht darin, dass beide Achsen sich unabhängig voneinander verschränken können, bis zu etwa 15 Grad in jeder Richtung. Innerhalb dieser Grenzen bleiben alle vier Räder durchgehend in Kontakt mit dem Boden und bieten maximale Traktion.

Knickrahmen erlauben den Einsatz vier großer Räder von gleichem Format, was weitere Vorteile mit sich bringt. Die größeren Räder verteilen das Fahrzeuggewicht natürlich auf eine größere Fläche als ein Traktor mit kleineren Rädern – ein Traktor-Gigant mit Zwillings- oder Drillingsreifen belastet das Erdreich mit lediglich 0,35 kg/cm^2, während ein konventioneller Traktor mit etwa 1,2 kg/cm^2 das Erdreich wesentlich stärker belastet und zusammenpresst. Größere Reifen sorgen zudem für mehr Traktion; der Ersatz kleiner Vorderräder durch große maximiert daher die Vorteile, die der Allradantrieb bietet.

Während also der Wagner an Bekanntheit gewann, wollten sich immer mehr Farmer der Vorzüge eines Supertraktors erfreuen. Natürlich waren diese Vehikel wesentlich schwerer und teurer als ein konventionelles Gefährt, da man mit ihnen aber rascher arbeiten konnte, war der Bauer weniger vom Wetter abhängig, und da man mit weniger Arbeitsgängen auskam, wurde auch das Erdreich weniger stark zusammengedrückt. Die Farmer stellten fest, dass ein großer

EINFÜHRUNG

Allradtraktor soviel leistete wie zwei oder drei kleinere Traktoren mit Hinterradantrieb.

Zwei Jahre nach dem Verkaufsbeginn des Wagner bauten Douglas und Maurice Steiger für die Arbeit auf ihrer 1600-Hektar-Farm einen 130 PS starken Traktor. Auch dieser besaß Allradantrieb und einen Knickrahmen, und als die Nachbarn hörten, was er zu leisten imstande war, baten sie die Steigers, ihnen auch einen zu bauen. Das Ganze war derart erfolgreich, dass die Steigers sich hauptberuflich auf den Traktorenbau verlegten und von ihrer Farm in ein neues Werk in Nord-Dakota umzogen. 1976 machten sie 100 Millionen Dollar Umsatz.

Wagner und Steiger bekamen 1966 Konkurrenz durch einen kanadischen Riesentraktor. Versatile war ein etablierter Hersteller von landwirtschaftlichen Geräten und brachte in jenem Jahr den D-100 (mit 125 PS starkem Ford-Dieselmotor) heraus. Es gab auch eine Benziner-Version, den G-100. Versatile ist deshalb besonders wichtig, weil es der erste Großserienhersteller von Traktor-Giganten war und preislich Wagner und Steiger unterbot. Versatile rechtfertigte seinen Namen (der auf Deutsch „vielseitig" bedeutet) 1977 mit der Einführung des ersten modernen Bidirektional-Traktors. Große Acker-Giganten machten aber weiterhin den Großteil des Modellprogramms aus.

1976 baute Versatile zudem den weltgrößten Traktor, den achträdrigen, 600 PS starken Big Roy (S. 13) mit Achtradantrieb. Dieses Vehikel war gewiss groß, aber keineswegs der stärkste jemals gebaute Traktor. Dieser Titel gebührt Big Bud (S. 36), der vierten Marke im Bunde der großen Supertraktor-Spezialisten.

Willie Hensler war Wagner-Händler, bis er 1969 die Firma Big Bud gründete. Von Anfang an war klar, dass sein Ehrgeiz darin bestand, den allergrößten Traktor zu bauen; der erste Big Bud wurde von einem 250 PS starken Cummins-Dieselmotor angetrieben, bald folgte eine Version mit 350, später eine mit 450 PS. Der (von der Größe her) ultimative Big Bud war der 16V 747. Von einem Detroit Diesel-V16 angetrieben kam der Traktor auf 760 PS, konnte aber bei Bedarf auf bis zu 1000 PS gebracht werden. Die Reifen (von knapp 2,50 Meter Durchmesser) waren Spezialanfertigungen, und das Twin-Disc-Getriebe war eigentlich für schwere Baumaschinen konstruiert worden. Mit einem Einsatzgewicht von 52 Tonnen war der 747 ein wahrer Monster-Traktor. Nicht umsonst bezeichnete ihn der Prospekt als „Feld-Artillerie".

Nur ein 747 wurde gebaut, und obwohl dieses Exemplar problemlos seiner Arbeit nachging, kam es nicht zu einer Serienfertigung – ebenso wenig wie im Falle des Big Roy. Die Spezialisten von Traktor-Giganten hatten, so schien es, ihren Zenith überschritten und Mitte der Siebziger waren die Boomjahre eindeutig vorüber. Die Ursachen dafür lagen auf der Hand. Die großen Werke hatten bemerkt, dass dieses Marktsegment im Wachsen begriffen war und wollten hier ebenfalls mitmischen. John Deere, International, Case, Massey Ferguson und andere lancierten in den sechziger und siebziger Jahren ebenfalls Großtraktoren. Die Mehrzahl entstand in den USA, was ganz selbstverständlich war, denn Nordamerika war zu der Zeit der mit Abstand größte Markt für diese Fahrzeuge. Interessanterweise aber entstand der MF 1200 in Großbritannien, als einziger echter Traktor-Gigant.

Ganz oben: Russische Megatraktoren hinkten früher technisch zumeist hinterher, scheinen aber, wie dieser Charkov mit 200 PS demonstriert, rasch aufzuholen.

Oben: Der Claas Xerion, ein moderner Systemtraktor mit Vierradlenkung.

TRAKTOR-GIGANTEN

Gegenüberliegende Seite: Der amerikanische Gigant John Deere baut seit 1970 bis heute ununterbrochen Megatraktoren.

Aufgrund ihrer höheren Stückzahlen und da sie sich häufig bereits vorhandener Komponenten bedienen konnten, waren diese Traktor-Giganten der großen Werke in der Regel preiswerter als die Modelle der Spezialisten und verfügten zudem über ein engmaschigeres Vertriebs- und Servicenetz. Daher war es wohl unausweichlich, dass sie den Pionieren wie Wagner und Steiger den Garaus machten.

Außerdem ging es ab Ende der siebziger Jahre mit dem Landbau sowohl in Europa als auch in Nordamerika bergab, daher hatten es die kleinen Hersteller teurer Traktoren schon ohne die Konkurrenz durch die großen Werke schwer. Case-IH kaufte Steiger auf und ließ den Markennamen fallen (nur um ihn bald darauf nach empörtem Aufschreien wieder aufleben zu lassen); Versatile wurde am Ende von New Holland geschluckt und Big Bud verlegte sich vom Traktorenbau auf Wartung und Instandsetzung seiner vorhandenen Traktoren. Wagner wechselte mehrfach den Besitzer, ehe die Produktion 1970 eingestellt wurde.

Spätere Innovationen

Alle diese in den sechziger und siebziger Jahren angebotenen Vehikel entsprachen der klassischen Supertraktor-Formel: Allradantrieb, Knickrahmen und ein großer, extrastarker Dieselmotor. Ab den 1980er Jahren aber zeigten zwei Entwicklungen Alternativen auf, obschon sie die herkömmlichen Supertraktoren nicht verdrängten, sondern ergänzten.

Der erste Trend waren die neuen Gummiketten. Traktoren mit Stahlketten waren teils bis in die fünfziger Jahre verbreitet gewesen, insbesondere beim Einsatz auf schweren Böden, wo die Traktionsprobleme

Unten: Außerhalb Europas wenig bekannt ist der Doppstadt Trac, ein kompakter, starker Traktor.

EINFÜHRUNG

TRAKTOR-GIGANTEN

EINFÜHRUNG

Das Herz eines jeden Megatraktors: Ein grundehrlicher Sechszylinder-Dieselmotor mit viel Drehmoment und Zugkraft ... oder vielleicht ein V8 wie dieser Caterpillar-Motor, der in einem Ag Chem Terra-Gator Dienst tut.

erheblich sind. Wenn es um minimalen Schlupf auf glattem Untergrund ging, waren sie unschlagbar.

Ansonsten wiesen Stahlketten-Traktoren aber zahlreiche Nachteile auf. Auf geteerten Straßen waren sie laut, unkomfortabel und äußerst langsam; sie kamen kaum über Schrittgeschwindigkeit hinaus, während Traktoren mit Rädern immerhin mit 30 km/h vorankamen. Die Ketten verlangten zudem nach viel Pflege, und Kettentraktoren waren auch in der Anschaffung kostspieliger. Als vierradgetriebene Modelle preiswerter wurden, kamen die Kettentraktoren rasch aus der Mode. Caterpillar versuchte 1976, die Probleme mit gekapselten und geschmierten Stahlketten abzustellen, schneller und leiser waren diese Modelle auf der Straße aber auch nicht.

Der Durchbruch erfolgte ein Jahrzehnt später, als Caterpillar den Challenger mit stahlverstärkten Gummiketten herausbrachte. Dies war der erste Kettentraktor, der die Traktionsvorteile des Kettenantriebs auf schwerem Untergrund bewahrte, zugleich aber auf der Straße ein Tempo von 30 km/h und einen vernünftigen Komfort bot. Er war ein Meilenstein der Supertraktor-Technik, und der Challenger war derart erfolgreich, dass die großen Werke, bis hin zu

Gegenüberliegende Seite: Umfangreiche Erprobungen sind ein wichtiger Teil der Megatraktor-Entwicklung.

Big is beautiful? Ganz bestimmt galt das Ende der 1960er Jahre, als dieser Versatile das Werk verließ.

TRAKTOR-GIGANTEN

Der Terra-Gator war für schwere Transportarbeiten auf dem Feld gedacht; ein Mega-Lkw als Ergänzung zum Megatraktor.

John Deere und Case-ICH, bald eigene Modelle mit Gummiketten präsentierten. Das bedeutete für die Vierrad-Traktor-Giganten aber keineswegs das Aus, denn beide Konzepte verfügten über eigene Vorzüge und Nachteile, und die Debatte Ketten kontra Räder erstreckte sich bis in das 21. Jahrhundert hinein.

Ein Vorzug, der dem Kettenantrieb nachgesagt wird, betrifft die gegenüber Modellen mit großen Rädern bessere Wendigkeit, doch schlug die Fraktion der Vierrad-Traktoren in den achtziger Jahren zurück – mit der Vierradlenkung. Dieses Konzept ist nur bis zu einer gewissen Motorstärke tauglich und lässt die extreme Wendigkeit eines Ketten- oder Knickrahmentraktors vermissen, kann aber einen Vierradtraktor mit starrem Rahmen wesentlich wendiger machen. Beim Claas Xerion (mit Wendekabine) lassen sich alle vier Räder im selben Winkel anstellen, was eine krabbenartige Seitwärtsbewegung quer über das Feld erlaubt. Das Quadtronic-System von JCB erlaubt fünf verschiedene Fahrmodi, darunter das „proportionale Fahren", bei dem zwei Grad Lenkeinschlag an der Vorderachse einem Lenkwinkel von einem Grad an der Hinterachse entspricht. Der „Verzögerungs"-Modus lässt die Hinterräder geradeaus fahren, bis die Vorderräder einen Lenkeinschlag von 20 Grad erreicht haben und dient der Erleichterung bei der Arbeit in Feldern mit in Reihe stehenden Pflanzen.

In den 1980er Jahren gab es also wichtige Neuerungen, obgleich die Zeiten für viele Bauern und Traktorenhersteller nicht leicht waren; die früheren Typen mit 600 PS und mehr hatten es nicht in die Großserie geschafft. 500 PS etablierten sich als von der Vernunft diktierte Leistungsobergrenze. Fortschritte in der Elektronik (die sowohl die Motorsteuerung als auch den Feldbau selbst betrafen) erwiesen sich als eher Effizienz steigernd denn das Streben nach immer mehr Leistung, das Probleme in Sachen Gewicht, Größe und Kosten mit sich brachte. Die 600 bis 900 PS starken Giganten der siebziger Jahre waren ein Irrweg, das Traktorgegenstück zu den US-Muscle Cars, die es auch nie wieder geben wird. Vielleicht sind sie die wahren Dinosaurier des Landbaus, doch Allradantrieb und Knickrahmen der Supertraktoren zählen heute zum Kanon, nicht nur im Ursprungsland Nordamerika, sondern auch in vielen anderen Weltgegenden. Man könnte annehmen, dass die Traktor-Giganten in Australien und Südafrika mit den weiten Ebenen einen Markt haben, und so ist es auch tatsächlich, doch kommen sie auch immer häufiger auf den vergleichsweise kleineren Gehöften in Europa zum Einsatz. Auch hier spielen wirtschaftliche Gründe eine Rolle. Der Case Quadtrac STX 535 zum Beispiel kostete im Jahr 2007 in Deutschland € 309.109 zzgl. Steuer. Früher einmal hätte sich

EINFÜHRUNG

ein derart teurer Traktor erst für einen Hof von 600 Hektar gerechnet, zu Beginn des 21. Jahrhunderts sieht die Sache aber anders aus. Mittelgroße Höfe werden von immer weniger Personal bewirtschaftet und Traktor-Giganten lohnen sich nun auch für kleinere Flächen.

Die Ära der 900-PS-Giganten mag vorüber sein, die Traktor-Giganten werden uns aber, so scheint es, erhalten bleiben.

Unten: Wie die Megatraktoren, so sind auch ihre Gegenstücke mit starrem Rahmen im Laufe der Zeit gewachsen.

Rechts: Im ländlichen Mittleren Westen der USA trifft man allenthalben auf viele abgehalfterte Traktoren wie diesen hier, die entweder als Ersatzteilträger dienen oder einfach nach und nach verrotten.

23

TRAKTOR-GIGANTEN

AGCOSTAR

Namen sind Schall und Rauch

Die AGCO-Geschichte handelt von erstaunlichem Erfolg und raschem Wachstum. Was als kleines, verlustträchtiges Unternehmen begann, das vom eigenen Management aufgekauft wurde, hat sich zu einem der weltgrößten Traktorenbauer entwickelt; der Jahresumsatz beläuft sich auf über drei Milliarden Dollar, man verkauft 22 Marken über 8000 Händler in 140 Ländern. AGCO hat dies nicht durch die Entwicklung neuer Traktoren und Landmaschinen erreicht, sondern durch den Aufkauf renommierter Marken zu günstigen Zeitpunkten. Das Supertraktor-Kapitel dieser Geschichte ist aber eher kurz.

AGCO würde es wahrscheinlich gar nicht geben, wenn nicht Allis-Chalmers 1985 seine Landmaschinensparte an Deutz verkauft hätte. Das deutsche Unternehmen verfolgte in den USA die Strategie, seine Traktoren unter dem Markennamen Deutz-Allis zu vertreiben und ließ ab 1989 größere Modelle bei White fertigen. Dieses Arrangement war aber nur von kurzer Dauer. Deutz-Allis fuhr Verluste ein, und schon im folgenden Jahr stimmte Deutz der Übernahme durch das amerikanische Management unter Leitung von Robert Ratcliff zu.

Das hätte zu keinem günstigeren Zeitpunkt geschehen können, zog doch der US-amerikanische Traktoren- und Landmaschinenmarkt just zu diesem Zeitpunkt nach einer langen Rezession wieder an. Im selben Jahr kaufte Ratcliffs Managementteam Gleaner

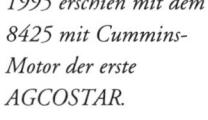

1995 erschien mit dem 8425 mit Cummins-Motor der erste AGCOSTAR.

AGCOSTAR

Kunden konnten später auch den schwächeren 8360 erwerben, der abgesehen von seinem gedrosselten Cummins N-14-Motor mit dem 8425 identisch war.

auf und das Unternehmen AGCO wurde gegründet. 1991 kaufte man Hesston Equipment hinzu, 1992 erwarb man die US-Vertriebsrechte für Same und 1993 für Massey Ferguson. Zugleich gliederte man White-New Idea dem Konzern an.

AGCO war jetzt Traktorhersteller und vertrieb außerdem die Marken Same und Massey Ferguson in den USA und in Kanada. Der Konzern legte aber noch einen Zahn zu. 1994 übernahm AGCO Massey Ferguson, wodurch sich die Größe des Konzerns mit einem Schlag verdoppelte. Damit war man einer der größten Traktorenhersteller der Welt geworden, der in Europa und in Nordamerika sehr gut aufgestellt war. Nur vier Jahre nach dem Buy-Out durch das Management war man zum Global Player aufgestiegen.

Supertraktoren hatten dabei keinerlei Rolle gespielt; das größte Modell war der AGCO-Allis der Serie 9000 mit bis zu 191 PS. Diese im alten White-Werk hergestellten Traktoren mit starrem Rahmen besaßen weiterhin luftgekühlte Deutz-Motoren, erhielten aber schon bald Triebwerke von Detroit Diesel und Cummins.

Erst Ende 1994 betrat AGCO die Supertraktor-Arena, als man die in Stamford/Ontario ansässige McConnell Manufacturing Company zukaufte. Auch McConnell war erst seit kurzem im Großtraktorgeschäft und hatte eine Geschichte hinter sich, die derjenigen von AGCO in manchen Punkten durchaus ähnelte. Ward McConnell war auf einem Milchviehhof im Staat New York aufgewachsen und hatte den Ehrgeiz, einen eigenen Traktor zu bauen. Er begann als Oliver-Händler, gründete 1961 McConnell Manufacturing und produzierte landwirtschaftliches Gerät verschiedenster Ausprägung.

Der AGCO-Konzern wuchs durch etliche Übernahmen sehr schnell, was sich im umfangreichen Modellprogramm widerspiegelte.

TRAKTOR-GIGANTEN

Oben: Starrrahmentraktoren von AGCO, wie dieser DT 240, verkauften sich unter diversen Markennamen ausgezeichnet; für den AGCOSTAR galt das leider nicht.

Gegenüberliegende Seite: Ein 8425 im Einsatz bei einem Pflüge-Wettbewerb. Die Technik unter der neuen silbernen Karosserie entsprach in vielem noch dem ursprünglichen Massey Ferguson 4000.

McConnell hielt am Ziel des Traktorenbaues fest, ihm fehlten aber die Mittel zur Entwicklung eines eigenen Entwurfes. Eine Gelegenheit ergab sich 1985 mit dem Erwerb des Traktorenwerkes Marshall, der britischen Firma, die aus der Traktorsparte von Leyland entstanden war. Es kam freilich zu Problemen und McConnell verkaufte sein britisches Werk bald wieder. Richtig im Traktorenbau kam er drei Jahre später an, als Massey Ferguson das Modell 4000 aus der Produktion nahm und er die Rechte für den Bau dieses Supertraktors in Kanada erwerben konnte. McConnell nahm technische Verbesserungen vor und brachte das Fahrzeug 1989 unter der Bezeichnung Massey Ferguson 5200 auf den Markt; der Vertrieb erfolgte weiterhin über MF-Händler, und die Traktoren erhielten die MF-typische Lackierung. Zwei Jahre darauf begann McConnell die Fahrzeuge auch unter seinem eigenen Namen zu verkaufen. Diesen hellgelb lackierten McConnell Marc gab es mit 320 PS (Marc 900) und mit 425 PS (Marc 1000). In beiden Fällen erfolgte der Antrieb durch turbogeladene Detroit-Diesel-Sechszylinder mit Ladeluftkühler und Zwölfganggetriebe (plus vier Rückwärtsgänge).

Als AGCO 1994 McConnell kaufte, erwarb man damit einen direkten Spross der Massey Ferguson Supertraktorfamilie und führte diesen wieder mit dem übrigen MF-Modellprogramm unter einem Konzerndach zusammen. Bis dahin hatte AGCO die Strategie verfolgt, die zugekauften Markennamen – Allis, White und Massey Ferguson – beizubehalten; im Falle von McConnell fürchtete man aber, dass die

AGCOSTAR

TRAKTOR-GIGANTEN

Beim AGCOSTAR 8360 handelte es sich um einen 8425 mit gedrosseltem Motor. Auf dem immer weiter ausufernden Markt war die Auswahl zwischen zwei ähnlichen Modellen zu wenig.

AGCO, entstanden durch die Management-Übernahme der Reste von Deutz-Allis, entwickelte sich rasch zum Global Player in der Traktoren- und Landmaschinenbranche.

Marke, insbesondere außerhalb Nordamerikas, zu wenig bekannt war. Man wollte aber die Traktoren nicht wieder mit dem MF-Markenzeichen versehen, das man den kleineren und mittelgroßen Traktorbaureihen vorbehalten wollte.

Daher schuf man eine gänzlich neue Marke, AGCOSTAR, die ab Juli 1995 in Erscheinung trat. Das zugehörige Modell hatte einen guten Stammbaum – in Gestalt von Massey Ferguson 4000 und 5200 und den Marc-Modellen von McConnell – und sah seinen Vorgängern auch recht ähnlich, der neue AGCOSTAR 8425 konnte aber auch mit wichtigen Neuerungen aufwarten. Die Karosserie war neu gestaltet (die alte war doch schon ein wenig in die Jahre gekommen) und das Zwölfganggetriebe wurde durch eine Einheit mit 18 Gängen ersetzt (plus zwei Rückwärtsgänge). Für die typische Arbeitsgeschwindigkeit von 5 bis 14 km/h standen dabei neun Gänge zur Verfügung.

Keine Änderungen gab es an dem 12,7-Liter-Motor der Serie 60 von Detroit Diesel; dieser war nach wie vor turbogeladen und leistete 425 PS. Allerdings war sich AGCO darüber im Klaren, dass nicht jeder Farmer einen Detroit-Diesel-Händler um die Ecke hatte und bot daher als Alternative den Cummins N-14 mit 14 Litern Hubraum an, der ebenso stark und ebenfalls mit Turbolader und Ladeluftkühler ausgerüstet war. Beide Motoren besaßen eine elektronische Steuerung zur Verringerung des Benzinverbrauchs. Nach der Rezession der achtziger Jahre achtete man mehr denn je auf die Kosten, und auch die Supertraktoren mussten jetzt nicht mehr nur leistungsstark, sondern zusätzlich auch sparsam sein.

Ein Jahr darauf kam zum 8425 der leistungsschwächere 8360 ins Programm, der Nachfolger im Geiste des McConnell Marc 900. Er teilte sich die meisten Komponenten – Rahmen, Getriebe, Hydraulik, Karosserie – mit dem größeren Bruder, und der einzige Unterschied bestand in der Motorleistung. Wie der 8425 wurde auch der 8360 vom Cummins N-14 angetrieben, der hier aber auf 360 PS bei 2100/min gedrosselt war. Den Detroit Diesel Motor gab es in diesem Modell nicht; ihn ließ AGCO 1998 auch beim 8425 entfallen.

Die AGCOSTAR waren zuverlässig und fleißig und verfügten über viele langjährig bewährte Komponenten. Der Winkel des Knickrahmens betrug bis zu 35 Grad, was einen kleinen Wendekreis ergab, und alle üblichen Vorzüge der Traktor-Giganten kamen bei diesen Modellen voll zur Geltung. Aus irgendeinem Grund verlief der Absatz aber schleppend. Vielleicht war die Marke einfach zu neu und zu unbekannt, während die Konkurrenzmarken sehr gut etabliert waren. Die Markenloyalität ist bei Traktorkäufern stark ausgeprägt; wer etwa einen großen John Deere 9000 kaufte, kam mit großer Wahrscheinlichkeit von einem kleineren Modell in der typischen grün-gelben Livree. Es hatte zuvor keinen kleineren oder überhaupt einen AGCOSTAR gegeben, sofern man nicht die Modelle von AGCO-Allis, Massey, Same und Landini hier berücksichtigen will, die jeweils über eine eigene Geschichte und eigene Lackierungen verfügten. Der AGCOSTAR besaß zwar einen beeindruckenden Stammbaum, das wussten aber nur Kenner, und mit nur zwei einander ähnlichen Modellen im Angebot war die Auswahl auch sehr bescheiden.

Das Ende kam 2002, als Caterpillar AGCO die Baurechte am Challenger mit Gummiketten anbot. Wie hätte man da nein sagen können? Das war die Gelegenheit, sich in eine ganz neue Technologie einzukaufen und den Konzern weiter zu diversifizieren, wie geschaffen für AGCO, einen Konzern, der stets durch Zukäufe gewachsen war. Daher kam in der Folge der Challenger MT 800 ins Programm, was das Aus für den AGCOSTAR bedeutete, denn zwei leistungsstarke Supertraktoren brauchte man nicht im Programm, auch wenn einer Räder und der andere Ketten besaß. 2004 kam es zu Spekulationen, dass AGCO sich wieder dem Vierrad-Supertraktormarkt zuwenden und einen Nachfolger für den AGCOSTAR bringen wolle. Bis dahin, wenn es denn so kommen sollte, bleiben diese großen silbernen Traktoren, die nur acht Jahre lang gebaut wurden, der einzige Beitrag des Konzerns zu den großen Traktoren mit Knickrahmen.

Ein AGCO-Allis 9745, ein jüngeres Modell mit Allradantrieb und starrem Rahmen, aber nach wie vor in der Allis-Chalmers-Lackierung.

AGCOSTAR 8425

Baujahr	1995
Motor	Detroit Diesel 60 oder Cummins N-14
Motortyp	Wassergekühlter Reihensechszylinder
Besonderheiten	Turbolader, Ladeluftkühler
Hubraum	12,7 bzw. 14 Liter
Leistung	425 PS bei 2100/min
Getriebe	18 x 2 Gänge

AGCOSTAR 8360

Baujahr	1996
Motor	Cummins N-14
Motortyp	Wassergekühlter Reihensechszylinder
Besonderheiten	Turbolader, Ladeluftkühler
Hubraum	14 Liter
Leistung	360 PS bei 2100/min
Getriebe	18 x 2 Gänge

TRAKTOR-GIGANTEN

Allis-Chalmers
Eine kurze Geschichte

Allis-Chalmers wirkte auf den ersten Blick wie der perfekte große US-amerikanische Traktorenbauer, der für die Herstellung eines Supertraktors geradezu prädestiniert war. Wie International, so konnte auch A-C auf eine Vergangenheit als Hersteller schwerer Baufahrzeuge zurückblicken und kannte sich daher bei großen, kraftvollen Dieselmotoren, Knickrahmen und Allradantrieb bestens aus. Man war Pionier beim Einsatz von Turboladern bei Traktoren und hatte als erster Hersteller einen hinterradgetriebenen Traktor herausgebracht, der die Schwelle von 100 PS überschritt.

Auch mit Allradtraktoren kannte sich Allis aus. Der „Bull Moose" aus dem Jahr 1953 konnte eine Nutzlast von knapp 30 Tonnen ziehen und war dabei 40 km/h schnell; er war zwar als Zugmaschine und Bulldozer für die US Army konzipiert worden, besaß aber alles, was einen Supertraktor auszeichnet. Der T-16 ein Jahrzehnt später war in erster Linie für den Einsatz in der Industrie bestimmt, einige Exemplare rüstete Allis-Chalmers aber für die Feldarbeit mit einem 5,7 Liter großen Vierzylinder-Turbomotor aus. Beim Einsatz in den Weizenfeldern erwies er sich als eher unzuverlässig, und die meisten Fahr-

Erster Megatraktor unter der Marke Allis-Chalmers war der 440, der aber nicht lange im Programm blieb.

ALLIS-CHALMERS

zeuge wurden bei der Zuckerrohrernte eingesetzt.

Es gab weitere Anläufe, einen eigenen Allradtraktor zu bauen, es kam aber in keinem Fall zu einer Serienfertigung, und erst 1972 tauchte Allis-Chalmers schließlich einen Zeh in das Wasser dieses rasch wachsenden Marktes. Der neue 440 entpuppte sich freilich als Steiger Bearcat in anderer Lackierung und mit A-C-Emblemen; gebaut wurde er im Steiger-Werk in Fargo/Nord-Dakota. Der von einem 208 PS leistenden V8 angetriebene 440 war recht erfolgreich, etablierte A-C in der Supertraktor-Klasse, wurde auch nach Australien exportiert und verrichtete seine Arbeit auf den amerikanischen Weizenfeldern. Mit seinem Zehnganggetriebe war er bis zu 30 km/h schnell, dazu besaß er Steigers patentiertes Verteilergetriebe und auf Wunsch eine Dreipunkthydraulik oder auch eine Klimaanlage für das geräumige Führerhaus.

So weit so gut, und auch die Allis-Chalmers Händler waren zufrieden, doch am zugekauften 440 war nicht viel verdient – bei einem eigenen Allrad-Traktor-Giganten war die Gewinnmarge höher. Und natürlich war der 440 nicht mehr als ein Lückenbüßer, mit dem A-C gegen International, John Deere und die übrigen Marken antreten konnte, bis das selbstentwickelte Modell startbereit war.

Als dieses Modell 1975 eingeführt wurde, zeigte sich, dass dieser neue 7580 sich stark am John Deere orientierte. JD hatte sich für die Konstruktion des drei Jahre zuvor vorgestellten 7020 kräftig im eigenen Teileregal der hinterradgetriebenen Modelle bedient,

und der Allis 7580 folgte exakt dieser Philosophie. Etwa drei Viertel seiner Komponenten stammten von der 7000er-Serie mit Hinterradantrieb, teils leicht modifiziert.

Beim Motor handelte es sich um ein bekanntes Allis-Chalmers Triebwerk, den Siebenliter-Sechszylinderdiesel mit Direkteinspritzung, der die größe-

Der Allis-Chalmers D21 war der erste hinterradgetriebene Großserientraktor, der über 100 PS hatte.

Der 440 war ein Schnellschuss, um Allis-Chalmers im Megatraktor-Markt Fuß fassen zu lassen, ein Lückenbüßer, bis das eigene Modell fertig war.

Der erste eigene Megatraktor von Allis war der 7580; die Verwendung vieler vorhandener Komponenten sparte Kosten ein und verkürzte die Entwicklungsdauer.

ren Fahrzeuge der Marke schon seit einem Jahrzehnt antrieb. Mit Turbolader und Ladeluftkühlung kam er auf 222 PS bei 2550/min. Im Vergleich zum bei Steiger gebauten 440 war das reichlich, und die Universität Nebraska maß den Motor mit 186 PS an der Zapfwelle und mit 160 PS an der Hydraulik. Auch das Getriebe kam jedem vertraut vor, der das Datenblatt des 7000 studiert hatte – das Power Director-Getriebe mit seinen 20 Gängen war ein bewährtes Stück Allis-Technik.

Karosserie und Führerhaus zeigten ebenfalls eine deutliche Familienähnlichkeit mit dem 7000, obwohl der 7580 mit Allradantrieb, vier gleich großen Rädern (Zwillingsräder waren ein beliebtes Extra) und Knickrahmen dem klassischen Traktor-Gigantenkanon entsprach. Eine Dreipunkthydraulik und eine Zapfwelle waren Serie, die Spurweiten verstellbar, womit der neue Allis für viele verschiedene Felder geeignet war. Die Vielseitigkeit schien überhaupt seine Trumpfkarte zu sein, er taugte für die Bodenbestellung in schwerem Gelände ebenso wie für die Ernte.

Trotz seiner über 200 PS rangierte der 7580 nur am unteren Ende der Steiger-Klasse und schon bald riefen die Farmer nach mehr Leistung; Allis-Chalmers stellte daraufhin 1978 den 8550 vor. Er ähnelte zwar in der Konzeption dem 7580, sein 6120T-Dieselmotor leistete aber rund 90 PS mehr; dabei handelte es sich um einen von A-C selbst gebauten 12-Liter-Sechszylinder, der ansonsten überwiegend in den Ketten-Baufahrzeugen der Marke anzutreffen war. Der Motor besaß statt eines großen zwei kleinere Turbolader, was die beiden kraftvoll wirkenden Auspuffrohre erklären half.

A-C ersetzte den 7580 mit dem 250 PS starken 8550, dessen turbogeladener Zwölfliter-Diesel aus einem der Baufahrzeuge der Marke stammte.

Auch dieses Modell wurde von der Uni Nebraska leistungsgeprüft; man maß 254 PS an der Zapfwelle und 224 PS an der Hydraulik. Der 8550 war ein großer Traktor, so groß, dass die Mitarbeiter der Universität ihn nur mit Mühe in das Testlabor brachten!

ALLIS-CHALMERS

Nach Überwindung der diesbezüglichen Schwierigkeiten maßen sie in den Gängen des angesichts der großen Kraft verstärkten 20-Gang-Getriebes (mit Teil-Powershift) Geschwindigkeiten von 3,2 bis 26,2 km/h. Um den Leistungszuwachs ins rechte Licht zu setzen: Der 8550 konnte 4,4 Tonnen auf die Dreipunkthydraulik wuchten, 1,5 Tonnen mehr als der 7580.

Die hinterradgetriebenen Traktoren der 7000er-Serie kamen mittlerweile in die Jahre, und 1982 ersetzte sie Allis-Chalmers mit der Serie 8000. Der Firma ging es schlecht; man musste in jenem Jahr zwei große Werke schließen und die Pflugsparte verkaufen, um den Bankrott zu vermeiden. Die Allradmodelle 7580 und 8550 wurden durch die neuen 4W-220 und 4W-305 ersetzt. Die Modellbezeichnungen richteten sich nach der Motorleistung und wiesen darauf hin, dass die 7- und 12-Liter-Maschinen unverändert von den Vorgängern übernommen wurden.

Es gab aber durchaus Neuigkeiten. Das Design der Traktoren orientierte sich am neuen 8000 und das Führerhaus fiel mit effektiven Gummilagern und guter Isolierung und Geräuschdämmung wesentlich moderner aus. Geschaltet wurde nach wie vor mit dem bekannten 20-Gang-Getriebe; der Knickwinkel des Rahmengelenkes belief sich beim 4W-220 auf 40 Grad, die maximale Verschränkung auf 26 Grad.

Das Problem war nur, dass Allis-Chalmers` kleinster Supertraktor von den Ereignissen überholt wurde. Die Farmer stellten fest, dass ein 170 PS starker 8070

ALLIS-CHALMERS 7580

Baujahr	1975
Motor	Allis-Chalmers 3750
Motortyp	Wassergekühlter Reihensechszylinder
Besonderheiten	Turbolader und Ladeluftkühler
Leistung (Schwungrad)	222 PS bei 2550/min
Leistung (Abtriebswelle)	186 PS
Getriebe	20 x 4 Gänge, Teil-Powershift
Höchstgeschw.	30,4 km/h
Gewicht	10.465 kg
Tankinhalt	534 Liter

ALLIS-CHALMERS 4W-305

Baujahr	1982
Motor	Allis-Chalmers 6120T
Motortyp	Wassergekühlter Reihensechszylinder
Hubraum	12 Liter
Besonderheiten	Turbolader
Leistung (Schwungrad)	305 PS bei 2300/min
Leistung (Abtriebswelle)	250 PS
Getriebe	20 x 4 Gänge, Teil-Powershift
Höchstgeschw.	28,5 km/h
Gewicht	12.275 kg
Tankinhalt	632 Liter

Der Allis-Chalmers 7045 der siebziger Jahre mit starrem Rahmen. Leistungsstarke Traktoren mit Hinterradantrieb wie dieser nahmen den kleineren Megatraktoren zunehmend Kunden weg.

ALLIS-CHALMERS

mit zusätzlicher angetriebener Vorderachse (mit kleinen Rädern) effizienteres Arbeiten erlaubte und in der Anschaffung billiger war. Dass A-C bei der 8000er-Serie den zusätzlichen Vorderradantrieb ohne Aufpreis anbot, machte die Sache nicht besser. Zudem kam die Firma unter immer stärkeren Kostendruck und strich den kaum verkäuflichen 4W-220 im Jahr 1984 aus dem Angebot.

Im Jahr darauf stellte Allis-Chalmers den Traktorenbau schließlich gänzlich ein und verkaufte die Landwirtschaftssparte an Deutz. Die berühmten orangefarbenen Fahrzeuge liefen nun unter dem Markennamen Deutz-Allis und auch der 4W-305 hatte in den langfristigen Plänen der neuen Führung keinen Platz; es entstanden einige wenige Exemplare als Deutz-Allis, dann fiel auch dieses Modell aus dem Angebot. Das war zugleich das Ende der kurzen Supertraktor-Geschichte von Allis-Chalmers.

Oben: Die 4W-Modelle von Allis wurden letztlich von der neuen, leichteren Traktorgeneration mit zuschaltbarem Vorderradantrieb verdrängt.

Gegenüberliegende Seite: Die Allis-Chalmers-Megatraktoren der zweiten Generation hießen 4W-220 und 4W-305; der erstgenannte ersetzte den 7580.

Links: Der 4W-305 war der letzte große Traktor von Allis-Chalmers und blieb nach der Übernahme durch Deutz nur noch kurze Zeit im Programm.

TRAKTOR-GIGANTEN

Big Bud
Big is beautiful

Einer der frühesten Big Buds, der HN-320, war eine stärkere Variante des Erstlings HN-250; der 320 PS starke Motor gab dem Modell den Namen.

Kandidaten für den Titel des stärksten Traktors der Welt finden sich in diesem Buch zuhauf; Monster mit 500 oder 600 PS, die unübertrefflich erscheinen. Es gibt aber einen Traktor, der sie alle weit überragt. Der Big Bud 16V-747 war zwar ein Einzelstück, aber sein 16-Zylinder-Motor von Detroit Diesel war mit 740 PS angegeben und konnte bis auf 900 PS gebracht werden (und wurde es auch). Kein Traktor besaß damals eine ähnlich hohe Kraft – und auch kein späterer.

Wenn nicht John Deere 1968 einen Vertrag mit Wagner geschlossen hätte, der den Supertraktor-Pionier die Fertigung einstellen ließ, wäre es wohl überhaupt nicht zum Big Bud gekommen. Willie Hensler betrieb eine Wagner-Handlung in Havre in Montana, einem Bundesstaat, der für Verkauf und Wartung von Supertraktoren ein fruchtbarer Boden war. Montana, der viertgrößte Staat der USA, besitzt endlose Weiten von Weizenfeldern, die zu den ertragreichsten Flächen Nordamerikas gehören. Der Weizen macht

BIG BUD

drei Viertel der landwirtschaftlichen Erträge des Staates aus. Montana hat eine lange landwirtschaftliche Tradition; in den 1870er Jahren wurden unzählige Farmen gegründet, um die boomenden Branchen des Bergbaus und der Holzgewinnung zu ernähren. Selbst heute, nach einer langen Rezession im Landbau, gibt es in Montana noch immer 2300 Farmen mit einer Durchschnittsgröße von über 1000 Hektar. Auf derartigen Flächen bedeutet größer gleich besser, und wenn ein Traktor-Gigant irgendwo erfolgreich sein kann, dann hier.

Das nützte Hensler aber nichts, als Wagner den Traktorenbau einstellte und er nichts mehr hatte, was er verkaufen konnte. Hensler konnte die vorhandenen Wagner-Modelle warten und instandsetzen, aber das allein war auf lange Sicht keine geeignete Geschäftsgrundlage. Bud Nelson, Henslers Werkstattleiter und Geschäftspartner, hatte einen Plan. Schon jahrelang war er mit dem Gedanken schwanger gegangen, einen gigantischen, leistungsstarken Traktor – größer als den Wagner – zu bauen, der die riesigen Weizenfelder schneller als ein konventionelles Modell bearbeiten könnte. Das Ende des Wagner und die anhaltende Nachfrage der örtlichen Farmer nach einem starken Traktor ließen seinen Traum in Erfüllung gehen.

Im Sommer 1969 gründeten Hensler und Nelson die Northern Manufacturing Company. Zu Ehren des Mannes, der die Idee gehabt hatte, hießen die Traktoren „Big Bud", und die erste Baureihe trug die Bezeichnung „HN" für Hensler/Nelson.

Diese frühen Big Bud waren dem Wagner recht ähnlich und besaßen zahlreiche Wagner-Teile, die Hensler noch vorrätig hatte. Dem Antrieb diente ein 280 PS starker Cummins-Reihensechszylinder-Diesel mit einer Nenndrehzahl von 2100/min. Der neue HN-250 sah recht konventionell aus: Die Proportionen des allradgetriebenen Knickrahmen-Traktors waren größer, ansonsten aber ähnelte er den gängigen Modellen. Er besaß eine hochklappbare Deichsel und hydraulische Anschlüsse für angehängte Geräte, aber keine Dreipunkthydraulik oder Zapfwelle.

Eine wichtige Neuerung wies der Big Bud aber auf, die auf Henslers und Nelsons große Erfahrung mit der Wartung von Supertraktoren zurückging. Motor, Kühler und Getriebe des HN saßen auf einem separaten Rahmen, der sich für Wartung und Reparatur komplett ausbauen ließ, was die Vorgänge vereinfachte und beschleunigte. Diese Innovation war ein Ergebnis praktischer Erfahrungen und machte den Big Bud beliebt.

Der noch 1969 erschienene HN-250 fand in Montana selbst, aber auch außerhalb des Bundesstaates gute Aufnahme. Die Farmer schätzten seine Wartungsfreundlichkeit und seine robuste Konstruktion, und bald mussten Hensler und Nelson weitere Arbeiter einstellen, die 15 Traktor-Giganten pro Jahr herstellten. Als die Vorräte an Wagner-Teilen zu Ende gingen, griff man zu Standardteilen von Clark (Achsen) und Fuller (Getriebe). Von nur wenigen Ausnahmen abgesehen blieb Big Bud bis zum Ende der Fertigung im Jahr 1991 seinem Motorenlieferanten Cummins treu.

Ab 1976 gab es mit der KT-Baureihe die Big Buds der zweiten Generation, mit geräumigerer Kabine und mehr Leistung.

Wie fast alle Big Buds besaß auch der KT 450 ein Cummins-Triebwerk, in diesem Falle den 1150 mit 18,9 Litern Hubraum.

TRAKTOR-GIGANTEN

Hierhin ziehen sich die Big Buds zum Sterben zurück. Ein Schrottplatz für Traktor-Giganten, wo noch verwendare Teile ausgebaut werden.

BIG BUD HN-250

Baujahr	1969
Motor	Cummins NT855 C280
Motortyp	Wassergekühlter Reihensechszylinder
Hubraum	14,1 Liter
Besonderheiten	Turbolader und Ladeluftkühler
Leistung (Schwungrad)	280 PS bei 2100/min
Getriebe	12 x 2 Gänge
Höchstgeschw.	19,6 km/h
Einsatzgewicht	15.400 kg
Tankinhalt	1529 Liter

Der HN-250 war nach zeitgenössischen Maßstäben groß, doch bald verlangten die Farmer nach mehr Leistung, worauf Big Bud mit dem 1970 eingeführten HN-320 reagierte. In diesem Modell leistete der gleiche 14,1-Liter-Sechszylinder von Cummins, wie die Bezeichnung nahe legte, 320 PS bei 2100/min. Drei Jahre darauf kam der HN-350 hinzu, der naturgemäß 350 PS stark war. Alle diese Big Bud HN der ersten Serie besaßen ein 12-Gang-Getriebe von Fuller; der HN-350 kam damit in Vorwärtsfahrt auf bis zu 29,6 km/h.

Spätere Big Buds zeichneten sich aber nicht mehr nur durch ihre schiere Kraft aus; der HN-360 der zweiten Serie verfügte ab 1977 über ein kippbares „Cruiser Cab"-Fahrerhaus. Damit hatte man besseren Zugang zu Motor und Getriebe, ferner war die Kabine geräumiger; sie maß in der Breite 152 cm und besaß zur Geräuschdämmung Teppiche an Boden und Dach sowie Klimaanlage und Stereoanlage. Der Big Bud war ein Arbeitstier, aber ein ziemlich luxuriöses!

Inzwischen gab es ein Leistungswettrüsten unter den Traktor-Giganten, und um nicht von Steiger oder Versatile übertrumpft zu werden, lancierte Big Bud 1976 die Serie KT. Die Baureihe hielt an den gelungenen Ideen der HN-Serie fest und verfügte ebenfalls über einen Hilfsrahmen für Motor und Getriebe und das Kippfahrerhaus.

Neu hingegen war die weiter gestiegene Leistung, und der KT war einer der größten erhältlichen Traktoren. Der 14-Liter-Cummins-Motor wich einem 18,9-Liter-Aggregat, das 450 PS bei 2100/min leistete. Dazu kamen im folgenden Jahr die Ausführungen KT-400 und KT-525 (Letzterer mit Turbolader und Ladeluftkühler). Die Leistungswerte ließen sich natürlich durch Änderungen an der Einspritzpumpe erhöhen, was manche Farmer auch taten. Der KT-525 etwa kam mit einem simplen Wechsel der Pumpe auf bis zu 612 PS.

Alle Big Bud KT-Modelle besaßen ein 12-gängiges Fuller Road Range Getriebe, und erstmals an einem Big Bud gab es auf Wunsch Powershift (Schalten ohne Zugkraftunterbrechung) mit sechs Vorwärtsgängen und einem Rückwärtsgang. Leistungen jenseits von 400 PS stellten die Kupplung vor Probleme, daher bot sich die Powershift-Automatik geradezu an.

Speziell der KT-525 brachte die Big Bud Leistungswerte auf neue Höhen; er konnte einen 26 Meter breiten Pflug ziehen. Wie jeder Big Bud war auch der KT-525 äußerst robust, um es vorsichtig auszudrücken. Die stählerne Hauptbodenplatte war 1,9 cm stark, das Blech an den Kotflügeln immerhin 1,6 cm. Alles war auf Langlebigkeit ausgelegt. Der englische Restaurator Mike Scaife importierte einen 525/50 und fand an dem Traktor, der 30 harte Jahre auf dem Buckel hatte, so gut wie keinen Rost, da er im Werk so überragend gut lackiert worden war. Motorseitig verlangte der große Cummins-Diesel lediglich nach einer kleinen Reparatur an einem seitlichen Kühlwassermantel, zusätzlich gab es neue Dichtungen und Schläuche und einen großen Kundendienst, dann war er wieder voll einsatzbereit.

Als die Serie KT in die Fertigung ging, wurden die Big Bud Traktoren von Ron Harmon gebaut, dessen Traum der weltweit erste 1000-PS-Traktor war; um ein Haar hätte er ihn wahr gemacht.

Man erwähne den Big Bud 16V-747 gegenüber einem Supertraktor-Fan und beobachte seine Reaktion. Im Reich der Traktor-Giganten hat dieses Modell

BIG BUD KT-450

Baujahr	1976
Motor	Cummins KT 1150
Motortyp	Wassergekühlter Reihensechszylinder
Hubraum	18,9 Liter
Besonderheiten	Turbolader
Leistung (Schwungrad)	450 PS bei 2100/min
Getriebe	12 x 2 Gänge, 6 x 1 Powershift-Getriebe auf Wunsch
Höchstgeschw.	21,4 km/h
Einsatzgewicht	26.500 kg
Tankinhalt	1734 Liter

den legendären Status inne, den anderswo der Ferrari Daytona oder die Harley-Davidson XR 1000 genießen. Es war der stärkste Traktor aller Zeiten und von gigantischen Abmessungen. Dieser Traktor von 58 Tonnen Gewicht konnte im Alter von dreißig Jahren noch immer 32 Hektar pro Stunde beackern. Der 747 war und ist in jeder Hinsicht der größte Supertraktor überhaupt.

Der Anstoß zum Bau dieses Monsters kam von den Gebrüdern Rossi, Baumwollfarmer im kalifornischen Bakersfield. Sie waren mit ihrem Big Bud 525 zwar vollauf zufrieden, wollten aber zur Beschleunigung der Arbeit noch mehr Leistung, und Ron Harmon kam ihrer Bitte gerne nach. Sie sollten den ersten 747-Prototyp erhalten und für Harmon erproben, während dieser die Serienfertigung des Riesen vorbe-

Hier sieht man den zweiteiligen Gelenkrahmen an einem Big Bud 525/50.

Drillingsräder waren am Big Bud ein beliebtes Extra, insbesondere an stärkeren Modellen wie dem 525/50.

BIG BUD HN-360 SERIES 2

Die HN Big Buds der so genannten Serie 2 wurden 1977 vorgestellt und hatten eine neue Kabine und ein neues Design. Das neue Design der „Cruiser Cab" bot den Fahrern das Modernste an Komfort, einschließlich Klimaanlage und Musik aus der Stereoanlage.

Durch die Kabine „mit klarer Sicht" und die verjüngte Haube hatte der Fahrer bei seiner Arbeit ein bedeutend besseres Blickfeld. Breitere Kotflügel reduzierten die Staubentwicklung. Der Traktor wurde anders lackiert und erhielt eine neue Beschriftung.

Die HN-Traktoren der Serien 1 und 2 benutzten die gleichen bewährten Komponenten: Cummins-Motoren, Fuller Road-Ranger-Getriebe, Spicer-Gelenkwellen und Caterpillar-Achsen.

BIG BUD HN-360 SERIES 2

- 1977–1978
- Cummins-Sechszylindermotor
- 360 PS bei 2100/min
- Turbolader mit Ladeluftkühlung
- Fuller-Getriebe, 12 Vorwärts- und 2 Rückwärtsgänge
- Höchstgeschwindigkeit 29,6 km/h
- Betriebsgewicht 21,6 t

BIG BUD

reitete. Dazu kam es zwar nicht, doch hätte Big Bud den 747 liebend gerne in Serie gebaut – man druckte sogar einen Prospekt, in dem der große Traktor als „Feld-Artillerie" apostrophiert wurde.

Herzstück des 747 war ein Detroit Diesel 16V 92T. Zum ersten Mal wurde Big Bud zugunsten dieses 24,1 Liter großen V16-Diesels seinem Motorenlieferanten Cummins untreu. Mit zwei Turboladern kam die Maschine im 747 anfangs auf 760 PS bei 1900/min, später auf bis zu 1000 PS. In Kalifornien wurde der große DD-Motor auf 900 PS gebracht, womit der 747 der stärkste Traktor war, der jemals zur Feldarbeit eingesetzt wurde. Nur wenige Getriebe kamen mit derartigen Leistungswerten zurecht, daher wandte sich Ron Harmon an das Unternehmen Twin Disc, das Getriebe für schwere Baufahrzeuge herstellte. Das Getriebe vom Typ TD-61-2609, eine Sechsgang-Powershift-Einheit, wurde mit dem üppigen Drehmoment und der hohen Leistung des 747 fertig, ohne Schaden zu nehmen. Die Zwillingsreifen im Format 35 x 38 waren Spezialanfertigungen der Firma United of Canada.

BIG BUD 525/50

Baujahr	1979
Motor	Cummins
Motortyp	Wassergekühlter Reihensechszylinder
Hubraum	18,9 Liter
Besonderheiten	Turbolader und Ladeluftkühler
Leistung (Schwungrad)	525 PS bei 2100/min
Getriebe	9 x 2 Gänge, Powershift
Höchstgesch.	15 km/h
Einsatzgewicht	23.550 kg
Tankinhalt	1735 Liter

Alle diese Komponenten zusammenzusetzen war nicht so einfach, wie es scheinen mag, denn der 747 war selbst für die Big Bud Fertigungsanlagen zu groß. Daher wurde der 747 stationär nach und nach zusammengeschraubt. Im Januar 1978 war er fertig, erregte

Dieser sehr gut gepflegte 525/50 war zum Zeitpunkt der Aufnahme noch in Gebrauch, ein typisches Beispiel für einen Big Bud der späten Siebziger und frühen Achtziger.

TRAKTOR-GIGANTEN

Etwas weniger gut erhalten ist dieser pensionierte 525 im Werkshof; wo einst der Cummins-Motor saß, klafft nun ein großes Loch.

auf einer Ausstellung das Erstaunen der Zuschauer und der Fachpresse und wurde der Öffentlichkeit auf der Farm der Gebrüder Rossi in Kalifornien vorgeführt. Manche meinten, der 747 könne nicht praktisch sein, dazu sei er schlichtweg zu groß und zu sperrig.

Er erwies sich aber im Gegenteil als sehr praxistauglich. Die Rossis benötigten einen Traktor zum Pflügen und hatten zwei Caterpillar D-9 Kettentraktoren in Gebrauch, die je einen fünfscharigen Pflug zogen und in zehn Stunden etwa sechs Hektar schafften. An den 747 hängten sie einen 15-scharigen Pflug und bearbeiteten die sechs Hektar in einer Stunde – bei einer Tiefe von 1,20 Meter. So schnell waren sie mit dem 747, dass die Pflugscharen überhitzten und sich verbogen und man einen robusteren Pflug anschaffen musste. Zudem sparte der große Traktor erhebliche Geldsummen ein – am Ende des zweiten Jahres, so die Rossis, hatte sich der 300.000 Dollar teure Traktor amortisiert. Nach mehrjährigem Einsatz in Kalifornien wurde der weltweit einzige 747 an einen Farmer in Florida verkauft, später gelangte er ins heimatliche Montana, wo er weiterhin im Einsatz blieb.

Big Bud baute währenddessen seine Standardtraktoren weiter, die zwar kleiner als der 747 waren, aber dennoch zu den stärksten Modellen auf dem Markt zählten. 1979 kamen die Modelle der dritten Serie heraus – die Firma hatte sich unterdessen von Northern Manufacturing in Big Bud umbenannt, aus gutem Grund, denn mittlerweile war dieser Name jedermann ein Begriff. Die Big Buds der Serie 3 wurden zwar nur drei Jahre lang angeboten, waren aber die zahlenmäßig erfolgreichste Baureihe des Herstellers; 273 (oder, einer Quelle zufolge, 265) Exemplare dieser Riesentraktoren wurden in dieser Zeit ausgeliefert.

Das Modellprogramm war breiter gefächert denn je, die neue Reihe ersetzte zugleich den HN und den KT und stand mit 320 bis 525 PS im Angebot. Immer wichtiger wurde die Auswahl an Getrieben; hier standen 12- oder 13-gängige Schaltgetriebe und Powershift-Getriebe mit sechs oder neun Gängen zur Wahl. Inklusive all dieser Wahlmöglichkeiten gab es von der Serie 3 des Big Bud insgesamt 16 verschiedene Ausführungen. Das Werk zeigte sich vom Twin Disc Getriebe des 747 beeindruckt, denn die meisten neuen Modelle besaßen Getriebe dieses Herstellers, nur drei Modelle warteten mit einem Fuller Road Ranger Getriebe und eines (der 525/84) mit einer Einheit von Clark auf. Spitzenmodell war der 525 PS starke „Fünfeinviertel", der aber ab 1980 vom neuen 650/50 noch übertroffen wurde. Dieses Modell orientierte sich am 747, besaß einen V12 von Detroit Diesel mit 650 PS und ein Sechs- oder Neungang-Powershift-Getriebe von Twin Disc. Alle Big Buds der Serie 3 erhielten ein neues Design und Fahrerhäuser mit größeren Fensterflächen.

Trotz dieser Verbesserungen geriet Big Bud in den frühen achtziger Jahren in schwierige Gewässer. Das Werk war ein Zwerg in einer von Riesen geprägten Branche, die Nachfrage nach Traktor-Giganten sank und die amerikanische Landwirtschaft rutschte in eine Krise. 1982 reichte das Werk einen Insolvenzantrag ein und stellte die Produktion ein, lediglich die Serviceabteilung blieb in Betrieb.

Das war aber nicht das Ende der Geschichte; Meissner Tractors kaufte die Überreste von Big Bud auf – die Firma saß um die Ecke in Havre und nahm drei Jahre später die Herstellung der BB-Modelle wieder auf. Die neuen Traktoren kamen als Serie 4 mit überarbeiteter Motorhaube und Kühlergrill auf den Markt, unter dem Blech aber entsprachen sie der Serie 3. Es gab einige neue Motoren von Komatsu, Caterpillar und Deutz. Der 700 der Serie 4 mit Komatsu-Motor war beinahe so stark wie der legendäre 747.

Eine echte Serienfertigung brachte Meissner aber nicht zuwege; in fünf Jahren entstanden lediglich 21 weitere Big Buds, alles Einzelstücke auf Sonderbestellung. 1991 endete selbst diese Kleinproduktion, auch wenn die Big Bud Traktoren weiterhin überall in Nordamerika ihr (großes) Tagwerk verrichteten.

BIG BUD 16V-747

Anfang der 70er Jahre bewirtschafteten die Brüder Rossi aus Bakersfield in Kalifornien ihr Land mit einem Big Bud 525 und waren mit ihm sehr zufrieden. Sie waren mit Ron Harmon befreundet, der ihnen erzählte, dass er dabei sei, eine neue Big Bud-Serie zu entwickeln: die so genannte Serie 3. Diese Traktoren sollten mit stärkeren Motoren ausgestattet werden – möglicherweise mit PS-Zahlen zwischen 750 und 1000! Die Brüder Rossi waren sofort daran interessiert, einen dieser neuen Traktoren zu kaufen.

Bei der Planung und dem Design des neuen Traktors arbeiteten Harmon und die Brüder Rossi eng zusammen und man einigte sich darauf, dass die Brüder Rossi den Prototyp zur Verfügung gestellt bekommen würden. Harmon und sein Team könnten die Leistung des Traktors bei der Arbeit laufend beobachten und untersuchen.

Auf diese Art und Weise bekamen die Brüder Rossi einen Großtraktor für ihre Farm zum Preis von etwa 300.000 Dollar und Harmon hatte die Möglichkeit, den größten Traktor der Welt testen zu können.

Es war vorgesehen, den Big Bud 16V-747 serienmäßig zu produzieren, aber dazu kam es nie. Es blieb bei dem einen Prototyp. Mitte 1976 begann man mit der Entwicklung dieses Schleppers – die Gebrüder Rossi verbrachten viel Zeit damit zu überlegen, welche Bedürfnisse der neue Traktor erfüllen sollte und welche Anforderungen sie an ihn stellten. Ein Jahr später fing man mit dem Bau des Schleppers an.

Ron Harmon traf sich mit Twin Disc, einem führenden Hersteller von Getrieben. Twin Disc baute Systeme für einige der größten Baumaschinen, hauptsächlich für den Bergbau. Das Unternehmen entwarf nun ein Getriebe, das Full Powershift Twin Disc TD-61-2609 mit sechs Vorwärtsgängen und einem Rückwärtsgang, mit dessen Hilfe sich dieser riesige Schlepper schließlich mit einer Höchstgeschwindigkeit von 32 km/h fortbewegen konnte.

Als Nächstes galt es, einen geeigneten Motor zu finden: Man entschied sich für einen Detroit Diesel-V16-Zylinder. Die Leistung des Motors lag bei schätzungsweise 760 PS und konnte auf über 1000 PS hochgeschraubt werden. In der Modellbezeichnung stand 16V für die Motorbauweise, 747 war eine Annäherung an die geschätzte Stärke des fertigen Traktors – man wählte diese Zahl aber auch in Anlehnung an einen anderen berühmten Riesen jener Tage: die Boeing 747.

Der Einbau einer Servolenkung und eines Gasreduzierpedals, das dem Fahrer die Arbeit beim Wenden am Ende des Feldes erleichterte, sowie die Ausstattung der Kabine mit Instrumenten, die den Fahrer vor Problemen mit dem Traktor warnten, waren Details, die dem Big Bud einen Vorsprung vor den Wettbewerbern gaben.

Beim Bau des Traktors ergab sich allerdings ein logistisches Problem: Mehr als 50 Mitarbeiter waren zu unterschiedlichen Zeiten an der Konstruktion und der Montage des 747 beteiligt. Der Traktor war einfach zu groß, um am Fließband gebaut werden zu können.

Da es zu schwierig war, ihn zu transportieren, wurde der gesamte Traktor an einem Ort gebaut. Dementsprechend brachte man also die Teile zum Traktor; er wurde im wahrsten Sinne des Wortes „von Grund auf" gebaut.

Der Traktor verließ die Fabrik an einem Tag im Januar 1978; Schneeflocken begrüßten seinen ersten Ausflug ins Freie. Er wurde nach Kalifornien überführt, wo er auf der Tulare Farm Show präsentiert wurde, einer wichtigen Messe für Landmaschinen, die im Februar jenes Jahres stattfand. Danach brachte man ihn zur Farm der Brüder Rossi in Bakersfield, wo er anderen Farmern und der Fachpresse vorgestellt wurde. Die Skeptiker überzeugte man von der Stärke des neuen Ackergiganten, indem man einen Tiefen-Lockerer mit 15 Zinken anhängte, den der Traktor problemlos bei einer Tiefe von fast 1,20 m hinter sich her zog und dabei 6 ha pro Stunde bearbeitete!

Der Big Bud 16V-747 übertraf alle Erwartungen der Brüder Rossi: Die Felderträge stiegen um bis zu 10 Prozent, man sparte Arbeitskräfte und Maschinenkosten. Getreide konnte nun unter günstigsten Bedingungen ausgesät werden. Jetzt sollte sich dieser Traktor so schnell wie möglich amortisieren. Die Rossis konnten nicht mit Sicherheit sagen, ob dies innerhalb des ersten Jahres der Fall sein würde, aber nach spätestens zwei Jahren hatte sich der Traktor voll bezahlt gemacht.

Mitte der 80er Jahre wechselte der Traktor den Besitzer. Jim Satori von den Willowbrook Farms in Florida erwarb das gute Stück. Er brauchte eine solche Maschine für seinen Gemüse- und Obstanbau.

Es benötigt einiges an Geschick und Erfahrung, eine solche Farm erfolgreich zu bewirtschaften. Er kaufte den Big Bud 16V-747 für 100.000 Dollar und setzte ihn auf seiner Farm bis 1997 erfolgreich für die Bodenlockerung („deep cultivating") ein. Jetzt stand die Pensionierung dieses einmaligen Prototyps bevor. Ron Harmon kaufte jedoch den Traktor zurück und brachte ihn mittels zweier umgebauter Spezialsattelschlepper wieder nach Montana. Der Weg führte nach Havre zu den Williams-Brüdern, den neuen Besitzern.

In Havre angekommen, wurde der 747 von den beiden Brüdern komplett überholt und neu lackiert. Die Originalfarben – Weiß mit schwarzer Motorhaube und schwarzen Auspuffrohren – verschwanden und es entstand ein neuer Look: ein strahlend weißer Traktor mit neuen Aufklebern und viel Chrom. Im Winter 1997/1998, 20 Jahre nach seinem Bau, begann der 747 allmählich, in neuem Glanz zu erstrahlen. Man beschränkte die Neuerungen nicht nur auf das Aussehen, sondern nahm auch einige technische Änderungen vor. Im folgenden Frühjahr stand ein brandneu aussehender Big Bud 16V-747 auf der Farm der Brüder Williams: voll einsatzbereit für die Frühjahrsbestellung.

Die Brüder Williams sind sehr zufrieden mit ihrem Traktor, dem größten landwirtschaftlichen Schlepper der Welt. Sie schaffen jetzt größere Flächen pro Tag und sie brauchen nicht mehr bis spät in die Nacht zu arbeiten, um ihre Arbeit zu erledigen. Mit ihrem 747 und dem anhängenden 24 m breiten Grubber schaffen sie 32 ha pro Stunde. Hierbei kann diese Kombination problemlos zwei dahinter arbeitende Traktoren mit jeweils 18 m breiten Sämaschinen den ganzen Tag beschäftigen!

Die Brüder freuen sich, wenn sie im Laufe eines Zehn-Stunden-Tages in dieser Dreier-Kombination 280 bis 325 ha bearbeiten können. Nicht schlecht für einen Tag Arbeit!

BIG BUD 16V-747

- Produziert von 1977 bis 1978
- Motor: Detroit Diesel 16V92T
- 16 Zylinder in V-Anordnung, 24,14 Liter
- Zwei Turbolader und Nachkühlung
- Mindestleistung 567 PS bei 1900/min
- Leistung von mehr als 746 kW möglich
- Geschätzte Leistung zur Zeit etwa 671 kW
- 24 Volt Bordnetzspannung
- Drehmomentwandler: Twin Disc 8FLW-1801
- Getriebe: Twin Disc TD-61-2609 Full Powershift
- 6 Vorwärtsgänge
- 1 Rückwärtsgang

- Höchstgeschwindigkeit 32,6 km/h
- Arbeitsgeschwindigkeit 11–13 km/h

Fassungsvermögen
- 3215 Liter Diesel
- 568 Liter Hydrauliköl

Achsen und Reifen
- Clark-Planetenachsen mit Differenzial mit Schlupfbegrenzung
- 8 Reifen, United 35 x 38 Zwillingsreifen, 2,43 m Durchmesser mit 1 m Breite
- Die Reifen sind Sonderanfertigungen, die nur auf Bestellung gefertigt werden.

Maße
- Radstand 4,95 m
- Höhe: Boden bis Kabinendecke 4,26 m
- Rahmenlänge 8,23 m
  (einschließlich Zughaken 8,69 m)
- Breite über Kotflügel 4,06 m
- Breite mit Zwillingsbereifung 6,35 m

Gewicht
- Geschätztes Versandgewicht 42,41 t
- Geschätztes Betriebsgewicht 58,03 t

BIG BUD 500 SERIES 4

Meissner Tractors Inc. baute die neue Serie 4 in Havre, nachdem das Unternehmen verhindert hatte, dass die Big Bud Manufacturing Inc. Konkurs anmelden musste. Man hoffte, dass sich die neuen Big Bud-Modelle der Serie 4 auf dem Markt für Großtraktoren etablieren würden. Leider konnte Meissner Tractors Inc. dem starken Wettbewerbsdruck auf dem Markt für Knicktraktoren mit Vierradantrieb nicht standhalten. Nachdem nur 21 – vorwiegend auf Bestellung gebaute – Schlepper hergestellt worden waren, stellte man 1991 die Produktion ein.

Der hier abgebildete Big Bud war einer von zwei gebauten 500ern und wurde für den Farmer Leo Bitz, einen früheren Big Bud-Verkäufer, angefertigt. Im Jahre 2001, als dieses Foto aufgenommen wurde, war dieser Big Bud auf der Farm noch regelmäßig im Einsatz und Leo erzählte, dass der Traktor problemlos liefe, leicht zu reparieren sei und es großen Spaß mache, ihn zu fahren.

BIG BUD 500 SERIES 4

- 1991
- Komatsu Sechszylindermotor SA6D
- 500 PS bei 2100/min
- Turbolader und Nachkühlung
- Fujitech Powershift-Getriebe, 12 Vorwärts und 2 Rückwärtsgänge
- Höchstgeschwindigkeit 36,2 km/h
- Betriebsgewicht 20,5 t

BUHLER VERSATILE 2425

Im Jahre 1999 fusionierten New Holland und Case-IH und wurden unter dem neuen Namen CNH Global zu einem führenden Unternehmen auf dem Weltmarkt für Landmaschinen. Der Landmaschinenriese wurde mit einem Schlag so groß, dass verschiedene Kartellämter CNH auferlegten, sich von einigen ihrer Unternehmensbereiche zu trennen. Verkauft werden sollten z.B. die Case-IH-Fertigungsanlagen in Doncaster (GB), in der zwei- und allradangetriebene Traktoren gebaut wurden. Von der Niederlassung in Winnipeg, Kanada, in der die Knickschlepper von New Holland Versatile gebaut wurden, sollte sich das Großunternehmen ebenfalls trennen.

Buhler Industries Inc. kaufte die Versatile Fabrik in Winnipeg und nahm Ende 2000 die Traktorenproduktion auf. Anfangs stellte Buhler die Traktoren weiterhin in den blauen New Holland-Farben her.

Der Name Versatile und die bekannten Versatile-Flügel waren ebenfalls weiterhin auf der Haube deutlich sichtbar. Im Frühjahr 2002 wurden dann die rot-gelben Buhler Versatile-Traktoren vorgestellt: Es gab fünf Modelle, die zwischen 240 und 425 PS hatten – der 2425er war der größte diese Serie.

Das Geschäft lief für Buhler Industries Inc. nur langsam an. Erst nachdem sie ein Netzwerk von Händlern über ganz Amerika aufgebaut hatten, zeigten Kunden wachsendes Interesse an den neuen Buhler Versatile-Traktoren. Dank John Buhler wird der berühmte Versatile-Traktor also noch nicht in der Versenkung verschwinden.

BUHLER VERSATILE 2425

- 2001–2008
- Cummins N14 Sechszylindermotor
- 425 PS bei 2100/min
- Turbolader und Nachkühlung
- 12 x 4 Quadshift III-Getriebe
- Höchstgeschwindigkeit 25,7 km/h
- Betriebsgewicht 18,02 t

BUHLER VERSATILE 550 SCRAPER SPECIAL

Ein wichtiges Datum in der bis dahin 45-jährigen Firmengeschichte war der 26. Oktober 2011. An jenem Tag verließ der 100.000ste Versatile-Traktor – ein 305 Row-Crop – die Fertigungshallen in Winnipeg, der Hauptstadt der kanadischen Provinz Manitoba.

Ein Jahr später präsentierte Versatile zwei neue Familien von 4-WD-Traktoren. Neben drei Standard-Frame-Modellen mit 350, 375 und 400 PS, ergänzten drei HHP-(High-Horse-Power)-Ausführungen mit 450, 500 und 550 PS das Programm.

Bei der Entwicklung dieser Hochleistungstraktoren mit neuester Cummins-Dieselmotor-Technologie legten die Ingenieure den Fokus auf Leistung, Langlebigkeit und Zuverlässigkeit, denn Ausfallzeiten wegen Defekten oder unzureichende Produktivität sind besonders in dieser Traktor-Kategorie eine teure Angelegenheit für die Kunden. Die Scraper-Special-Ausführung basiert auf einem hochbeanspruchbaren Schwerlastrahmen, der das bis zu 550 PS starke Cummins QSX15-Triebwerk aufnimmt, wobei von allen beteiligten Zulieferunternehmen auf die nahtlose Integration des Motors mit dem Getriebe und der Elektronik geachtet wurde.

VERSATILE 550 SCRAPER SPECIAL

- Seit 2012
- Cummins QSX15, Sechszylindermotor
- 591 PS bei 2100/min
- Caterpillar TA 22 Powershift mit 16 Vorwärts- und 4 Rückwärtsgängen
- Höchstgeschwindigkeit 40 km/h
- Betriebsgewicht: 24,94 t

TRAKTOR-GIGANTEN

Caterpillar
Durchbruch mit Kettenantrieb

In diesem Buch haben wir uns entschieden, die Merkmale eines Traktor-Giganten so zu bestimmen: Allradantrieb über vier gleich große Räder und Knickrahmen-Chassis. Es gibt allerdings auch Ausnahmen von der Regel, und dazu zählt mit Gewissheit der Caterpillar Challenger. Die Gummiketten-Challenger der achtziger und neunziger Jahre waren nicht nur leistungsstarke Traktoren, sondern übten auch großen Einfluss auf die Branche aus und veranlassten andere Hersteller, ebenfalls derartige Supertraktoren auf den Markt zu bringen.

Caterpillar war bekanntermaßen von Anfang an Spezialist für Kettenfahrzeuge. Das Unternehmen entstand 1925 aus der Fusion der beiden US-Hersteller Best und Holt, beides schon lange etablierte Kettenfahrzeugbauer und erbitterte Rivalen. In den zwanziger, dreißiger und vierziger Jahren verkauften sich die Caterpillar-Kettentraktoren mäßig, aber regelmäßig an Farmer, die sich schwierigen Böden oder hohen Lasten gegenübersahen. Wie ein Traktor seine Kraft auf den Boden bringt, ist natürlich für seine Arbeitseffizienz von grundlegender Wichtigkeit, und unter

So fing es an: Caterpillar war Pionier des Kettenantriebes.

schweren, matschigen oder nassen Bedingungen sind Ketten Rädern weit überlegen. Für manche Farmer war ein Caterpillar daher die bessere Wahl gegenüber einem Radtraktor von John Deere oder International. Caterpillar war zudem Dieselmotor-Pionier und verwendete diese Motoren schon 30 Jahre, ehe sie auf breiter Front in Radtraktoren zum Einsatz kamen.

Während Caterpillar seine Kettentraktoren in den fünfziger und sechziger Jahren weiterhin anbot, ließ deren Absatz aber immer mehr nach. Bei all ihrer überlegenen Traktion unter schwierigen Bedingungen wiesen die Kettentraktoren auch gewichtige Nachteile auf. Auf der Straße und auch im leichten Gelände waren sie lauter und langsamer als Radtraktoren; sie übertrafen kaum Schrittgeschwindigkeit, während ihre beräderten Widerparte 25 km/h oder mehr erreichten. Zudem waren sie unkomfortabel, da die pneumatischen Reifen als federndes Element fehlten. Die Stahlketten waren wartungsintensiv, mussten regelmäßig geschmiert werden und waren teuer. Ein Kettentraktor kostete auch in der Anschaffung mehr als ein Radtraktor.

Diese Nachteile traten noch stärker zutage, als der Allradantrieb zunehmend beliebt wurde. Ein solcher Traktor besaß unter extremen Einsatzbedingungen nicht die Traktion eines Kettenfahrzeuges, kam ihr aber recht nahe, und verfügte dazu über alle Komfort- und Geschwindigkeitsvorzüge eines konventionellen Traktors mit Rädern.

Als neben Spezialisten wie Steiger und Versatile auch die großen Werke Allradmodelle anzubieten begannen, wurde klar, dass ein Stahlkettentraktor dem wenig entgegenzusetzen hatte und der Absatz von landwirtschaftlichen Kettenfahrzeugen versiegte fast vollständig. Caterpillar versuchte dieser Entwicklung mit gekapselten, selbstschmierenden Ketten entgegenzuwirken, aber das nutzte wenig – was sich die Farmer wünschten, waren vernünftige Geschwindigkeiten auf der Straße und mehr Komfort, Eigenschaften also, die ein Vehikel mit Stahlketten nicht bieten konnte.

Caterpillar beobachtete interessiert den Traktor-Giganten-Markt und stellte in den späten sechziger und frühen siebziger Jahren Versuche an, die zum Bau eines Prototyps mit Knickrahmen und 270-PS-Maschine führten. Fotos zeigen ihn mit Einfach- und Zwillingsbereifung, doch 1977 wurde der Prototyp verschrottet, da er laut Werk „viele fundamentale Mängel an der Allradtechnik aufwies. Es wurde die Arbeit an der Kettentechnik wieder aufgenommen; weitere Tests bestätigten, dass die Ketten den Rädern in der Traktion, der Bodenbelastung, der Wendigkeit und der Gesamteffizienz überlegen sind."

Angesichts der umfangreichen vorhandenen Kenntnisse auf dem Gebiet der Kettenfahrzeuge kam das Werk zu der Erkenntnis, dass es sinnvoller sei, bei den eigenen Leisten zu bleiben als einen Traktor-Giganten zu konstruieren, der weder besser noch schlechter als die Konkurrenz wäre. Die Markenloyalität auf dem Traktorenmarkt ist eminent hoch, daher musste Caterpillar, wollte man die Farmer wieder beliefern, eine interessante Alternative zu den anderen Marken bieten, etwas vorweisen können, was es anderswo nicht gab. Als der Caterpillar Challenger 1986 präsentiert wurde, tat er genau das.

Was den Challenger gegenüber der Konkurrenz auszeichnete, war das sogenannte Mobil-Trac-System. Das Modell besaß einen Kettenantrieb, die Ketten bestanden aber aus mit Stahl verstärktem Gummi. Jede Kette war 62 cm breit und besaß 36 grobe Profilstollen zur Erhöhung der Traktion. Hier biete man, so Caterpillar, den Farmern den Heiligen Gral, der die Vorzüge von Rädern und Ketten miteinander verbinde. Wie alle Kettenfahrzeuge hinterließ Mobil-Trac einen sehr viel breiteren „Fußabdruck" im Boden als selbst der größte, breiteste Reifen, wodurch das Gewicht des Traktors auf eine größere Fläche verteilt, seine Geländegängigkeit erhöht und die Belastung des Bodens minimiert wurde. Jedes Kettenfahrzeug besitzt diese Vorzüge, neu beim Mobil-Trac-System waren aber die Gummiketten, die auf der Straße Geschwindigkeiten bis zu 29 km/h erlaubten, was seinerzeit selbst für einen Radtraktor ein respektabler Wert war. Das neue Modell forderte unverhohlen die

Caterpillar war zwar für seine Kettenfahrzeuge berühmt, baute aber hin und wieder auch Radfahrzeuge, etwa diesen D6B.

TRAKTOR-GIGANTEN

CATERPILLAR CHALLENGER 65

Baujahr	1986
Motor	Caterpillar
Motortyp	Wassergekühlter Reihensechszylinder
Hubraum	11,1 Liter
Besonderheiten	Turbolader und Ladeluftkühler
Leistung	285 PS bei 2100/min
Leistung (Abtriebswelle)	232 PS
Getriebe	10 x 2 Gänge, Powershift
Höchstgeschw.	29,1 km/h
Leergewicht	15.040 kg

Der erste Caterpillar Challenger aus dem Jahr 1986 besaß ein kantiges, wuchtiges Design, das man hier mit dem Profil eines konventionellen Radtraktors vergleichen kann.

Caterpillars großer Durchbruch bestand in den stahlverstärkten Gummiketten anstelle herkömmlicher Stahlketten.

Überlegenheit der leistungsstarken Radtraktoren heraus, was lag also näher, als das revolutionäre Fahrzeug auf den Namen „Challenger" zu taufen?

Natürlich gab es Skeptiker. Gummiketten, sagten sie, könnten niemals hohe PS-Leistungen vertragen, würden rasch verschleißen und seien teuer im Ersatz. Andere waren nur vorsichtig und schoben eine Anschaffung auf, bis Mobil-Trac sich bewährt habe. Und eben das geschah. Die Gummiketten erwiesen sich nicht nur als zuverlässig im Betrieb, sondern auch als dermaßen erfolgreich, dass konkurrierende Hersteller eigene Gummikettenfahrzeuge entwickelten.

Case-IH und John Deere brachten ähnliche Systeme auf den Markt, Case-IH in Gestalt des revolutionären Vier-Ketten-Quadtrac, John Deere eine Kettenversion der bekannten 8000er-Serie. Caterpillar verklagte daraufhin John Deere, da man eigene Patente verletzt sah. Auch AGCO trat auf den Plan und zeigte 1999 einen Kettenprototyp auf Basis des Massey Ferguson 3200. Track Marshall in Großbritannien und Marooka in Japan lancierten ebenfalls Fahrzeuge mit Gummiketten und etliche Spezialisten boten Ketten-Umrüstsätze für Radtraktoren an.

Das hieß aber nicht, dass Mobil-Trac das Ei des Kolumbus gewesen oder der Challenger rundum absolut gelungen gewesen wäre. Es wurde deutlich, dass der Zweikampf Kette gegen Rad je nach den konkreten Einsatzbedingungen entschieden wurde. John Deere, der einzige Hersteller, der Ketten- und Radfahrzeuge parallel anbot und daher die Frage objektiv beurteilen konnte, stellte eine Broschüre für Kunden zusammen, die sich nicht entscheiden konnten. Unter dem Strich hing die bessere Wahl von einer ganzen Reihe von Umständen ab, darunter Bodentyp, topographische Gestalt der Farm, Art der verwendeten Geräte und Pflanzenart.

Neu kosteten die Kettentraktoren 10 bis 15 Prozent mehr als ihre Gegenstücke mit Rädern, daher mussten sich diese Mehrkosten durch Einsparungen an anderer Stelle amortisieren. Es könne kein Zweifel daran bestehen, so John Deere, dass Ketten effizienter seien als Räder, wenn es darum ging, ein Gerät auf losem Untergrund in einer geraden Linie zu ziehen. Auch auf nassem Boden waren sie klar besser, doch auf härteren Böden mit schmieriger Oberfläche wiesen Räder eine ebenso gute Traktion auf. Die Kettenfahrzeuge waren äußerst behende, beim Wenden an Ort und Stelle aber drehte eine Kette durch, was Boden und Pflanzen beschädigte.

Die Spurweiten waren an Radtraktoren mit weniger Aufwand einzustellen, zudem passten sie ohne weiteres in die Wege zwischen den Pflanzenreihen und ihre Bodenfreiheit war größer. Ketten können keine Platten erleiden und kosten im Austausch nur wenig mehr als ein Satz Zwillingsreifen, ihr Unterhalt ist aber aufgrund der höheren Zahl an beweglichen Teilen aufwändiger. Ketten boten mehr Komfort auf dem Feld, da sie Unebenheiten im Boden überspannten, aber weniger auf der Straße, dazu verursachen sie mehr Vibrationen. Die Skeptiker behielten teilweise Recht – Ketten verschleißen auf der Straße schneller als Reifen. Wer aber auf schmalen Landstraßen mit einem großen Zwillingsreifen-Traktor unterwegs ist, lernt es zu schätzen, dass ein Kettentraktor schmaler ist. Schließlich kommt die Leistungsfähigkeit von Radtraktoren auf manchen Bodentypen derjenigen von Kettenfahrzeugen gleich, sofern die Lasten am Fahrzeug korrekt verteilt sind.

Zahlreiche Kunden ließen sich von den Vorzügen des Challenger überzeugen und stellten Caterpillar einen Scheck aus; der Challenger verkaufte sich in den späten achtziger und frühen neunziger Jahren vorzüglich. Es gab Hinweise darauf, dass der Challenger den Großbauern, die ihn sich leisten konnten, auf lange Sicht Geld einsparte – manche stellten fest, dass sie drei Radtraktoren durch zwei Challenger ersetzen konnten, die die gleiche Arbeitslast bewältigten.

Der ursprüngliche Challenger 65 wurde von einem Caterpillar-Diesel-Sechszylinder angetrieben, der 285 PS leistete (216 PS an der Hydraulik). Nach der positiven Aufnahme des Challenger erweiterte Caterpillar das Modellprogramm nach oben hin und bot auch Motoren mit bis zu 400 PS und mehr an. Später schloss man mit Claas einen Vertrag; der deutsche Hersteller übernahm den Europa-Vertrieb des Challenger unter eigenem Namen und in der eigenen hellgrünen Lackierung.

Der Challenger 65 war ein sehr großes und teures Fahrzeug und rangierte eine Klasse über den regulären Radtraktoren, daher stellte Caterpillar im November 1994 die kleineren Modelle Challenger 35 und 45 vor, die direkt auf die Konkurrenz der großen Hersteller zielten. Sie wirkten schlanker als die eher kantigen 65, ihre Nasen sprangen weit vor und die hinteren Antriebsräder waren größer als die vorderen – beim 65 waren alle Räder des Kettenantriebs von identischer Größe.

Den Antrieb übernahmen ein hauseigener 6,6-Liter-Sechszylinderdiesel mit 210 oder 242 PS und ein 16-gängiges Funck Powershift-Getriebe. Das gleiche Getriebe kam auch im Ford 70, einem Radtraktor, zum Einsatz, und tatsächlich waren Schaltgestänge, Hydraulik, Fahrerhaus und Computersteuerungsmodule mit dem großen Ford identisch. Interessanterweise musste das Funck-Getriebe verstärkt werden, da der minimale Kettenschlupf des Caterpillar das Getriebe höheren Lasten aussetzte. Die neuen kleineren Challenger-Ausführungen sollten besser für den Einsatz bei der Ernte geeignet sein als das Urmodell, daher gab es die Auswahl unter fünf verschiedenen Kettenbreiten (von 40,6 bis 81,2 cm); die Spurweite ließ sich auf Werte zwischen 152 und 304 cm einstellen.

Der erste Eindruck, den der neue kleine Ernte-Challenger vermittelte, war: effektiv, aber teuer. Das bestätigte das Traktormagazin „Profi", das im Oktober 1996 einen Challenger 45 testete. Schlupf im

In Europa wurde der Challenger später in den typischen Claas-Farben als Claas verkauft, womit der deutsche Hersteller neben seinen Systemtraktoren eine zweite Baureihe anbieten konnte.

TRAKTOR-GIGANTEN

Den Claas-Challenger gab es in mehreren Leistungsstufen, wie das Original von Caterpillar. Hier ein 75E.

Antrieb sei „gleichsam ein Fremdwort", dazu werde der Boden als i-Tüpfelchen weniger stark belastet. Den Testern gefielen Motor, Getriebe und Hydraulik, weniger Gefallen fanden sie an der nicht vorhandenen Federung; jeden Stoß verspürte man fünf Mal, da auf jeder Seite fünf Räder vorhanden waren! Man merkte auch an, dass der 45 mit damals £ 100.000 (€ 150.000) weit mehr kostete als ein entsprechender Radtraktor. „Profi" stellte zudem fest, dass der kleine Caterpillar weniger vielseitig sei als ein Radtraktor, dass es ihm an Komfort und für Zugmaschinenzwecke letztlich an Tempo fehle; für die reine Feldarbeit empfahl man den Challenger aber, trotz seines hohen Preises.

CATERPILLAR CHALLENGER 45

Baujahr	1996
Motor	Caterpillar
Motortyp	Wassergekühlter Reihensechszylinder
Hubraum	6,6 Liter
Besonderheiten	Turbolader und Ladeluftkühler
Leistung (Schwungrad)	242 PS bei 2100/min
Leistung (Abtriebswelle)	194 PS
Getriebe	16 x 9 Gänge, Powershift
Höchstgeschw.	28,6 km/h

1994 ließ Caterpillar dem großen Challenger die kleineren Modelle 35 und 45 folgen. Dieser 35 wird von einem hauseigenen 6,6-Liter-Dieselmotor mit 210 PS angetrieben.

CATERPILLAR

TRAKTOR-GIGANTEN

Zu Challenger 35 und 45 war zu jener Zeit bereits der 55 hinzugekommen, der einen 270 PS starken 7,7-Liter-Dieselmotor aufwies. In Europa, wo Claas den Challenger unter eigenem Namen verkaufte, waren drei Viertel aller verkauften Ernte-Challenger vom Typ 55.

In technischer Hinsicht war Caterpillars Vorstoß mit den Gummikettentraktoren ein voller Erfolg. Der Challenger war ein echter Durchbruch in der Traktortechnik und zwang die großen Werke, auf ihn zu reagieren; dennoch zählte er nicht zum Kerngeschäft des Unternehmens, das aus Bau- und Grubenfahrzeugen bestand. Anfang 2002 war Caterpillars hochmodernes Werk in DeKalb/Illinois nur zu 20 Prozent ausgelastet. Die bäuerliche Welt hätte es daher kaum überraschen dürfen, dass AGCO verkündete, man werde die Produktionsrechte am Challenger von Caterpillar übernehmen. Innerhalb von nur drei Monaten wurde die Produktion in das AGCO-Werk in Jackson/Minnesota verlegt und der Challenger lief von nun an als AGCO-Produkt vom Band.

Zwar lief der Challenger nun unter der Marke AGCO, gebaut wurde er aber nach wie vor größtteils von Caterpillar; die vorgefertigten Komponenten wurden für die Endmontage an AGCO verkauft. Motor, Getriebe, Mobil-Trac-Ketten, Kabine und viele weitere Komponenten stammten alle direkt von Caterpillar. Mittlerweile teilte sich das Challenger-Programm in zwei Grundreihen – MT 700 und MT 800 –; 2006 befanden sich diese Modelle nach wie vor in Produktion, mit um den Buchstaben B erweiterter Modellbezeichnung, da sie zwischenzeitlich ein Facelift erfahren hatten. Die kleinen Challenger hat man aufgegeben, um sich voll und ganz dem Hochleistungssektor widmen zu können.

Der MT 700B wird von einem Neunliter-Caterpillar-Motor (Typ C9 ACERT) angetrieben; die drei Modelle bieten Leistungen von 270, 300 und 320 PS bei jeweils 2100/min. AGCO behauptet, dass der jüngste MT 700 2 dB leiser sei als der Vorgänger, dank luftgefedertem Sitz und aufwändiger Belüftungsanlage habe es der Fahrer bequemer. Seit „Profi" sich über die mangelhafte Federung des Challenger beklagte (fünf Räder gleich fünf Stöße), haben sich die Zeiten geändert; jetzt sorgt das Opti-Ride-Fahrwerk mit Gummi- und Textilfedern dafür, dass sich jede Kette unabhängig von der anderen auf und ab bewegen kann. Auch die kleinen Laufräder sind jetzt gefedert.

Der MT 800B besitzt ebenfalls diese neue Technik und dazu wesentlich mehr Leistung. Die Triebwerke stammen nach wie vor von Caterpillar; in diesem Fall handelt es sich um die (laut AGCO) völlig neue ACERT-Motorenreihe. Mit elektronischer Einspritzung, niedrigeren Abgaswerten und geringerem Verbrauch sind diese Dieselmotoren top aktuell. Die Reihe umfasst den MT 835B (350 PS), MT 845B (400 PS) und MT 855B (460 PS), alle mit dem 15,2-Liter-ACERT-Motor von Caterpillar.

Der MT 865B (510 PS) besitzt einen größeren 18,1-Liter-Motor, ebenso das Spitzenmodell MT 875B (570 PS), der übrigens laut AGCO der leistungsstärkste Großserientraktor der Welt ist. Kein schlechter Ausstieg für Caterpillar, das den führenden Gummikettentraktor zwar nicht mehr unter eigenem Namen verkauft, aber weiterhin große Teile des Fahrzeugs herstellt.

Um gegen herkömmliche Radtraktoren bestehen zu können, ließ sich an den kleineren Challenger die Spurweite verstellen.

AGCO CHALLENGER MT 865B

Baujahr	2006
Motor	Caterpillar ACERT
Motortyp	Wassergekühlter Reihensechszylinder
Hubraum	18,1 Liter
Besonderheiten	Turbolader und Ladeluftkühler
Leistung (Schwungrad)	510 PS bei 2100/min
Leistung (Abtriebswelle)	425 PS
Getriebe	16 x 4 Gänge, Powershift
Höchstgeschw.	39,6 km/h
Leergewicht	19.115 kg
Tankinhalt	1250 Liter

CATERPILLAR

An 35 und 45 war ein Funck-Powershift-Getriebe mit 16 Gängen Serie; es musste verstärkt werden, um mit dem minimalen Schlupf der Ketten zurechtzukommen.

Wer an normale Traktoren gewöhnt ist, empfindet den Umstieg auf den Challenger als schwierig, da die Ketten auf den geringsten Lenkausschlag reagieren.

TRAKTOR-GIGANTEN

Challenger war ein sehr guter Name für Caterpillars Angriff auf den zivilen Traktorenmarkt; der Challenger zwang die anderen Hersteller dazu, ihn zur Kenntnis zu nehmen und auf ihn zu reagieren.

Letztlich zog sich Caterpillar wieder aus dem Traktormarkt zurück; seitdem wird der Challenger von AGCO hergestellt.

CATERPILLAR

TRAKTOR-GIGANTEN

CNH Global

Reiche Ahnenreihe

Der erste Taktor-Gigant von Case, der Traction King 1200. Er war kleiner als der Steiger, aber dennoch groß; der Fahrer mag der Größeneinordnung dienen.

CNH Global ist einer der weltgrößten Hersteller von Landmaschinen, zugleich aber wie AGCO das Resultat zahlreicher Zukäufe – Gene von Case, International Harvester, New Holland, Ford, Fiat und Steiger lassen sich in diesem riesigen Konzern finden. Nach der Fusion von Case-IH und New Holland im Jahr 1999 belief sich der Jahresumsatz auf elf Milliarden Dollar – einen größeren Traktorenbauer hatte es noch nie gegeben.

Case spielt innerhalb des Konzerns nach wie vor eine führende Rolle und die Gründung reicht am weitesten zurück – Jerome Increase Case stellte ab 1843 in Racine/Wisconsin Dreschmaschinen her. Später ging er zum Bau großer Dampfmaschinen über, ein Faktum, das sich noch jahrzehntelang an der Traktorenphilosophie der Firma Case offenbarte. Case baute große, schwere, robuste und kaum beanspruchte Traktoren, und nur widerwillig nahm das Unternehmen in den 1930er Jahren einen leichteren Konkurrenten für den kleinen Farmall F-12 ins Programm.

Der erste Case-Prototyp aus den 1890er Jahren war ein schweres 30-PS-Fahrzeug für Drescharbeiten. Er ging nicht in Serie, doch als Case schließlich 1916 in den Traktorenbau einstieg, tat er das mit der berühmten Crossmotor-Reihe, so genannt, weil der Vierzylindermotor quer im Rahmen saß. Zwar verkauften sich die kleineren Crossmotor-Modelle sehr gut, Case` Liebling war aber der große 40-72, der mit seinem 20-Liter-Vierzylinder einen 12-scharigen Pflug ziehen konnte.

Wenn Case eine Schwäche hatte, dann lag sie darin begründet, dass die Innovationen schubweise und nicht kontinuierlich in die Serie einflossen, und als der Crossmotor 1929 durch das solide Model L ersetzt wurde, war er hoffnungslos veraltet. In den dreißiger Jahren gelang es Case nicht, mit der rapiden Fortentwicklung der vielseitigen Modelle von Farmall und mit dem John Deere C mitzuhalten. Zehn Jahre später präsentierte das Werk die Eagle-Hydraulik als Antwort auf die Dreipunkthydraulik des Ford 9N, noch ohne Regelhydraulik. Anfang der fünfziger Jahre bot man weder Dieselmodelle an noch eine Zapfwelle noch Servolenkung, und die großen Traktoren besaßen nach wie vor Antriebsketten.

Ende der fünfziger Jahre erlebte Case aber einen seiner üblichen Innovationsschübe; diesmal führte er zu Dieselmotoren, Achtganggetriebe (auf Wunsch mit Case-O-Matic Drehmomentwandler), Kardanantrieb und Dreipunkthydraulik mit Regelhydraulik.

Der dynamische neue Vizepräsident Marc Rojtman hatte diese Neuerungen durchgesetzt (obwohl sie sich bereits vor seiner Ankunft in der Entwicklung befunden hatten); diese Springflut an Innovationen kostete freilich in der Entwicklung sehr viel Geld. Die hohen Ausgaben für Forschung und Entwicklung führten 1967 zur Übernahme von Case durch Tenneco; immerhin hatte man bis dahin aber moderne Traktoren im Angebot.

Was zu Beginn der sechziger Jahre fehlte, war ein Modell in der neuen Klasse der Allrad-Traktor-Giganten. Diese wurden nicht nur von Steiger und Wagner angeboten, sondern versuchsweise auch von John Deere und International. Als das Case-Modell

Ein Jahrzehnt später trug der Case 2670 den Beinamen Traction King, jetzt mit serienmäßiger Kabine und 12-Gang-Powershift-Getriebe.

Wie seine Vorgänger besaß der 2670 einen starren Rahmen und eine Vierradlenkung anstelle des Gelenkrahmens, den andere Hersteller bevorzugten.

TRAKTOR-GIGANTEN

CASE 1200 TRACTION KING

Baujahr	1964
Motor	Case
Motortyp	Wassergekühlter Reihensechszylinder
Hubraum	7,4 Liter
Besonderheiten	Turbolader
Leistung (Abtriebswelle)	120 PS bei 2000/min
Leistung (Deichsel)	107 PS
Getriebe	Achtganggetriebe
Höchstgeschw.	22,7 km/h
Einsatzgewicht	7515 kg

Der Antrieb auf vier bzw. sechs gleich große Räder bedeutete bei dem fast 7 Tonnen schweren Traktor eine beinahe hundertprozentig gleichmäßige Verteilung der Antriebskräfte auf Vorder- und Hinterachse.

Ein Case-International mit Gelenkrahmen im Zuckerrohr-Einsatz.

1964 erschien, hörte es auf die Bezeichnung 1200 Traction King; ein Name wie Musik und auf seine Weise ebenso beziehungsreich wie die Vorliebe der Steiger-Brüder für Großkatzennamen.

Das Konzept unterschied sich in mancherlei Hinsicht von den Konkurrenzmodellen. Der John Deere 8010 bot über 200 PS, die Supertraktoren von Steiger und International mindestens 300. Der Traction King war kleiner als seine Rivalen und begnügte sich mit bescheidenen 120 PS bei 2000/min. Der Motor baute auf einem vorhandenen Case-Aggregat auf, besaß einen Hubraum von 7,4 Litern, Turbolader und Ölkühler.

Anders als die meisten anderen Traktor-Giganten verzichtete er auf einen Knickrahmen, besaß aber zur Verkleinerung des Wendekreises eine Allradlenkung. Die Hinterräder ließen sich in Geradeausstellung fixieren oder lenkten automatisch mit den Vorderrädern, wodurch Seitwärtsbewegungen des Fahrzeugs möglich wurden. Das war besonders nützlich, konnte das Fahrzeug doch auf diese Weise sicher steile Hänge hinauf fahren und dabei die Bodenbelastung gering halten, da die Hinterräder nicht in den Spuren der Vorderräder liefen. Diese hydraulische Vierradlenkung funktionierte prächtig und beschränkte den Wendekreis des massigen Traction King auf enge fünf Meter, trotz der voluminösen, jeweils gleich großen Räder.

CNH GLOBAL

Der erste Traktor-Gigant von Case konnte mit weiteren interessanten Details aufwarten. Im Gegensatz zu manch anderen Großtraktoren besaß er eine konventionelle Dreipunkthydraulik, konnte also mit den vorhandenen Geräten bestückt werden. Dazu hatte er hydraulische Servobremsen rundum und ein Achtganggetriebe. Der Traction King war ein Erfolg und verkaufte sich in vier Jahren 1549 Mal, für Supertraktor-Maßstäbe eine erkleckliche Stückzahl.

So erfolgreich war der 1200 Traction King, dass er 1969 einen ganz ähnlich gestalteten Nachfolger erhielt. Der Traction King 1470, im Jahr der Übernahme durch Tenneco vorgestellt, besaß wie sein Vorgänger einen starren Rahmen und eine hydraulische Vierradlenkung. Gebremst wurde aber nicht mehr an den Rädern, sondern über eine zangenbetätigte Scheibenbremse an der Kardanwelle, und das neue Modell besaß grundsätzlich eine Kabine – Case hatte zu Beginn der sechziger Jahre als erster Hersteller eigene Kabinen konstruiert.

Natürlich stand mehr Leistung zur Verfügung, obgleich Case weiterhin eigene Dieselmotoren, keine zugekauften Maschinen von Cummins oder Caterpillar verwendete. Der 8,3-Liter-Motor war der erste Vertreter einer neuen, von Case selbst entwickelten Generation mit Direkteinspritzung. Er blieb viele Jahre lang in Produktion und leistete mit Turboaufladung, wie im Traction King, 145 PS bei 2000/min, die wie zuvor über ein Achtganggetriebe übertragen wurden.

Gemeinsam mit Cummins produzierte Case die CDC-Motoren, die in den 90er-Jahren viele Case-Traktor-Giganten antrieben.

TRAKTOR-GIGANTEN

Unten: Case oder Steiger? Nachdem der Konzern anfangs Steiger-Traktoren unter der Marke Case verkaufte, gab man dem Druck der Kunden nach und kehrte zum Markennamen Steiger zurück.

Ganz unten: Dieser 9370 war Mitte der neunziger Jahre nicht das Case-Flaggschiff; Spitzenmodell war vielmehr der 9390 mit 425 PS.

Gegenüberliegende Seite: Der Quadtrac war die Antwort von Case-IH auf den Caterpillar Challenger.

Zwei Jahre darauf kam zum 1470 der neue 2470 hinzu, bei dem der 8,3-Liter-Diesel an der Zapfwelle laut Messung der Universität Nebraska 174 PS leistete und an der Hydraulik 154 PS, jeweils bei 2200/min. Den größten Fortschritt bedeutete aber das neue 12-Gang-Getriebe mit Teil-Powershift (was Schalten ohne Zugkraftunterbrechung ermöglichte); damit war der Traktor 3 bis 24 km/h schnell.

Weitere drei Jahre später, 1974, waren viele Hersteller zur Verwendung eines Ladeluftkühlers übergegangen, um den turbogeladenen Dieselmotoren mehr Leistung zu entlocken. Das Prinzip ist einfach: Die in den Brennraum strömende Luft wird (entweder durch einen Luft-/Luft- oder einen Wasser-/Luft-Wärmetauscher) heruntergekühlt, dabei wird sie im Volumen reduziert und dichter, d.h. es gelangt mehr Luft in den Brennraum. Zusammen mit einer entsprechend erhöhten Benzinzufuhr ergibt sich so ein intensiverer Verbrennungsvorgang und damit mehr Leistung. Im Falle des neuen Traction King 2670 kletterte die

CASE 4890	
Baujahr	1980
Motor	Saab-Scania
Motortyp	Wassergekühlter Reihensechszylinder
Hubraum	11,1 Liter
Besonderheiten	Turbolader
Leistung (Abtriebswelle)	253 PS bei 2200/min
Leistung (Deichsel)	225 PS
Getriebe	12 Gänge, Teil-Powershift
Höchstgeschw.	29,3 km/h
Einsatzgewicht	11.665 kg

Leistung dadurch auf 210 PS an der Zapfwelle und 193 PS an der Hydraulik. Bald darauf rückte der noch stärkere Traction King 2870 ins Programm, dessen Motor aber zugekauft wurde; Case entschied sich für einen 11,1-Liter-Turbodiesel von Saab-Scania, der über 250 PS an der Zapfwelle leistete.

Der 2670 besaß das 12-Gang-Getriebe mit Teil-Powershift aus dem 2470 und war damit bis zu 23,3 km/h schnell. Die Vierradlenkung war natürlich nach wie vor mit an Bord und der Case Traction King war immer noch eine kompaktere Alternative zu den größeren Supertraktoren. Geändert hatte sich die Lackierung; vom traditionellen Case-Rotorange war man zu den Farben Weiß und Rot übergegangen; das waren die Farben des britischen Magnaten David Brown, den Case 1974 übernahm.

Die 70er-Serie des Traction King wurde 1980 durch die 90er-Baureihe ersetzt, bei der es sich aber in Wahrheit nur um modifizierte Vorgängermodelle, nicht um radikale Neuentwicklungen handelte. Die Motoren der neuen 4490, 4690 und 4890, die die Modelle 2470, 2670 und 2870 ablösten, blieben völlig unverändert, ebenso die 12-Gang-Getriebe mit Teil-Powershift.

Neu waren das Design und eine Vierpfosten-Kabine mit Überrollschutz, die auch das Geräuschniveau im Innenraum auf 78 dB(A) senkte. Eine wichtige Neuerung waren die elektronischen Sensoren an der Vierradlenkung, die ein exakteres Lenken ermöglichten. Die Lenkmodi ließen sich nun während der Fahrt über einen Kippschalter an der Konsole anwählen. Abgesehen davon arbeitete das System nach wie vor mit zwei getrennten hydraulischen Kreisen für Vorder- und Hinterräder. Alle drei Traktoren der Serie 90 wurden von der Universität Nebraska in ihrem Einführungsjahr auf ihre Leistung hin getestet. Der

CASE IH

Der mit vier Gummiband-Laufwerken ausgestattete Case IH Quadtrac 9380 verfügt in Kombination mit der Knicklenkung über eine optimale Kraftübertragung und kann so die 400 PS Leistung des Cummins-Sechszylindermotors ideal nutzen.

4490 kam auf 175 PS an der Zapfwelle und 153 PS an der Hydraulik; der 4690 auf 220/196 PS und der 4890 auf 253/225 PS.

Seit der Übernahme durch Tenneco stand Case auf solideren finanziellen Beinen als je zuvor, so dass die Firma die Stürme der frühen achtziger Jahre viel besser meistern konnte als der Erzrivale International. Tenneco schluckte 1985 auch International und erzwang so eine Fusion der beiden Traktorenbauer.

Im Jahr zuvor erhielten die Supertraktoren der Serie 90 eine weitere Überarbeitung und firmierten nun als Serie 94. Einmal mehr gab es keine grundlegenden Änderungen, Leistungswerte, Getriebe und Vierradlenkung blieben unangetastet. Die neue Baureihe bestand aus den Modellen 4494, 4694 und 4894 und blieb bis zum Ende des Jahrzehnts in Produktion.

Der 4994 war der größte und stärkste Traktor, den Case jemals baute. Er besaß wie seine kleineren Geschwister eine Vierradlenkung, rangierte aber leistungsmäßig eine Klasse höher. Case hatte für dieses Modell keinen adäquaten Motor im Programm und wandte sich daher erneut an Saab-Scania; diesmal wählte man einen 14,2 Liter großen V8, der am Schwungrad 400 PS leistete. Im 4994 ergab das 344 PS an der Zapfwelle und knapp über 300 PS an der Hydraulik. Auch hier wurde mit dem 12-gängigen

Der Quadtrac unterschied sich mit vier Ketten und Gelenkrahmen konzeptionell deutlich vom Caterpillar Challenger.

CNH GLOBAL

Teil-Powershift-Getriebe geschaltet. In Tests erwies sich dieses Modell als sparsamster der vier Case-Supertraktoren; der Verbrauch belief sich auf 13,25 PS-Stunden/Liter.

So eindrucksvoll der 4994 auch war, ein langes Leben war ihm nicht beschieden. Zudem zeigten sich an ihm die Grenzen der Case-Vierradlenkung, die keine allzu hohen PS-Leistungen vertrug, und neben den jüngsten Konkurrenzmodellen mit Knickrahmen sah der 4994 etwas ältlich aus. Nach der Fusion mit International wurde das Modellprogramm natürlich rationalisiert, und die Allradmodelle der Serie 94 bekamen das neue Case-IH-Logo, nicht aber die Supertraktoren von International.

Damit blieb auch der 4994 im Programm, doch 1987 tätigte Tenneco eine weitere Übernahme; diesmal begab sich Steiger unter die Fittiche des großen Konzerns. Für zwei direkt miteinander konkurrieren-

Neben den Supertraktoren bot Case ein breites Programm an Allradtraktoren mit Starrrahmen an, wie etwa diesen MX 270.

Auch vom späteren STX gab es eine Quadtrac-Version; ein nach wie vor einzigartiger Supertraktor.

65

TRAKTOR-GIGANTEN

Die Typnummern der Vierrad-STX-Modelle bezogen sich auf die Motorleistung; hier ein STX 450.

Die Baureihe STX wirkte neu, übernahm aber viele Details unverändert oder weiterentwickelt von der Vorgängerreihe 9300, etwa die Autoskip-Schaltung. Hier ein STX 500. Den STX gab es zwar in den Case-Farben, er vereinte aber in sich die Summe aller Supertraktor-Erfahrungen von Steiger, Versatile, Case und New Holland.

de Supertraktor-Familien gab es im gleichen Unternehmen naturgemäß keinen Platz, und so beendete man die Fertigung des 4994 zugunsten der etablierten Steiger-Modelle, obschon die kleineren Allradvarianten der 94er-Serie bis 1989/90 im Programm blieben und zwei facegeliftete Vierradtraktoren, der 9240 und der 9260, bis 1993 gebaut wurden. Die Steiger-Supertraktoren rollten also weiterhin aus dem Werk in Fargo/Nord-Dakota, erhielten aber bald das Case-IH-Emblem und die neuen Firmenfarben Rot/Schwarz.

Zum Schrecken aller Steiger-Freunde verschwand nicht nur das berühmte Steiger-Markenemblem in der Versenkung, sondern auch die Tradition der Großkatzennamen, welche die Steiger-Modelle von Anfang an geschmückt hatten. An deren Stelle traten die logischeren (aber phantasiearmen) Ziffernbezeichnungen, die Case-IH bevorzugte. Die Steiger-Modelle Puma, Bearcat, Cougar, Panther und Lion wichen den Case-IH 9110, 9130, 9150, 9170 und 9180. Aus dem leistungsstarken Steiger Kp 525 wurde der 9190.

Der Akt zeugte vielleicht von wenig Herz, ermöglichte es Case-IH aber eine Reihe bewährter und angesehener Supertraktoren anzubieten, hinter denen jahrzehntelange Erfahrung stand. Das Modellprogramm war zudem umfassend und reichte vom 9110/9130 mit 200 und 220 PS (beide bereits von Case-Dieselmotoren befeuert) bis zum 9180 mit 375 und zum 9190 mit 525 PS, beide mit Cummins-Motor. An den beiden kleinsten Modellen ließ sich die Spur auf Werte zwischen 152 und 330 cm einstellen, was sie für Erntearbeiten besonders geeignet machte. Zusätzlich zum Knickrahmen waren hier auch die Vorderräder in gewissem Umfang lenkbar; sie ließen sich um sechs Grad nach links oder rechts drehen, ehe das Rahmengelenk seine Bewegung begann. Damit ließ sich der Traktor sehr exakt zwischen den Pflanzenreihen ausrichten.

Die Sache hatte aber einen Haken. Case-IHs unüberlegtes Fallenlassen des Namens Steiger wurde

CASE IH 9170

Tenneco, die Muttergesellschaft von Case IH, erwarb 1987 die Steiger Tractor Company mit Sitz in Fargo, North Dakota. Steiger stand wegen stark rückgängiger Traktorverkaufszahlen und einem rückläufigen Agrarmarkt kurz vor dem Bankrott. Durch den Kauf der Steiger-Fabrik und einen Traktornamen, der weltweit für Qualität stand, war Case IH sofort in der Lage, große Knicktraktoren zu bauen und zu vermarkten. Im Jahre 1994 verkaufte Tenneco große Teile der Case-IH Aktien und zog sich aus dem Unternehmen zurück. Zwei Jahre später übernimmt Case-IH die österreichische Steyr Landmaschinentechnik GmbH, bevor es 1999 zur Fusion mit der zum Fiat-Konzern gehörenden Firma New Holland BV kommt.

Die neue Allianz firmiert seitdem unter dem Namen Case New Holland (CNH) Global N.V. mit Sitz in Amsterdam (Niederlande), produziert aber weiterhin unter jeweils eigenen Markenzeichen.

CASE IH 9170
- 1987–1989
- Cummins NTA-855 Sechszylindermotor
- 335 PS bei 2100/min
- Turbolader und Ladeluftkühlung
- Volllastschaltung, 12 Vorwärts- und 2 Rückwärtsgänge
- Höchstgeschwindigkeit 27,8 km/h
- Versandgewicht 15,16 t

CASE IH 9180

Steigers Modelle in ihrer vertrauten grünen Firmenfarbe verfügten in der 1000er Serie über 190 bis 400 PS, außerdem gab es den 525 PS starken Tiger der Serie IV. Case IH benutzte die Serie 1000 als Basis für ihre Knickschlepper. Das umfangreiche Angebot Steigers wurde jedoch auf nur sechs, von 200 bis 525 PS starke Modelle heruntergeschraubt. Dem Tiger gab man die neue Bezeichnung Case IH 9190. Es wurden nur sehr wenige 9190 produziert; am erfolgreichsten waren die leistungsstarken Modelle 9170 mit 335 PS und der 9180 mit 375 PS. Beim 9170 handelte es sich um den berühmten Steiger Panther, der unter den grünen Steiger-Traktoren der Beliebteste gewesen war.

Als Case IH die Serie 9100 auf den Markt brachte, ließ man den Namen Steiger fallen. Das stellte sich später als großer Fehler heraus. Trotz der Namensänderung befand sich Case IH Ende der 1980er Jahre unter den wichtigsten Konkurrenten im Markt für Knicklenker und konnte einen Erfolg nach dem anderen feiern. 1990 brachte das Unternehmen schließlich die Serie 9200 auf den Markt, die sich zum Erfolgsschlager entwickelte.

CASE IH 9180

- 1987–1990
- Cummins NTA-855 Sechszylindermotor
- 375 PS bei 2100/min
- Turbolader und Ladeluftkühlung
- Volllastschaltung, 12 Vorwärts- und 2 Rückwärtsgänge
- Höchstgeschwindigkeit 27,8 km/h
- Versandgewicht 15,87 t

CASE IH 9270

Die Serie 9200 war die zweite Reihe großer Knickschlepper von Case IH. Es gab fünf Modelle in der Reihe; die Motorenleistung lag zwischen 200 PS und 375 PS. Der 9280er war mit seinen 375 PS das größte Modell der Serie und hatte einen Cummins NTA-855 Sechszylindermotor mit Turbolader und Nachkühlung.

Als Case IH im Jahre 1987 die Firma Steiger und ihre Fabrik kaufte, verschwand der Schriftzug Steiger von den neuen roten Traktoren. Der Name dieses bekannten Unternehmens war aber so beliebt und besaß weltweit einen so hohen Bekanntheitsgrad, dass auf Druck der Öffentlichkeit ab Ende 1995 – gegen Ende der Zeit, in der die 9200er Serie produziert wurde – der Name Steiger wieder auf den Schleppern zu finden war.

Die roten Knicktraktoren wurden von Case IH in der alten Steigerfabrik in Fargo im Bundesstaat North Dakota gebaut. Die erfolgreichen Traktoren der 9200er Serie wurden in die ganze Welt verkauft und machten Case zum Marktführer in diesem Segment.

CASE IH 9270

- 1990–1995
- Cummins NTA 855 Sechszylindermotor
- 335 PS bei 2100/min
- Turbolader und Nachkühlung
- Elektronisch gesteuertes Powershift-Getriebe, 12 Vorwärts- und 3 Rückwärtsgänge
- Höchstgeschwindigkeit 27,8 km/h
- Betriebsgewicht 15,2 t

CASE IH 9280

Diese Serie zeichnete sich durch ein einzigartiges Getriebe aus, dem Case IH den Namen „Skip Shift" gab. Es sollte die Bedienung des Traktors bei Fahrten auf öffentlichen Straßen und bei leichteren Feldarbeiten vereinfachen. Mit Hilfe dieses Getriebes konnte der Fahrer innerhalb von drei Sekunden vom ersten über den vierten und den sechsten in den achten Gang schalten. Außerdem besaß dieses Getriebe einen dritten Rückwärtsgang, sodass beim Rückwärtsfahren eine Geschwindigkeit von fast 13 km/h möglich wurde.

CASE IH 9280

- 1990–1995
- Cummins NTA 855 Sechszylindermotor
- 375 PS bei 2100/min
- Turbolader und Nachkühlung
- Elektronisches Powershift-Getriebe, 12 Vorwärts- und 3 Rückwärtsgänge
- Höchstgeschwindigkeit 27,8 km/h
- Betriebsgewicht 15,9 t

CASE IH 9380

Als Case IH 1995 die neue 9300er Serie wieder mit dem Namen Steiger vorstellte, waren die Traktoren dieser Reihe die größten und leistungsstärksten Knickschlepper der Branche. Es gab elf verschiedene Modelle in dieser Serie, deren Leistung zwischen 205 PS und 425 PS lag. Die drei kleineren Traktoren waren als Standardausführung oder für die „Row Crop"-Ausführung erhältlich, während die drei größeren Modelle nur in Standardausführung angeboten wurden. Außerdem wurden zwei Quadtrac-Modelle mit Gummiband-Laufwerken gefertigt.

CASE IH 9380

- 1995–2000
- Cummins Sechszylindermotor N14-A400
- 400 PS bei 2.100/min
- Turbolader
- Full Powershift-Getriebe, 12 Vorwärts- und 3 Rückwärtsgänge
- Höchstgeschwindigkeit 27,8 km/h
- Betriebsgewicht 19,6 t

CASE IH 9390

Das größte Modell, der 9390er mit seinen 425 PS, wog fast 20 t. Wenn die Dreifachbereifung aufgezogen war, übte dieser leistungsstarke Traktor trotzdem nur einen Bodendruck von weniger als 0,35 bar aus.

CASE IH 9390

- 1997–2000
- Cummins Sechszylindermotor N14-A400
- 425 PS bei 2100/min
- Turbolader und Ladeluftkühler
- Elektronisch gesteuertes Powershift-Getriebe, 12 Vorwärts- und 3 Rückwärtsgänge
- Höchstgeschwindigkeit 28,5 km/h
- Betriebsgewicht 19,6 t

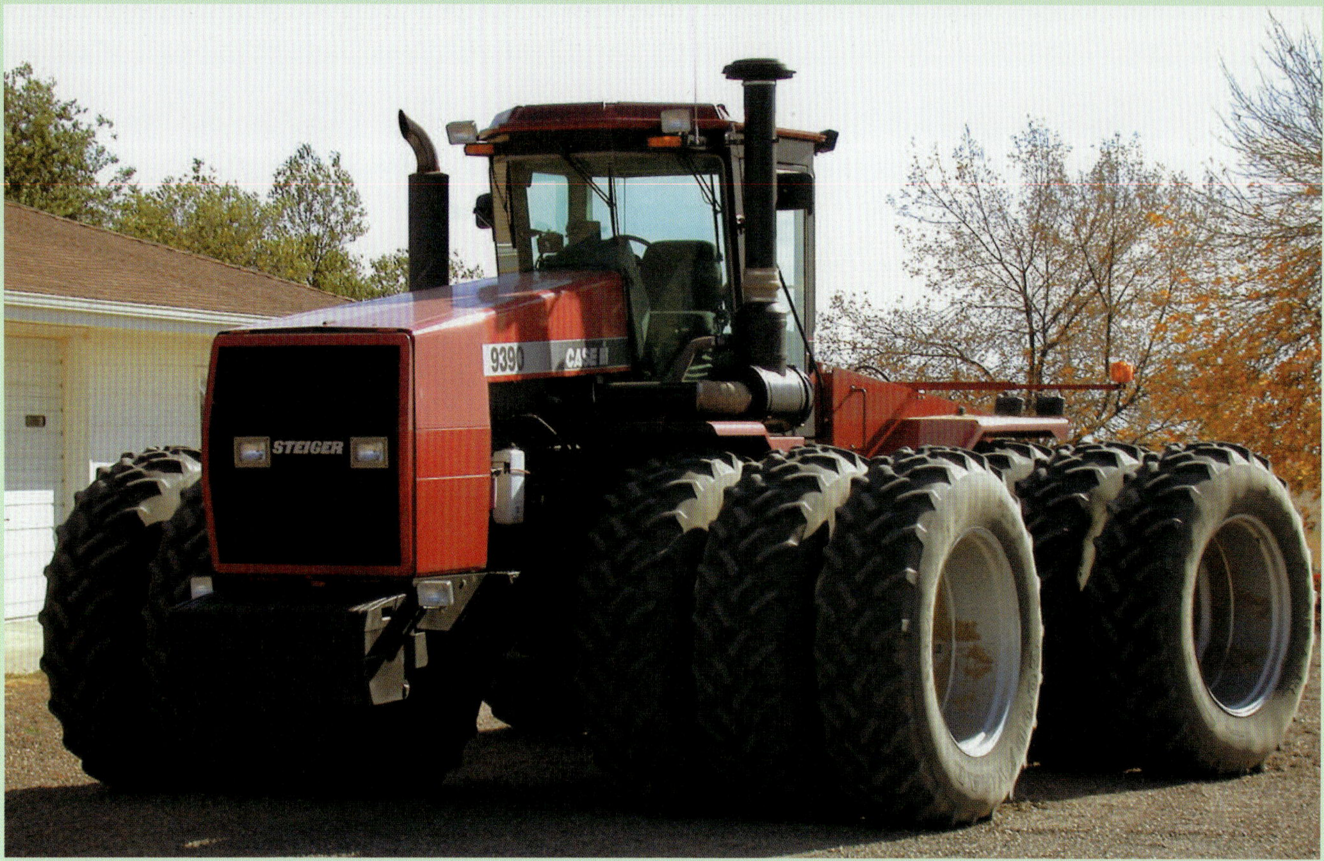
9390
CASE
STEIGER

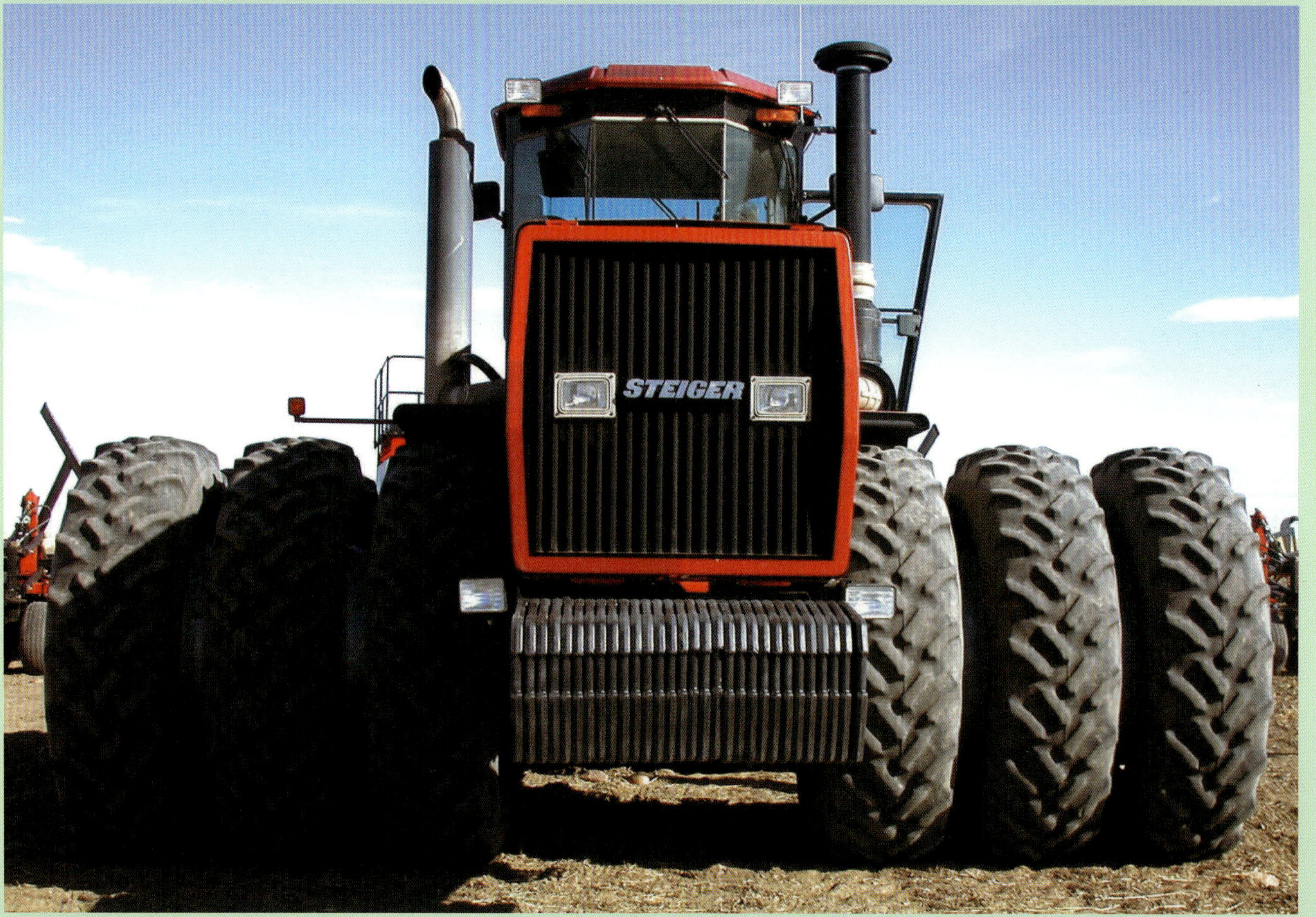
STEIGER

CNH GLOBAL

CASE-IH 9390 STEIGER

Baujahr	1997
Motor	Cummins N14-A400
Motortyp	Wassergekühlter Reihensechszylinder
Hubraum	14 Liter
Besonderheiten	Turbolader, Ladeluftkühler
Leistung (Schwungrad)	425 PS bei 2100/min
Leistung (Abtriebswelle)	383 PS
Getriebe	12 x 3 Gänge Syncroshift, auf Wunsch 24 x 6 Gänge
Höchstgeschw.	28,5 km/h
Einsatzgewicht	19.930 kg
Tankinhalt	852 Liter

Der größte Traktor aller Zeiten? CNH warb auf Messen quer durch die Vereinigten Staaten mit diesem prall mit Luft gefüllten New Holland Traktor.

Diesen Supertraktor brachte New Holland in den Konzern CNH Global ein, die Baureihe 82, die von den alten Versatile-Modellen abstammte.

in einer Branche übel aufgenommen, in der die Tradition eine große und Markenloyalität eine noch größere Rolle spielt. Steiger war weltweit der bekannteste Name auf dem Feld der Supertraktoren, und diesen wertvollen Markennamen liquidiert zu haben, erwies sich als böser Fehler. Man muss Case-IH aber zugute halten, dass man den Fehler einsah und den Namen Steiger mit der neuen Serie 9300 wiederbelebte, wenn auch erst im Jahr 1995.

In der Zwischenzeit lancierte das Werk im August 1990 die modifizierte Serie 9200. Das große, über 500 PS starke Modell entfiel, während die fünf Modelle umfassende Baureihe 9210 bis 9280 Motorleistungen von 200 bis 375 PS bot. Wie zuvor stammten die Motoren von 9210 und 9230 von Case (jetzt CDC genannt, ein Joint Venture zwischen Case und Cummins), die stärkeren 9250, 9270 und 9280 besaßen weiterhin Cummins-Maschinen. Neu an allen Modellen war das Skip-Shift-Getriebe, bei dem der Fahrer direkt vom ersten in den vierten und vom sechsten in den achten Gang schalten konnte. Damit erkannte man an, dass für die Fahrt auf der Straße oder auch mit leichtem Gerät im Gelände nicht alle Gänge des 12-Gang-Powershift-Getriebes nötig waren – das Überspringen von Gängen sparte Zeit. Neu war auch ein dritter Rückwärtsgang, mit dem die großen 9200er mit bis zu 13 km/h rückwärts sprinten konnten.

TRAKTOR-GIGANTEN

NEW HOLLAND TJ 440

Baujahr	2001
Motor	Cummins QXS15
Motortyp	Wassergekühlter Reihensechszylinder
Besonderheiten	Turbolader, Ladeluftkühler
Leistung (Schwungrad)	440 PS bei 2000/min
Getriebe	16 x 2 Gänge, Powershift
Höchstgeschw.	37 km/h
Einsatzgewicht	23.920 kg
Min. Wendekreis	5,10 m
Tankinhalt	946 Liter

Nicht gerade ein Supertraktor, doch das innovative Systemkonzept von Versatile überlebte in Gestalt des New Holland TV 140.

Case-IH hatte seine letzten Traktoren mit Vierradlenkung, den 9240 und den 9260, als seine größten Erntetraktoren vermarktet; als sie 1993 aus dem Angebot gestrichen wurden, traten Ernte-Varianten der Knickrahmentraktoren an ihre Stelle. Der 9250 RCS (Row-Crop Special) besaß eine lenkbare Vorderachse und einen Knickrahmen für einen Lenkwinkel von maximal 18 Grad. Mit der Vorderrad- oder der Rahmenlenkung oder mit beidem konnte der Fahrer den Traktor sehr akkurat ausrichten und damit Schäden an den Pflanzen minimieren. Bei maximal eingeschlagenen Vorderrädern und vollem Rahmeneinschlag kam der 9250 auf einen Wendekreis von lediglich 3,72 m und war damit der wendigste Supertraktor seiner Zeit.

Dieses Konzept stieß offenbar auf viel Gegenliebe, denn als 1995 die neue 9300er-Serie (inklusive Steiger-Emblem am Kühlergrill) herauskam, gab es insgesamt drei Modelle in Row Crop Special-Ausführung. Sowohl den 9310 (205 PS) als auch den 9330 (240 PS) und den 9350 (310 PS) gab es in Normal- und in RCS-Version. Die größeren 9300 waren nicht als Ernteversion erhältlich, waren aber stärker als ihre Vorgänger; im Falle des Spitzenmodells 9390 belief sich die Leistung auf 425 PS bei 2100/min (oder 383 PS an der Zapfwelle). Die Leistungswerte der Supertraktoren kletterten wieder in die Höhe, da die Farmer nach Möglichkeiten suchten, ihren Zeitaufwand und damit die Kosten zu minimieren.

Die Auswahl an Getrieben hatte sich seit den Zeiten der frühen Case-Vierradlenker vervielfacht. Den Käufern der beiden leistungsschwächsten 9300-Modelle bot das Werk ein 12-Gang-Powershift-Getriebe mit drei Rückwärtsgängen an. Für 9350, 9370 und 9390 standen drei verschiedene Getriebe zur Wahl. Serienmäßig war das 12 x 3 Syncroshift-Getriebe, das es aber auch mit Vorgelegegetriebe gab, womit dem Käufer 24 x 6 Gänge und eine Höchstgeschwindigkeit von 30 km/h zur Verfügung standen. Das 12 x 3 Getriebe gab es schließlich auch mit Powershift. Käufern des 425 PS starken 9390 standen zwei Getriebe zur Wahl, das 12 x 3 Syncroshift mit oder ohne Vorgelegegetriebe.

Schon vor dem Start des 9300 hatte Case-IH mit einem neuen Supertraktor-Konzept experimentiert. In Anlehnung an den Caterpillar Challenger besaß

CNH GLOBAL

Die New Holland Supertraktoren der Serie 82 überlebten die Gründung von CNH nicht allzu lange. Bereits zwei Jahre später wurden sie durch die TJ-Reihe ersetzt. Hier ein TJ 340; die Reihe gab es mit CDC- und Cummins-Motoren und mit 16-Gang-Powershift-Getriebe.

dieser Case-IH EXP Gummiketten, aber anders als bei Caterpillar oder John Deere, deren Modelle zwei Ketten links und rechts des starren Rahmens aufwiesen, hatte der EXP vier kleinere Ketten und einen Knickrahmen. Schon früher hatte es Traktoren mit vier Laufketten gegeben, aber noch keinen von einem großen Werk.

Der jüngste Supertraktor von Case-IH erschien 1997 unter der Bezeichnung Quadtrac und verband die Vorzüge eines Kettentraktors (Traktion, geringe Bodenbelastung) mit denen eines Radtraktors mit Knickrahmen (Aufrechterhaltung der Traktion in Kurven). Natürlich war der Wendekreis des Quadtrac größer als der seines vierrädrigen Gegenstücks, aber 5,95 m waren auch nicht schlecht, und das Erdreich wurde mit lediglich 0,35 kg/cm^2 belastet. Jede Kette hinterließ einen „Fußabdruck" von 1,3 m^2.

Im Unterschied zu einem Kettentraktor mit Starrrahmen konnte der Quadtrac unter Last wenden, da dabei eine Kette nicht rückwärts laufen musste. Der Schlupf im Antrieb fiel mit 2 bis 3 Prozent sehr gering aus, verglichen mit 12 bis 16 Prozent bei einem Vierrad-Supertraktor, und der Quadtrac konnte zudem mit bis zu 30 km/h auf der Straße unterwegs sein, womit er mindestens so schnell war wie seine vierrädrigen Konkurrenten. Damit die Ketten stets opti-

Trotz New Holland Emblemen und Farbgebung handelte es sich beim TJ in Wahrheit um einen anders lackierten Case STX – so ist das eben in großen Konzernen. Hier ein TJ 375.

CASE IH QUADTRAC STX 440

Da die ersten Quadtracs sehr erfolgreich waren, präsentierte Case IH im Jahre 2000 die Case IH STX-Serie. Der Case Steiger STX 440 mit seinen 440 PS verfügt über modernste Elektronik und einen Motor mit 40 PS Überleistung. Das elektronisch geschaltete 16-Gang Powershift-Getriebe kann auf Knopfdruck bedient werden.

Als der STX 440 mit seinen 440 PS im Jahre 2000 der Öffentlichkeit vorgestellt wurde, war er weltweit der leistungsstärkste Schlepper, der in jenem Jahr produziert wurde.

CASE IH QUADTRAC STX 440

- 2000–2001
- Cummins QSX15 Sechszylindermotor
- 440 PS bei 2000/min
- Turbolader mit Ladeluftkühlung und elektronischer Kraftstoffeinspritzung
- 16-Gang Powershift-Getriebe
- Höchstgeschwindigkeit 37 km/h
- Betriebsgewicht 24 t

malen Bodenkontakt hatten, waren alle vier Einheiten unabhängig voneinander aufgehängt. Den Quadtrac gab es in zwei Versionen, als 9370 mit 360 und als 9380 mit 400 PS.

Ein guter Indikator für den Erfolg eines Konzepts ist es, ob es bei Modellwechseln im Angebot bleibt. Für den Quadtrac traf das zu. Als im Jahr 2000 die 9300er-Modelle von Case-IH durch die Baureihe STX ersetzt wurden, gab es auch wieder einen Quadtrac. Mittlerweile war Case-IH Teil des riesigen Konzerns CNH Global, der aus dem Zusammenschluss von Case-IH und New Holland entstanden war.

New Holland hatte eigene Supertraktoren im Programm, die auf die Ford Versatile-Modelle zurückgingen. Diese waren 1994 durch die Baureihe 80 ersetzt worden und deckten die Spannbreite von 250 PS (9280) bis 400 PS (9880) ab. Das waren konventionelle Vierradtraktoren mit Knickrahmen und neuen 12-Gang-Quadra-Sync-Getrieben mit 3 x 4 Gängen und Powershift. Die Serie 80 enthielt noch Versatile-Gene; die Modelle waren relativ leicht und griffen beim Chassis auf C-förmige Stahlträger anstelle von Flachprofilen zurück.

Die Traktoren erhielten 1997 den Namen New Holland und die Bezeichnung Serie 82; die Leistungen reichten jetzt von 260 bis 425 PS, das Quadra-Sync-Getriebe blieb ihnen erhalten. Zwei Jahre später erschien die Serie 84 in zwei Ausführungen – 9184 und 9384 –, die den 9282 mit 260 PS ersetzten. Dieses Supertraktoren-Programm brachte New Holland 1999 in die CNH ein, und anfangs wurde diese Serie parallel zu den großen Traktoren von Case-IH angeboten. Rationalisierungszwänge führten dazu, dass die beiden Modellreihen später durch eine einzige ersetzt wurden.

Der Case-IH STX wurde in der New Holland Farbgebung Blau/Schwarz auch als TJ-Serie verkauft. Ansonsten waren sich die Modelle überaus ähnlich, wurden von den gleichen CDC- oder Cummins-Motoren angetrieben und besaßen ein 16-Gang-Powershift-Getriebe; New Holland-Kunden stand allerdings der Quadtrac nicht zur Verfügung.

Der rot/schwarze Case-IH STX war derweil der erste neue Hochleistungstraktor von CNH nach der Fusion – er erschien 2000, ein Jahr vor der TJ-Serie. Das Angebot umfasste vier Grundmodelle, deren Bezeichnungen jeweils die Motorstärke angaben, nämlich STX 275 und STX 325 mit CDC-Maschine und STX 375 und STX 440 mit Cummins-Motoren. Viele Details der Vorgänger waren hier in überarbeiteter Gestalt oder unter geändertem Namen weiterhin vorhanden. Autoskip war der modifizierte Skip-Shift, der es dem Fahrer erlaubte, alle gewünschten Gänge bis zur Höchstgeschwindigkeit von 37 km/h zu überspringen und dadurch Zeit zu sparen. AccuSteer war die Kombination aus gelenkter Vorderachse und Knickrahmen, wie sie Ende der achtziger Jahre eingeführt worden war. Das System erlaubte weiterhin exaktere Lenkmanöver, die beim Manövrieren zwischen engstehenden Pflanzenreihen vorteilhaft waren. Das stärkste Modell STX 440 protzte mit bis zu 43 Prozent mehr Drehmoment und alle STX-Traktoren besaßen ein Powershift-Getriebe mit 16 Gängen. Natürlich gab es STX 375 und STX 440 auch als Quadtrac.

CNH Global begann das 21. Jahrhundert als Branchenriese, der auf dem Weg dahin zwei der bekanntesten Namen der Supertraktor-Geschichte geschluckt hatte – Steiger und Versatile.

CASE-IH STX 375 QUADTRAC

Baujahr	2000
Motor	Cummins QSX15
Motortyp	Wassergekühlter Reihensechszylinder
Besonderheiten	Turbolader, Ladeluftkühler
Leistung (Schwungrad)	375 PS bei 2000/min
Leistung (Abtriebswelle)	311 PS
Getriebe	16-Gang-Powershift-Getriebe
Höchstgeschw.	37 km/h
Einsatzgewicht	24.130 kg
Min. Wendekreis	5,67 m
Tankinhalt	1135 Liter

Das New Holland-Flaggschiff für das 21. Jahrhundert, der TJ 500 mit 500 PS. Ihn gab es nur mit Rädern; das Quadtrac-Konzept blieb den Case-Versionen vorbehalten.

CASE IH QUADTRAC STX 450

Der STX 450 war ein zusätzliches Modell in der mit Rädern oder Gummiraupen ausgestatteten STX-Serie. Er ersetzte im Jahre 2002 den STX 440. Der STX 450 wurde in vier Varianten geliefert: Standardtraktor mit Rädern, HD-Version für hohe Beanspruchung, wie zum Beispiel in der Bauindustrie, STX Quadtrac 450 mit Gummiband-Laufwerken für die Landwirtschaft und in der HD-Ausführung für schwere Beanspruchung.

CASE IH QUADTRAC STX 450

- 2002–2005
- Cummins QSZ15 Sechszylindermotor
- 450 PS bei 2000/min
- Turbolader und Ladeluftkühlung
- 16-Gang Volllastschaltung
- Höchstgeschwindigkeit 37 km/h
- Betriebsgewicht 23,57 t

TRAKTOR-GIGANTEN

Fendt
Vom Dieselross zum Großtraktor

Vergangenheit trifft Gegenwart: Vor über 80 Jahren begann die Fendt-Geschichte mit dem Dieselross.

„Wer Fendt fährt, führt" – Hinter diesem griffigen und immer noch treffenden Slogan steckt eine über 80-jährige Tradition eines deutschen Traktorenherstellers, dessen Anfänge in der Mitte der zwanziger Jahre des letzten Jahrhunderts zu finden sind. Damals, in den Jahren der Weltwirtschaftskrise, begann Johann Georg Fendt zusammen mit seinem Sohn Hermann damit, die Idee eines Kleinschleppers für die Allgäuer Landbevölkerung zu verwirklichen. Die jahrelangen Anstrengungen sollten 1930 von Erfolg gekrönt sein, als der erste Fendt-Dieselkleinschlepper ausgeliefert werden konnte. Das robuste Gefährt verfügte über eine Leistung von 6 PS und erleichterte mit Mähbalken und Anbaupflug die Feldarbeit erheblich. Noch im selben Jahr wurde der zweite Schlepper ausgeliefert und dessen neuer Besitzer, der Landwirt und Brauereiinhaber Franz Sailer war es, der mit seiner Namensgebung für das neue Arbeitsgerät auch gleich eine einprägsame Markenbezeichnung schuf: Dieselross.

Ständige technische Verbesserungen und viele innovative Ideen sorgten dafür, dass sich immer mehr Landwirte von den Vorzügen dieser Maschine überzeugen ließen. Nach dem Tod von Johann Georg Fendt am 9. Dezember 1933 übernahm sein ältester Sohn Xaver Fendt die Firmenleitung. Zusammen mit dem kreativen Vordenker und Visonär Hermann Fendt und dem für Auf- und Ausbau der Vertriebsorganisation zuständigen Bruder Paul stellte er die Weichen für eine Expansion des Unternehmens. So entstanden im Jahre 1937 die ersten großen Produktionshallen, in denen die Modelle F 18 und F 22 gefertigt wurden. Der 16 PS starke F 18 konnte gegen Aufpreis bereits mit einer fahrunabhängigen und lastschaltbaren Zapfwelle ausgerüstet werden. Erst

Vollprogramm: Der Fendt 818 Vario mit der Quaderballenpresse 990 S aus eigenem Haus im Einsatz. Der 180 PS starke kompakte Großtraktor wird von einem 6-Zylinder-Deutz-Motor mit 5,7 Litern Hubraum angetrieben.

Seit Herbst 2006 hat Fendt den 820 Vario TMS im Programm. Der in der Grundausstattung fast 150.000 Euro teure Schlepper bietet mit über 200 PS genug Leistung auch für große Anhänger wie den Silage-Trailer TORRO von Pöttinger.

TRAKTOR-GIGANTEN

Die Basis des erfolgreichen Fahrzeugprogramms mit maßgeschneiderten Komplettlösungen ist die intensive Zusammenarbeit mit namhaften, leistungsstarken Geräteherstellern. Dieser Fendt 820 Vario ist mit einer Sähkombi ausgestattet, die von der in Alpen am Niederrhein angesiedelten Firma Lemken hergestellt wird.

der Zweite Weltkrieg sorgte für einen dramatischen Einbruch der Produktion, die bereits bei rund 1000 Fendt-Dieselrössern pro Jahr lag.

Nach dem Krieg gelang es den drei Fendt-Brüdern recht schnell, das Familienunternehmen erfolgreich neu aufzubauen. Im Jahre 1949 wurden bereits wieder 20 Einheiten des modifizierten und nun 18 PS starken Fendt-Dieselross F 18 pro Monat fertiggestellt. Anfang der 1950er-Jahre sorgte dann das Wirtschaftswunder in Deutschland für einen erhöhten Bedarf an Traktoren und Landmaschinen, dem der Marktoberdorfer Hersteller durch eine erneute Expansion Rechnung trug. Außerdem entschloss man sich für den Aufbau einer eigenen Abteilung für die Konstruktion, Entwicklung und Produktion von Getrieben. Somit war man auf der Kostenseite von Zulieferern unabhängig und konnte sich auf der technischen Seite bis heute stets einen Vorteil gegenüber der Konkurrenz sichern. Neben dem Motor ist das Getriebe eines der wichtigsten Bauteile einer Schlepperkonstruktion und mit welchen innovativen Lösungen auf diesem Gebiet Fendt glänzen kann, zeigt ein kurzer Rückblick auf die Modellgeschichte. Bereits beim 1958 vorgestellten Favorit 1 war dessen Vielgang-Feinstufengetriebe eines der technischen Highlights.

FENDT 818 VARIO TMS

Baujahr	2002–2011
Motor	Deutz BF6M2013C
Motortyp	Wassergekühlter Reihensechszylinder
Hubraum	5,7 Liter
Besonderheiten	Turbolader, Ladeluftkühlung
Leistung (Antriebswelle)	180 PS bei 2100/min
Getriebe	stufenloses Fendt-Vario-Getriebe ML 160
Höchstgeschw.	50 km/h
Einsatzgewicht	7185 kg (12.500 kg max.)
Tankinhalt	340 Liter

Zehn Jahre später feierte die stufenlose Anfahrautomatik (Turbomatik) im 48 PS starken Farmer 3 S ihre vielbeachtete Premiere. Im Jahre 1993 sind die 50 km/h schnellen 800er Großtraktoren die ersten Großtraktoren mit Turboshift. Das neuartige Fendt-Turboshift-Getriebe mit Einhebelbedienung eliminierte erstmalig die bekannten Nachteile bisheriger Lastschaltkonzepte bezüglich Bedienung,

Schaltkomfort, Wirkungsgrad und Abstufung. Eine Turbokupplung sorgte für ruckfreies Anfahren und Schalten, mit der feinen Abstufung waren Geschwindigkeiten ab 0,4 km/h möglich.

Auf der Agritechnica 1995 präsentierte Fendt als Weltneuheit den 926 Vario, der als erster Großtraktor der Welt mit einem stufenlosen Vario-Getriebe ausgerüstet wurde. Das Vario-Getriebe ist zum technische Rückgrat der Fendt-Modellreihen geworden, die aktuell aus der 300er, 400er, 700er, 800er und der leistungsfähigsten 900er Typenreihe bestehen und den Bereich von 95 bis 360 PS abdecken. So konnte der Welt-Technologieführer der Landtechnik seit 1995 inzwischen über 60.000 Vario-Modelle absetzen.

Über der zur oberen Mittelklasse zählende Modellreihe Fendt 700 Vario haben die Marktoberdorfer die 800er Serie positioniert. Als kompakter Großtraktor

FENDT 820 VARIO TMS

Baujahr	2006–2011
Motor	Deutz TCD 2012 L 06 4V
Motortyp	Wassergekühlter Reihensechszylinder
Hubraum	6,05 Liter
Besonderheiten	Common Rail, Turbolader, Ladeluftkühlung
Leistung (Antriebswelle)	190 PS bei 2100/min
Getriebe	stufenloses Fendt-Vario-Getriebe ML 160
Höchstgeschw.	50 km/h
Einsatzgewicht	7185 kg (12.500 kg max.)
Tankinhalt	340 Liter

Als erfolgreicher High-Tech-Hersteller umfasst die Modellpalette von Fendt auch Spezial-, Standard-, und Vario-Traktoren für den Einsatz im Kommunal- und Umweltbereich. Mit Leitungen bis zu 310 PS und revolutionären technischen Lösungen zeigt der Marktoberdorfer Hersteller seine Innovationskraft.

TRAKTOR-GIGANTEN

Das Topmodell in der 900 Vario-Reihe ist der zwillingsbereifte 360 PS starke 936 Vario. Eine hohe Motorleistung alleine garantiert noch keine hohen Zugleistungen. So wurde beim 900er ein völlig neues Bereifungskonzept realisiert. Auf der Hinterachse können Räder mit 2,15 m Durchmesser montiert werden, an der Vorderachse ist Platz für 1,75 m große Räder.

bietet er mit den Modellen 818 Vario TMS und 820 Vario TMS ein Leistungsspektrum von 185 bis 205 PS. Die Leistung entwickelt ein mittels Turbolader zwangsbeatmeter, wassergekühlter 6-Zylinder-Deutz mit Ladeluftkühlung. Das maximale Drehmoment von 804 bzw. 895 Nm liegt jeweils bei 1450/min an. Mit einem gemessenen Kraftstoffverbrauch von 225 g/kWh (bei maximaler Leistung) gilt der 820 Vario als Sparsamster seiner Klasse, ein wichtiger Aspekt bei der Beurteilung der Wirtschaftlichkeit in einem Großbetrieb. Das Getriebe des 50 km/h schnellen und 1785 kg schweren High-Tech-Traktors sorgt für stufenloses Fahren ab 0,02 Kilometer pro Stunde. Wie in dieser Klasse selbstverständlich kommt der Fahrer in den Genuss eines Arbeitsplatzes der Extraklasse.

Ein ergonomisch optimiertes Cockpit mit durchdachter Funktionalität ermöglicht ermüdungsfreies Arbeiten. Klimaanlage, Traktor-Management-System TMS und pneumatische Kabinenfederung sind serienmäßig an Bord und dienen ebenfalls dem Komfort des Bedieners. Das Spurführungssystem Auto-Guide ist gegen einen Aufpreis von ca. 5000 Euro erhältlich. Schwenkbare Vorderradkotflügel ermöglichen maximalen Radeinschlag. Zusammen mit dem kurzen Radstand ergibt sich damit eine äußerst gute Wendigkeit des kompakten Großtraktors. Für schwere Zugarbeiten stehen beim Vario 800 umfangreiche Ballastierungsmöglichkeiten zur Verfügung. So kann die Hinterachse mit bis zu vier Felgengewichten mit je 300 kg versehen werden. Fahrwerksseitig sorgt seri-

FENDT

Links: Leistungsstarke Hydraulik für schwere Geräte: Moderne Arbeitsgeräte fordern immer mehr Leistung und Flexibilität der Schlepperhydraulik. Der EHR-Heckkraftheber beim 900er kann mit einer maximalen Hubkraft von 118 kN glänzen und ist somit auch für schwerste Heckgeräte wie diesen Lemken-Pflug geeignet.

enmäßig die niveauregulierte, sperrbare Vorderachsfederung für eine gute Straßenlage dieses Fendt, dessen zulässiges Gesamtgewicht 12,5 Tonnen beträgt.

Seine technische Leistungsfähigkeit und die bekannt hohen Qualitätsstandards beim Hersteller haben dafür gesorgt, dass sich der 818 Vario seit seiner Vorstellung im Jahre 2001 europaweit zum meistverkauften Kompakt-Großtraktor entwickelt hat. Der seit 2006 erhältliche ca. 150.000 Euro teure 820 Vario TMS besitzt als großer Bruder ebenfalls alle Merkmale, die für einen großen Markterfolg sprechen.

Als Spitzenmodelle bietet Fendt die 900er Reihe an. Insgesamt stehen sechs Modelle von 220 bis 360 PS in der Preisliste des Allgäuer Traditionsunternehmens, das seit Januar 1997 zum weltweit drittgrößten Landmaschinenkonzern AGCO gehört. Unter dem Dach des neuen Mutterkonzerns, dessen Zentrale im US-Bundesstaat Georgia steht, finden sich auch Massey Ferguson, Valtra und AGCOSTAR. Fendt agiert innerhalb dieses Verbundes als Premium-Marke des Konzerns und konnte dank der Übernahme die eigene Angebotspalette um den Bereich Erntetechnik erweitern.

Im Segment Großtraktoren ist der 360 PS starke 936 Vario das Maß aller Dinge. Seit der Vorstellung des revolutionären 926 Vario im Jahr 1995 als erster Großtraktor mit Kraftstoff sparender und effizient arbeitender Vario-Technik mit unerreicht hohem Fahr- und Bedienungskomfort, steht die 900er Baureihe für wegweisende Innovationskraft und entwickelte sich zur erfolgreichsten Großtraktorenbaureihe Europas.

Beim 936 sorgt das Vario-Getriebe ML 260 sowohl bei schweren Zugarbeiten als auch bei schnellen Straßentransporten für höchste Wirkungsgrade im Antriebsstrang. Beim Vario-Schaltwerk handelt es sich um ein leistungsverzweigendes Getriebe, das den Kraftfluss vom Motor in einem Planetensatz in einen hydraulischen und einen mechanischen Teil aufteilt. Der hydraulische Getriebeteil ermöglicht die stufenlose Verstellung. Dazu verhilft das serienmäßige Traktor-Management-System (TMS) ganz automatisch zu einer wirtschaftlichen Fahrweise. Die Elektronik übernimmt hierbei die Steuerung von Motor und Getriebe. Der Fahrer wählt nur noch die gewünschte Geschwindigkeit vor, das TMS regelt entsprechend.

FENDT 936

Baujahr	seit 2005
Motor	Deutz TCD 2013 L06 4V
Motortyp	Wassergekühlter Reihensechszylinder
Hubraum	7,14 Liter
Besonderheiten	Vierventiltechnik, Turbolader, Ladeluftkühlung
Leistung (Antriebswelle)	360 PS bei 2200/min
Getriebe:	stufenloses Fendt-Vario-Getriebe ML 260
Höchstgeschw.	60 km/h
Einsatzgewicht:	10.360 kg (18.000 kg max.)
Tankinhalt:	660 Liter

TRAKTOR-GIGANTEN

Der 900 Vario ist der erste Standardschlepper, der bei uneingeschränkter Ackertauglichkeit auf eine Höchstgeschwindigkeit von 60 km/h zugelassen werden kann – in Zeiten, in denen Bezugs- und Absatzgeschäft der landwirtschaftlichen Produktion eine immer größere Rolle spielen, ein wertvoller Vorteil.

Das Sondermodell Fendt 936 Vario Black Beauty wurde erstmals auf der Agritechnica 2005 präsentiert und begeisterte mit seinem Design auf Anhieb die Kundschaft. Die Resonanz war so gut, dass sich Fendt im Jahr 2007 zur Einführung der exklusiven „Design-Linie" für besondere Kundenwünsche entschlossen hat.

Durch Kombination von TMS und Vario-Getriebe sind deutlich spürbare Einsparungen bei Arbeitszeit und Kraftstoffverbrauch von drei bis zehn Prozent möglich.

Wie auch bei den Modellen der 800er Reihe bietet der 900er dem Fahrer einen hochmodernen und ergonomisch optimierten Arbeitsplatz. Die mit Klimaautomatik ausgestattete x5-Kabine mit pneumatischer Drei-Punkt-Federung und integrierter Niveauregulierung ist die größte Kabine im Bereich Standardtraktoren. Der integrierte Brems- und Nickausgleich erhöht deutlich den Fahrkomfort in der mit 72 dB sehr leisen Kabine. Der Fahrer hat von seinem mit Aktivfederung ausgestatteten Super-Komfortsitz „Evolution" aus mit 320° horizontalem Sichtkreis einen optimalen Blick durch 5,5 m² Glasfläche auf das Geschehen. Optional lassen sich die Bedienelemente für den Rückfahrbetrieb schwenken. Dank dieses reichhaltigen Komfortpaketes gestalten sich auch lange Arbeitstage für den Fahrer wesentlich entspannter und weniger anstrengend als früher. Und aufgrund des 660 Liter fassenden Tankvolumens und des sparsamen Verbrauchs können die Einsatzzeiten auch schon mal extrem lange dauern.

Wie sich der Traditionshersteller die Zukunft im Bereich Großtraktoren vorstellt, konnte man auf der Agritechnica 2007 bestaunen. Die Projektstudie TRISIX Vario vereint die Vorteile von Raupentraktoren mit denen von Hochleistungs-Radtraktoren, ohne dabei die jeweiligen Nachteile in Kauf nehmen zu müssen. Durch die Verwendung von 3 Achsen erzielt man eine erhöhte Kraftübertragung gegenüber bisherigen Radtraktorkonzepten bei gleichzeitig besserer Traktion. Durch diese Achsanordnung ist es außerdem möglich, die Gesamtbreite des Fahrzeugs so zu gestalten, dass ein Betrieb auf öffentlichen Straßen uneingeschränkt möglich ist. Selbstverständlich verfügt der TRISIX ebenfalls über die Vario-Technik, getreu der abgewandelten Firmenphilosophie: „Wer führt, fährt Vario!"

Zukunftsvision: Mit dem TRISIX Vario präsentierte Fendt auf der Agritechnica 2007 eine Projektstudie mit drei Achsen.

TRAKTOR-GIGANTEN

Das Topmodell der Baureihe 1000: Der über 500 PS starke und in der Basisversion gut 395.000 Euro teure Fendt Vario 1050 ist mit seiner 60-Zoll-Spurweite auch für die wichtigen Exportmärkte wie Nordamerika oder Australien geeignet.

Eine neue Generation von Supertraktoren präsentierte Fendt am 7. Juli 2014 auf Schloss Neuschwanstein: Die aus vier Modellen bestehende Baureihe 1000 rundet das Programm des Traditionsherstellers nach oben ab. Die von MAN gefertigten 12,5-Liter-Sechszylindermotoren liefern je nach Version 396 PS (1038), 435 PS (1042), 476 PS (1046) und 517 PS beim Topmodell 1050. Die Motorkraft wird dem neuentwickelten Antriebstrang zugeleitet, der das maximale Drehmoment von bis zu 2400 Nm in jeder Situation unabhängig von Bodenbeschaffenheiten kraftschlüssig umsetzt.

Der revolutionäre Antriebsstrang Fendt VarioDrive treibt erstmals beide Achsen unabhängig voneinander an. Während ein konventioneller Allradantrieb in der Regel über ein festes Übersetzungsverhältnis des Drehmoment zwischen Vorder- und Hinterachse erfolgt, wird das Drehmoment beim VarioDrive grundsätzlich über zwei Getriebeausgänge unabhängig an beide Achsen frei verteilt. Mit Hilfe einer intelligent geregelten Allradkupplung findet bei Bedarf eine Drehmomentverschiebung zwischen den Achsen statt, genannt Fendt Torque Distribution. Hierbei wird das Drehmoment flexibel auf jene Achse übertragen, deren Reifen Traktion haben.

Eine besondere Ehrung wurde dem größten Standardtraktor der Welt im Jahre 2016 zuteil: Wie zuvor schon der Audi A4, der MAN Kombibus Lion`s Intercity und der Ferrari FXX K erhielt der Fendt 1000 Vario den iF DESIGN AWARD in der Disziplin „Automobiles/Vehicles/Bikes". Die fachkundige Jury aus 58 hochkarätigen Design-Experten begründete ihre Entscheidung mit anerkennenden Worten: „Dieser Traktor zeichnet sich durch eindrucksvolle Optik und markante Präsenz aus. Jedes Detail – Rahmenelemente, technische Komponenten, Innenraumergonomie und Karosserie – ist auf höchstem Niveau ausgearbeitet. Ein rundum ausgefeiltes Konzept, in dem die herausragende technische Leistungseffizienz eines Nutzfahrzeugs mit zeitgemäßer Gestaltung auf überaus gelungene Weise verbunden ist."

FENDT VARIO 1050

Baujahr	seit 2015
Motor	MAN
Motortyp	Wassergekühlter Reihensechszylinder
Hubraum	12,42 Liter
Besonderheiten	Turbolader und Ladeluftkühlung
Leistung (Antriebswelle)	517 PS bei 1700/min
Getriebe	stufenloses Fendt-VarioDrive-Getriebe
Höchstgeschw.	60 km/h
Einsatzgewicht	14.000 kg
Tankinhalt	800 Liter

Die neu konzipierte x5-S-Kabine weist noch mehr Arbeits- und Klimakomfort auf. In die am Sitz befestigte Multifunktionsarmlehne mit Profi-Ausstattung ist die komplette Bedienung des Traktors integriert: Varioterminal 10.4-B in Smartphone-Optik und mit Echtglasoberfläche; Multifunktionsjoystik mit Bedientasten für das 3. und 4. Zusatzhydrauliksteuergerät und Vorgewendemanagement VarionicTI, Tempomattasten und Motordrehzahl; Kreuzschalthebel für das 1. und 2. Zusatzsteuergerät; EHR-Bedienmodul für Front- und Heckkraftheber.

Die Zubehörliste für die Baureihe 1000 ist lang. Zu den sinnvollen Extras zählen auch das in der Haubenfront integrierte LED-Tagfahrlicht und die Arbeitsscheinwerfer sowie eine Haubenkamera.

TRAKTOR-GIGANTEN

FENDT

Welcome German Meisterwerk: Im Februar 2016 wurde der Fendt 1000 Vario auf der National Farm Machinery Show in Louisville (Kentucky), der größten Hallenmesse für Landmaschinen in den USA, erstmals nordamerikanischen Farmern präsentiert. Bereits während dieser Messe wurde das erste Exemplar eines 1050 verkauft, was für eine völlig neue Maschine sehr ungewöhnlich ist, zumal die Farmer in Nordamerika eher andere Traktor-Giganten bevorzugen.

TRAKTOR-GIGANTEN

Um bei großen Flächen eine perfekte Produktivität zu gewährleisten, gehören Nachteinsätze in der Landwirtschaft zum Alltagsgeschäft. Beim Fendt 1000 Vario sorgen insgesamt 45.860 Lumen LED-Leuchtkraft für eine homogene Ausleuchtung des kompletten Arbeitsbereichs. Auch das Kabineninnere macht die Nachtarbeit angenehm: Sämtliche Bedienelemente sind hinterleuchtet und dimmen je nach Dunkelheit automatisch ab. Wie im PKW-Bereich üblich, sorgt die Coming-Home-Funktion dafür, dass die Kabine und die Fahrscheinwerfer nach Abstellen des Traktors nachleuchten.

TRAKTOR-GIGANTEN

Ford FW

Besser spät ...

Solange Ford keinen Supertraktor anbot, konnte man seinen alten Fordson aufpeppen. Dieser V8-Traktor ist Marke Eigenbau.

Ford brachte erst spät einen Supertraktor auf den Markt, was etwas sonderbar anmutet. Schließlich war man US-amerikanischer Traktor-Pionier und hatte seit 1917 in den USA ununterbrochen (mit Ausnahme einer zehnjährigen Pause in den dreißiger Jahren) Traktoren hergestellt. Man hatte sehr große Erfahrung mit leistungsstarken Autos und Lastwagen, und der Konzern Ford war dafür bekannt, Marktnischen auszuspähen oder gar selbst zu schaffen.

Als der Absatz von Supertraktoren in den 1960er und frühen siebziger Jahren an Fahrt gewann, zeigte Ford keinerlei Absicht, auf den Zug aufzuspringen, wie es sämtliche Konkurrenten taten. Steiger, Wagner und Versatile waren hier die etablierten Spezialisten, John Deere und International versuchten sich 1959/60 zögerlich in dieser neuen Allradklasse. Bald darauf folgte Case, 1969 Liver/Minneapolis-Moline. 1972 traten sowohl Allis-Chalmers als auch Massey

Ferguson auf den Plan. Ford schien sich hingegen darauf zu beschränken, immer stärkere hinterradgetriebene Traktoren anzubieten und das Feld der Supertraktoren mit Knickrahmen den anderen zu überlassen.

Erst 1977 erschien schließlich ein Supertraktor mit Ford-Emblem, und selbst dafür ging Ford den ausgetretenen Weg, einen solchen Traktor von einem anderen Hersteller zuzukaufen und ihn in der eigenen Lackierung feilzubieten, um so die eigene Händlerschaft zufriedenzustellen. Die neue Baureihe Ford FW stammte in Wahrheit von Steiger, die überwiegend geringfügigen Änderungen gingen auf Wünsche von Ford zurück. Steiger war es natürlich gewohnt, seine Modelle auch unter fremden Markennamen anzubieten; schon für Allis-Chalmers und International sowie für Canadian Co-Op Implements hatte man Allradtraktoren geliefert.

Der Vorteil für Ford bestand bei diesem Arrangement darin, dass man sofort eine ganze Palette von Supertraktoren anbieten konnte, die jeweils auf bewährten Steiger-Modellen basierten. Es handelte sich um den FW-20 mit 210 PS, abgeleitet vom Steiger Bearcat, den FW-30 mit 265 PS und den FW-40 mit 295 PS (beide auf dem Steiger Cougar aufbauend) und um den FW-60 mit 335 PS, der vom Steiger Panther abgeleitet war.

Trotz der Ford-typischen Lackierung sahen alle diese Modelle den Steiger-Traktoren der Serie III, auf denen sie basierten, naturgemäß sehr ähnlich, unter dem Blech gab es aber einen großen Unterschied. Anstelle des Cummins-Reihensechszylinders, den Steiger verbaute, besaßen die Ford-Versionen einen Cummins-V8, den 9,1 Liter großen V-555 im FW-20 und den wesentlich größeren 14,8-Liter-V8 in sämtlichen anderen Ausführungen. Das Spitzenmodell FW-60 besaß einen Turbodiesel. Alle Modelle verfügten über ein 10-Gang-Getriebe, auf Wunsch mit Vorgelegegetriebe, in welchem Falle dem Fahrer 20 Vorwärts- und vier Rückwärtsgänge zur Auswahl standen. Ebenfalls ein Extra war eine Dreipunkthydraulik, die reguläre Hebelast belief sich auf 5,1 Tonnen.

Ford war auf diesem Gebiet eine unbekannte Größe, besaß aber zahllose Händler in aller Welt, und schon bald wurden die FW nach Europa, Australien und Asien und in den Mittleren Osten exportiert. Der FW-30 kam im Herbst 1978 in Großbritannien auf den Markt, zwei Jahre später folgte ihm der größere Bruder FW-60. Die großen Ford-Traktoren waren

Ein weiterer getunter Ford mit massigen Zwillingsrädern. Dass Ford keinen eigenen großen Traktor anbot, beflügelte derartigen Einfallsreichtum.

Eine weitere Möglichkeit bestand darin, sich einen Allradtraktor mit Starrrahmen anzuschaffen wie diesen 4000-Four. Von Ford gab es noch immer keinen Supertraktor.

95

TRAKTOR-GIGANTEN

FORD FW-30

Baujahr	1977
Motor	Cummins
Motortyp	Wassergekühlter V8
Hubraum	14,8 Liter
Leistung (Schwungrad)	265 PS bei 2600/min
Leistung (Abtriebswelle)	205 PS
Getriebe	10 x 2 Gänge (auf Wunsch 20 x 4)
Höchstgeschw.	35,2 km/h
Einsatzgewicht	14.500 kg
Tankinhalt	708 Liter

Ford kam erst spät auf den Supertraktor-Markt und bei den FW-Modellen handelte es sich um Steiger-Traktoren mit Ford-Emblem.

Alle FW besaßen Cummins-Motoren; der FW-60 einen Turbo-V8 mit 14,8 Litern Hubraum und 335 PS.

genau genommen in Europa erfolgreicher als auf dem Heimatmarkt. In Nordamerika beherrschen die hellgrünen Steiger-Modelle den Supertraktormarkt derart, dass man eigentlich keinen Anlass hatte, sich eine Ford-Version anzuschaffen, es sei denn, man hatte einen Ford-Händler in der unmittelbaren Nachbarschaft. Anders verhielt es sich in Europa, wo ein Steiger eine Rarität war, die blau-weißen Ford-Traktoren aber einen vertrauten Anblick darstellten. Die Ford FW mit V8-Motoren waren gewiss von eindrucksvoller Leistungsstärke, der Absatz in Nordamerika war aber enttäuschend.

Einer Quelle zufolge strich Ford FW-20 und FW-30 bereits 1980 aus dem Programm, da sich die Modelle der Serie TW mit zuschaltbarem Vorderradantrieb immer besser verkauften; laut einer anderen ging der FW-40 als erstes Modell aus der Fertigung. Wie dem auch sei, sicher ist, dass Ford 1982 den FW-Verkauf in Nordamerika gänzlich einstellte. In Europa waren die Traktoren hingegen so erfolgreich, dass man die Steiger in Ford-Farben dort auch weiterhin anbot. Für Europa gab man dem FW-30 eine Leistungsspritze, so dass er auf die 295 PS des alten FW-40 kam, und 1984 stattete man den FW-60 mit einem turbogeladenen 14,1-Liter-Sechszylindermotor (natürlich von Cummins) mit Ladeluftkühlung

FORD FW

aus, der 325 PS bei 2100/min leistete. Noch zwanzig Jahre später sah man den einen oder anderen dieser Europa-FW dort im täglichen Einsatz.

Diese Traktoren auf Steiger-Basis waren aber nur die eine Hälfte der FW-Geschichte; am anderen Ende der Welt kam es zu einem ähnlichen Abkommen zwischen Ford Australien und Waltanna, dem Supertraktor-Spezialisten in Downunder. Waltanna baute 1985 zwei Prototypen, und die im Folgejahr eingeführten Ford FW-25 und FW-35 besaßen Ford-eigene Motoren aus den Modellen TW-25 (163 PS) und TW-35 (195 PS). Bald kamen fünf weitere australische FW-Versionen hinzu, die zwischen 280 und 400 PS stark waren, alle von Caterpillar-Turbodiesel angetrieben. Diese Modelle hatten natürlich mit den in Europa beliebten FW auf Steiger-Basis nichts zu schaffen. Die Waltanna-Connection war aber von kurzer Dauer, denn 1987 kaufte Ford New Holland das Unternehmen Versatile auf. Damit stand Ford eine konzerninterne Quelle für Supertraktoren zur Verfügung, was für die Waltanna-Modelle das Aus bedeutete.

Aus Fords Landmaschinensparte war 1985 Ford New Holland geworden, nachdem man den Landmaschinenspezialisten übernommen hatte. Zwei Jahre darauf brachte der Zukauf von Versatile dem Konzern eine neue Generation von Allrad-Supertraktoren ein. Die Versatile Designation-6-Traktoren wurden vorerst in ihrer traditionellen rot-gelben Livree weitergebaut, ab Ende 1988 aber mit Ford-Emblem und mit blauer Lackierung; immerhin blieb ein kleiner Versatile-Schriftzug erhalten.

Das Ford-Versatile-Programm umfasste fünf Traktoren (846, 876, 946, 976 und 1156) und genoss hohes Ansehen; sie waren für derart große Fahrzeuge relativ leichtgewichtig, nicht zuletzt, da sie C-förmige Rohre anstelle schwerer Platten am Chassis aufwiesen. Die Traktoren erfuhren leichte Änderungen, die Leistungswerte wichen etwas ab und auf Wunsch gab es ein 12-Gang-Powershift-Getriebe, während weitere Änderungen, etwa eine Dreipunkthydraulik der Kate-

Das Ford Versatile Spitzenmodell, der 1156, hier mit Zwillingsrädern.

Ford New Holland lancierte 1994 die Serie 80 als Nachfolger des Designation 6; die Ford-Embleme verschwanden bald darauf.

97

TRAKTOR-GIGANTEN

So fing es an – der Fordson F. Henry Ford konnte nicht ahnen, dass sich aus diesem ersten Fordson die Giganten der Weizenfelder entwickeln würden.

gorie III und eine 1000 Touren drehende Zapfwelle, speziell auf den europäischen Markt zielten, wo der Ford Versatile Designation 6 die früheren FW-Modelle aus Steiger-Produktion ersetzen.

Ford New Holland entwickelte derweil einen Nachfolger für die von Versatile stammenden Modelle, der schließlich 1994 in Gestalt der Serie 80 erschien. Die Konzernpolitik führte dazu, dass Fiat Ford New Holland übernahm, die Bezeichnung Ford an den Traktoren aber nur bis zum Jahr 2000 verwenden durfte. In der Folge wurde die Serie 80 drei Jahre lang mit Ford-Emblem und in der vertrauten blauen

Einen Großtraktor zuzukaufen war für Ford durchaus sinnvoll. Man sparte gegenüber einer Eigenentwicklung Zeit und Geld, zumal der Markt nicht allzu groß war. Die vier Ford FW-Modelle basierten auf den Steiger-Traktoren Bearcat, Cougar und Panther, wiesen aber auf Wunsch von Ford einige Änderungen auf.

FORD VERSATILE 846 DESIGNATION 6

Im Februar 1987 ließ New Holland verlauten, dass sie kurz vor dem Kauf der kanadischen Versatile Farm Equipment Company stünde, die seit 20 Jahren in der Clarence Avenue in Winnipeg Traktoren herstellte. Aber Versatile war nicht irgendeine Firma: Es gab eine Zeit, in der die Produktion von Versatile-Traktoren bedeutend höher lag als die aller anderen Knickschleppermodelle zusammen.

Versatile-Traktoren leisteten in mehr Ländern der Erde Dienste als jede andere Marke. Auch heute noch ist Versatile nach Steiger zumindest der zweitbeliebteste Name in diesem Marktsegment.

Das berühmte Rot und Gelb, für das der Versatile-Traktor bekannt war, wurde Ende 1988 von der Firmenfarbe Fords verdrängt. Die neuen blauen Schlepper waren den früheren Modellen von Versatile sehr ähnlich – die größten Unterschiede bestanden in Änderung der Firmenfarbe und im ovalen Ford-Zeichen am Kühler, das die Versatile-Flügel ersetzte.

Versatile-Traktoren waren leichter als viele der Konkurrenzprodukte. Ein leichterer Schlepper bedeutete bei vielen Feldarbeiten weniger Bodenverdichtung und größere Kraftstoffeinsparungen. Für schwere Kultivierungsarbeiten konnten problemlos Gewichte vorne und hinten angebracht werden.

Power hopping, also das Aufschaukeln des Schleppers unter Last, war ein Problem, mit dem viele Versatile-Traktoren zu kämpfen hatten. New Holland als Mutterunternehmen war sich dieses Problems bewusst und berücksichtigte dies bei der Entwicklung seiner neuen Traktorreihe: Als der Radstand optimiert und der Traktor mit ausreichend Gewicht ausgestattet wurde, war das Problem schnell gelöst.

FORD VERSATILE 846 DESIGNATION 6

- 1988–1993
- Cummins LT10-A230 Sechszylindermotor
- 230 PS bei 2100/min
- Turbolader
- 12/4-Synchrongetriebe
- Auf Wunsch 15/5
- Geschwindigkeit 25,4 km/h
- Gewicht 10,7 t

FORD VERSATILE 9480

Zu der 1994 neu vorgestellten Reihe von Ford Versatile-Traktoren gehörten vier verschiedene Modelle, deren Motoren zwischen 250 und 400 PS leisteten. Ford hatte seine Knickschlepper überarbeitet, um sie leistungsstärker zu machen: Neben dem 12/2-Powershift-Getriebe wurde das neue „Quadra Sync"-Getriebe angeboten. Dieses hatte vier synchronisierte Gänge in jeder der drei Gruppen zu bieten, wodurch der Traktor über zwölf Vorwärtsgänge verfügte.

FORD VERSATILE 9480

- 1994–1997
- Cummins NTA-855A Sechszylindermotor
- 300 PS bei 2100/min
- Turbolader und Nachkühlung
- Elektronisch gesteuertes Powershift Getriebe 12/2
- Höchstgeschwindigkeit 25,7 km/h
- Betriebsgewicht 13,5 t

FORD VERSATILE 9880

Außerdem wurde die Fahrerkabine modernisiert und im Stil insgesamt dem der kleineren Ford-Traktoren angepasst, sodass die gesamte Produktpalette ein einheitliches Aussehen erhielt. Die moderne Kabine bot dem Fahrer neben der hervorragenden Rundumsicht auch noch ausreichend Platz und zusätzlichen Komfort.

FORD VERSATILE 9880

- 1994–1997
- Cummins NTA-855A Sechszylindermotor
- 400 PS bei 2100/min
- Turbolader und Nachkühlung
- Synchrongetriebe 12/4
- Höchstgeschwindigkeit 25,7 km/h
- Betriebsgewicht 18,1 t

FORD-VERSATILE 946

Baujahr	1989
Motor	Cummins NTA-855
Motortyp	Wassergekühlter Reihensechszylinder
Hubraum	14,1 Liter
Besonderheiten	Turbolader, Ladeluftkühlung
Leistung (Schwungrad)	325 PS bei 2100/min
Leistung (Abtriebswelle)	286 PS
Getriebe	12 x 4 Gänge, auf Wunsch 12 x 2 Powershift
Höchstgeschw.	24,5 km/h
Einsatzgewicht	14.725 kg
Tankinhalt	901 Liter

Viele Fordson der 1950er Jahre wurden von Spezialisten wie County und Roadless auf Allradantrieb umgebaut.

Die gab es nicht ohne Allradantrieb! Parade der Ford Versatile Serie 82.

Lackierung vermarktet und behielt sogar als Hinweis auf ihre Herkunft den kleinen Versatile-Schriftzug.

Die vier Modelle umfassende Serie 80 gab es mit 250 bis 400 PS; der schwächste 9280 besaß einen Cummins LT10-A, 9480, 9680 und 9880 wurden mit dem 14,1 Liter großen Cummins NTA mit 300, 350 oder 400 PS ausgerüstet. Alle vier Varianten besaßen serienmäßig ein 12-Gang-Quadra-Sync-Getriebe, die beiden mittleren Modelle ließen sich auf Wunsch mit einem 12-Gang-Powershift ausstatten. 1997 wurde die Serie 80 durch die modernisierte Serie 82 ersetzt, und da Ford New Holland im Vorjahr beschlossen hatte, die Bezeichnung Ford aus dem Firmennamen zu streichen, firmierten diese Traktoren einfach als New Holland Modelle. Damit war das Kapitel Supertraktoren für Ford abgeschlossen; man hatte Traktoren von Steiger, Versatile und Waltanna vermarktet, aber keine eigenen Modelle konstruiert.

GREYTAK CUSTOMS

Jim Greytak besitzt eine 1200 Hektar große Farm in Simpson County. In den langen Wintermonaten Montanas, in denen Jim nicht hinaus kann, um das Land zu bearbeiten, findet man ihn in seiner Werkstatt. Jim hat sich im Laufe der Zeit die Kenntnisse eines Mechanikers selbst angeeignet und verbringt seine ganze freie Zeit damit, alte Traktoren für den landwirtschaftlichen Einsatz umzubauen oder neue zu konstruieren.

Im Jahre 1974 baute Jim einen 160 PS starken Knickschlepper Wagner TR-14 um. Er setzte einen neuen Cummins-Motor ein, erhöhte damit die Leistung auf 220 PS, nahm ein überholtes Fuller Road Ranger-Getriebe und ersetzte damit das defekte Fuller-Getriebe.

Jim änderte das Aussehen der Karosserie komplett und lackierte den Schlepper grün. Das Ergebnis war ein Traktor, der dem Original von Wagner kaum mehr ähnelte. Jim nannte den Traktor CW-14, eine Abkürzung für Custom Wagner (Wagner Sonderbau).

Im Herbst 1983 kaufte Jim einen Michigan M mit Knicklenkung aus Lagerbeständen des Militärs und brachte ihn in seine Werkstatt. Hier baute er einen Cummins KT 1150 Sechszylindermotor mit Turbolader und ein Fuller 13-Gang-Getriebe ein. Das Fahrzeug hatte Clark-Achsen und damit legte er den Grundstein für einen neuen Traktor. Jim formte aus Karosserieblech eine Kabine, die optisch dem Big Bud-Design sehr nahe kam.

Im April 1984, sechs Monate und 1100 Arbeitsstunden später, verließ der 22,32 t schwere, 450 PS starke Traktor Marke Eigenbau die Werkstatt. Dieser Schlepper kann Geräte ziehen, die bis zu 18 m breit sind, und mit einer Geschwindigkeit von fast 10 km/h 16–18 ha pro Stunde bearbeiten.

104

FIAT VERSATILE 44-28

Seit Mitte der 70er Jahre war Fiat daran interessiert, einen eigenen Knicktraktor zu entwickeln und zu bauen. Kosten- und Zeitaufwand für ein solches Projekt stellten jedoch für den größten europäischen Hersteller von vierradangetriebenen Traktoren eine Herausforderung dar.

Im Juli 1979 schlossen Versatile und Fiat darum ein Marketingabkommen: Fiat verpflichtete sich, in ganz Europa Traktoren von Versatile zu verkaufen und konnte so sein eigenes Angebot erweitern.

Fiat bekam dadurch die Möglichkeit, eine große Bandbreite von 30 bis 350 PS in seinen eigenen Firmenfarben zu vermarkten.

Versatiles größter Traktor, der 1150er mit seinen 470 PS, wurde zwar nach Europa eingeführt, aber die Nachfrage nach diesem Modell war nicht groß genug, um ihn als Fiat Versatile zu verkaufen.

Die Firma Versatile erhielt durch dieses Abkommen die vielversprechende Möglichkeit, ihre Schlepper in mindestens 75 zusätzlichen Ländern zu verkaufen.

Das Design der Fiat Versatile-Traktoren war hauptsächlich den Bedingungen des europäischen Marktes angepasst. Es gab vier Modelle in dieser Reihe, deren Leistung zwischen 230 und 350 PS lag. Abgesehen von der Farbe und einigen optischen und technischen Details waren die vier für Europa hergestellten Typen mit ihren kanadischen Gegenstücken identisch. Motoren, Getriebe, Achsen und Karosserie stimmten mit denen der zwischen 1978 und 1984 in Kanada gebauten Versatile-Traktoren der Labour Force Serie überein.

FIAT VERSATILE 44-28

- 1979–1982
- Cummins NT-855 Sechszylindermotor
- 280 PS bei 2100/min
- Turbolader
- Synchrongetriebe, 12 Vorwärts- und 4 Rückwärtsgänge
- Höchstgeschwindigkeit 23,0 km/h
- Betriebsgewicht 13,16 t

TRAKTOR-GIGANTEN

International Harvester

Snoopy und seine Freunde

International Harvester baute sowohl Hochleistungstraktoren mit Hinterradantrieb und starrem Rahmen als auch Supertraktoren. Hier ein 1466 Turbo mit 145 PS an der Zapfwelle.

International Harvester zählt zu den ältesten Namen der nordamerikanischen Traktorindustrie und entstand 1902 durch die Fusion von McCormick, Deering und drei kleineren Firmen. Das neue Unternehmen überwand die Animosität zwischen Deering und McCormick (die beiden Marken waren zuvor Erzrivalen gewesen) und blühte auf. Bekannt wurde man nach 1910 durch die leichten Modelle Mogul und Titan, vor allem aber 1924 mit dem Farmall. Dieses Modell war erstmals stark genug, um Geräte über einen Riemen anzutreiben, dabei aber auch kompakt genug für den Einsatz in Saatreihen. Der Farmall war ein Riesenerfolg, dennoch ging es ab Anfang der 1960er Jahre mit International Harvester langsam aber stetig bergab; 1985 wurde der Konzern von Tenneco, dem Eigentümer von Case, übernommen.

International Harvester mischte aber bei den Supertraktoren an vorderster Front mit und war, verglichen mit manchen Rivalen, der Zeit voraus. Während andere Firmen sich damit begnügten, Steiger- oder Versatile-Modelle unter eigenem Markenzeichen zu vertreiben, kaufte sich International bei Steiger ein

INTERNATIONAL HARVESTER

INTERNATIONAL HARVESTER 4100

Baujahr	1965
Motor	International Harvester
Motortyp	Wassergekühlter Reihensechszylinder
Hubraum	7,1 Liter
Besonderheiten	Turbolader
Leistung (Zapfwelle)	140 PS bei 2400/min
Leistung (Hydraulik)	125 PS
Getriebe	8 Gänge
Höchstgeschw.	32,6 km/h
Einsatzgewicht	6875 kg

und entwickelte mit Steiger gemeinsam die Serien 66 und 86. Als der Konzern übernommen wurde, hatte man den charakteristisch aussehenden 2+2 im Programm, auch „Snoopy" genannt.

Wie John Deere, so versuchte sich auch International Harvester schon vor dem Boom der frühen 1970er Jahre auf dem Supertraktor-Markt. 1960 (ein Jahr nach dem John Deere 8010) erschien der International 4300. Das war, mit 300 PS, der bis dato stärkste Traktor überhaupt. Um diese Leistung ins Verhältnis zu setzen: Das erste Modell der Firma Steiger kam auf 238 PS und der John Deere 8010 auf lediglich 215 PS. Nur Wagner, der Pionier der Supertraktoren, konnte hier mithalten und bot den ebenfalls 300 PS starken TR24 an.

Die Wagner-Modelle kamen natürlich häufiger auf dem Bau als auf dem Hof zum Einsatz, und das galt auch für den 4300. Er war näher mit existierenden Baumaschinen als mit irgendeinem Traktor verwandt und wurde auch von Hough Industrial, der Baumaschinenbranche von International, gefertigt, nicht von der Traktorensparte.

Am 4300 war alles eine Nummer größer als es die Farmer gewohnt waren. Den Antrieb besorgte ein hauseigener 13,4-Liter-Reihensechszylinder mit Turbolader, der eine Hubkraft von über 200 PS bereitstellte. Serie waren Servolenkung, Achtganggetriebe, Luftbremsen (auch das ein Hinweis auf die konstruktive Herkunft aus dem Baufahrzeugbereich) und Planeten-Reduktionsgetriebe. Eine Kabine war auf Wunsch erhältlich, eine Zapfwelle war aber nicht vorhanden, und das Gefährt wog über 13 Tonnen – da war die Luftbremse durchaus nützlich.

Diese Technik besaß das Potenzial für ein veritables Weizenfeldmonster. Der 4300 konnte Kultivatoren von 15, ja 20 Metern Breite ziehen und International Harvester baute einen passenden zehnscharigen Pflug zum Traktor. Aber seine schiere Größe stand einer weiteren Akzeptanz des Modells im Wege – er war einfach größer als alles, was die Farmer kannten. Nur 44 Stück wurden vom 4300 zwischen 1960 und 1963 (anderen Quellen zufolge 1965) hergestellt, und die meisten Exemplare kamen im Bauwesen, nicht in der Landwirtschaft zum Einsatz.

International Harvesters nächster Versuch zum Thema Großtraktoren war etwas erfolgreicher und hielt sich von der Größe her in einem bescheideneren Rahmen. Der 1965 erschienene International 4100 wurde ebenfalls bei Hough Industrial gebaut, war aber offensichtlich für die Landwirtschaft konstruiert. Der Motor war halb so groß wie beim 4300; der turbogeladene 7,1-Liter-Sechszylinder leistete 140 PS an der Zapfwelle und 125 PS an der Hydraulik.

Der 4100, kleiner und leichter als sein Vorgänger, besaß ein reines Traktorengetriebe, das aus den größten hinterradgetriebenen International-Modellen stammte, den 806/1206. Der Fahrer konnte zwischen Allradantrieb im Feld und Hinterradantrieb auf der

Der 4166 war nach Supertraktor-Maßstäben recht kompakt und war daher für mehr Bauern geeignet als der große 4300.

TRAKTOR-GIGANTEN

Beim International 4366 handelte es sich um ein echtes Gemeinschaftsprodukt mit Steiger; der Traktor wurde im Steiger-Werk in Fargo gebaut und besaß Rahmen und Kabine von Steiger sowie Motor und Getriebe von International.

Dieser 4366 ohne Motorhaube ist eine Art Hybrid, besitzt er doch die Kabine der späteren Serie 86.

Straße hin- und herschalten; eine 1000/min-Zapfwelle war auf Wunsch erhältlich, so dass der jüngste International auch Zusatzgeräte antreiben konnte. Der Rahmen war starr ausgeführt, die Vorderachse war aber so gestaltet, dass sie Bodenunebenheiten bis zu einem gewissen Grad ausgleichen konnte – weniger modern als die unabhängig aufgehängten Vorderräder mancher heutiger Traktoren, aber für die damalige Zeit sehr fortschrittlich.

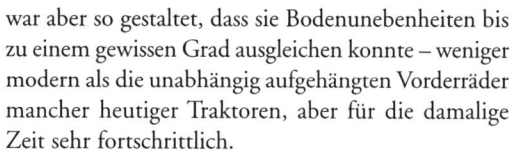

Wie beim 4300 war eine Kabine auf Wunsch erhältlich, hier besaß sie aber getönte und ausstellbare Scheiben sowie, als weitere Extras, Heizung und Klimaanlage. Der Sitz war auf Gummifedern und einem Öldruckstoßdämpfer montiert, um es dem Fahrer so bequem wie möglich zu machen. Unter einer der Trittstufen befand sich ein herausklappbarer Werkzeugkasten, ein praktisches Detail. Nach den damaligen Supertraktor-Maßstäben verkaufte sich der 4100 anständig, von 1966 bis 1968 fanden 1217 Exemplare einen Käufer. 1969 wurde er durch den 4156 ersetzt, der aber wenig Neuerungen zeigte; von ihm wurden in zwei Jahren lediglich 218 Stück abgesetzt.

Der stark nachlassende Absatz des 4156 kam nicht von ungefähr. Die Entwicklung im Bereich der Supertraktoren vollzog sich rasch, und der International wirkte zu Beginn der siebziger Jahre zunehmend veraltet. Man lancierte 1972 den neuen 4166, der aber keine Anstalten machte, den Steiger oder den Versatile an schierer Kraft zu übertreffen. Stattdessen versuchte IH, den Trick des 4100 zu wiederholen und bot einen kleinen Allradtraktor mit knapp 150 PS an. Der 4166 rangierte eine halbe Klasse unter den Steiger-Modellen und kostete samt Allradantrieb etwas über 30.000 Dollar und damit gut 20.000 Dollar weniger als ein großer Supertraktor.

Seltsamerweise suchte sich International, trotz der im Hause vorhandenen Lkw- und Baumaschinensparten und der großen Erfahrung auf dem Gebiet der Hochleistungsfahrzeuge, für die Entwicklung des 4166 einen Partner. Man fand Mississippi Road Supply (MRS) und ging mit dem Unternehmen Ende 1970 ein Joint-Venture zum Bau einer ganzen Allradtraktor-Modellfamilie ein. MRS war ein alter Bekannter, schließlich baute die Firma seit den 1940er Jahren die International W9 und WD9 zu Erdbewegungsmaschinen um. MRS sollte die Traktoren bauen, International als großer Konzern für finanzielle Stabilität sorgen und Marketing und Vertrieb übernehmen.

Das MRS/International-Programm sollte, auf MRS-Modellen basierend, vier Supertraktoren umfassen und im Februar 1971 in die Produktion gehen. Der A-60 war – in anderer Lackierung und mit anderen Emblemen versehen – auch als International 4166 geplant, der A-75 als 4168, der A-80 als 4266 und der A-100 als 4366. Die beiden kleineren Ausführungen sollten dabei von einem IH-Motor angetrieben werden (der 4166 von einem DT-466). Ferner gab es Pläne für einen IH 4468 auf der Basis des geplanten MRS A-105, der im Sommer 1971 erscheinen sollte. Die Laufzeit des Abkommens betrug drei Jahre, und alles schien in gemachten Tüchern zu sein.

Es sollte aber anders kommen. Man weiß bis heute nicht, weshalb das Abkommen zwischen International und MRS so rasch außer Kraft gesetzt wurde. IH musste nun einen neuen Partner finden – man war zu dem Schluss gekommen, dass Konstruktion und Bau eines eigenen Supertraktors über Gebühr teuer komme, wollte aber auf die Konstruktion Einfluss nehmen, nicht nur fremde Modelle neu lackieren und mit anderen Markenlogos versehen. Als MRS ausschied, machte International Nägel mit Köpfen und übernahm 28 Prozent der Steiger-Aktien.

Das war für beide Seiten sinnvoll – International gewann dadurch Zugriff auf ein anerkanntes Traktorenwerk mit sehr viel Supertraktor-Erfahrung, Steiger erhielt als kleines Werk eine willkommene Geldspritze und die Möglichkeit, über das große IH-Händlernetz Traktoren abzusetzen.

Als der 4366 schließlich 1973 erschien, wurde rasch deutlich, dass es sich dabei um die Frucht eines echten Joint-Ventures handelte – und dass die International-Händler nicht einfach einen Steiger mit anderem Emblem verkauften. Der Knickrahmen, dessen maximaler Knickwinkel von 40 Grad einen 4,50 Meter engen Wendekreis ermöglichte, stammte von Steiger, ebenso die Kabine (die vorhandene Safari-Kabine des Werkes), die in den IH-Farben lackiert

1977 hatte International als Allradmodelle die Serie 86 in vier Ausführungen im Programm. Neben dem hier zu sehenden 4386 mit Ladeluftkühler gab es die 4586 und 4786 mit V8 und den schwächeren 4186.

109

TRAKTOR-GIGANTEN

und mit Gummi-Isolagern versehen wurde, ferner mit zusätzlichen Dämmmatten, die Motorenlärm und Hitze vom Fahrer fernhielten. Die Kabine besaß eine umfangreiche Instrumentierung, die Atemluft wurde gefiltert und auf Wunsch gab es Klimaanlage und eines von mehreren zur Auswahl stehenden Radios.

Steiger baute natürlich keine Motoren, daher lieferte IH den hauseigenen DT-466 an das Werk in Fargo. Dieser 7,7 Liter große Sechszylinder-Turbodiesel leistete 225 PS bei 2600/min, an der Hydraulik standen knapp 170 PS zur Verfügung. Das Getriebe war ein Mischmasch aus eigenen und zugekauften Komponenten: Fuller-Fünfganggetriebe und Vorgelege ergaben zehn Vorwärts- und zwei Rückwärtsgänge. Die Achsen stammten aus dem International 1466 mit Hinterradantrieb, obschon die Hinterachse hier ohne Differenzialsperre und -bremsen auskommen musste. Beide Achsen wurden druckgeschmiert und gekühlt und erlaubten die Verwendung von Einfach- oder Zwillingsrädern. Das Vorgelegegetriebe war „schwingend" gelagert und bewegte sich in der Fahrtrichtung des Traktors, was die Kreuzgelenke weniger stark belastete.

In der Summe war der 4366 ein sehr gelungenes Hybrid-Modell, eine gute Kombination aus Steigers Erfahrung und Internationals Vertriebskanälen und Komponenten. Die (in den USA maßgeblichen) Leistungsmessungen durch die Universität Nebraska ergaben 1973 Geschwindigkeiten in den Gängen von 4,1 bis 33,0 km/h und ein Gewicht von 9826 kg. Die Gewichtsverteilung war optimal; mit einem Zusatzgerät am Heck belief sie sich auf exakt 50 zu 50. Über 3000 Stück des 4166 wurden in drei Jahren verkauft, und IH konnte die in aller Eile geformte Allianz mit Steiger als vollen Erfolg verbuchen.

Dadurch sah man sich ermuntert, 1975 eine stärkere Variante des Traktors zu lancieren, den 4568

INTERNATIONAL 4366

Baujahr	1973
Motor	International Harvester
Motortyp	Wassergekühlter Reihensechszylinder
Hubraum	7,7 Liter
Besonderheiten	Turbolader
Leistung (Schwungrad)	225 PS bei 2600/min
Leistung (Zapfwelle)	168 PS
Getriebe	10 x 2 Gänge
Höchstgeschw.	33 km/h
Leergewicht	8835 kg
Tankinhalt	447 Liter

mit dem V-800-Motor von International. Der Name leitete sich vom Hubraum von knapp 800 Kubikzoll (13,2 Liter) ab, aus dem man eine Leistung von 300 PS holte; 857 Stück wurden 1975/76 abgesetzt.

Als die letzten 4568 bei Steiger vom Band liefen, hatte International bereits die Baureihe 86 Pro-Ag auf den Markt gebracht, die eine radikale Erneuerung des Traktorenprogramms von IH darstellte. Auch die Allradmodelle erhielten ein neues Äußeres mit entsprechender Lackierung und Modellschriftzug, die Änderungen reichten aber tiefer. Der umbenannte 4386 erhielt einen Ladeluftkühler, den ersten an einem IH-Landwirtschaftsfahrzeug, und, gemeinsam mit dem 4586, neue Bremsen. Diese enormen, nassen, außenliegenden Mehrscheiben-Bremsen waren angesichts der gestiegenen Leistung des 4386 auch durchaus nötig. Die Kabine (nach wie vor von Steiger konstruiert und gebaut) war größer als zuvor und verfügte nun über das IH-Datencenter, eine Digi-

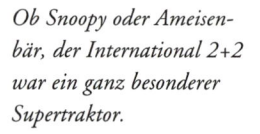

Ob Snoopy oder Ameisenbär, der International 2+2 war ein ganz besonderer Supertraktor.

INTERNATIONAL HARVESTER 4386

Schon seit 1961 entwickelte und baute die International Harvester Company eine Reihe von leistungsstarken Traktoren. Zu den ersten dieser Großtraktoren gehörte der 4300er mit seinen 300 PS, von dem gesagt wurde, dass er zu groß und seiner Zeit voraus sei. Während der folgenden Jahre perfektionierte IH seine großen Traktoren und stellte 1965 den 4100er vor, der 116 PS am Zughaken sein eigen nannte. Das Einzigartige an diesem Traktor war die Lenkbarkeit beider Achsen: Die IH-Strategen bezeichneten das Phänomen als „Allradlenkung". Der Fahrer konnte zwischen verschiedenen Lenkmodi wählen: Lenkung der Vorderachse, Allrad oder Hundegang.

Während der 70er Jahre bemühte sich IH darum, sein Angebot an leistungsstarken Traktoren zu verbessern. Zuerst nahm man mit Steiger in Fargo Kontakt auf, da Steiger Traktoren für mehrere große Unternehmen gebaut hatte. Die beiden Unternehmen schlossen einen Vertrag, in dem sich Steiger dazu verpflichtete, eine Reihe von Knickschleppern nach IH Spezifikationen herzustellen. Das war neu für Steiger, da die Schlepper, die sie bis dahin für Unternehmen wie Allis-Chalmers, Ford und Canadian Co-op gebaut hatten, immer den Traktoren der Marke Steiger sehr ähnlich gewesen waren.

IHs Reihe von Großtraktoren für das Jahr 1977 bestand einerseits aus der 4186er Serie mit starrem Rahmen, Vierradantrieb, gleich großen Rädern, zwei lenkbaren Achsen und einer Leistung von 178 PS, und zwei Knicktraktoren, dem 4386er mit 230 PS und dem 4586er mit 300 PS. Insgesamt ähnelten die großen IH-Traktoren den kleinen Schleppern im Erscheinungsbild sehr. Bis Ende der 70er Jahre hatte International Harvester sein Angebot so weit vervollständigt, dass das Unternehmen für jede Farm einen passenden Traktor zu bieten hatte.

IH 4386
- 1977–1981
- IH DT-436 Sechszylindermotor
- 230 PS an der Zapfwelle bei 2600/min
- Turbolader und Ladeluftkühlung
- Manuelles Getriebe, 10 Vorwärts- und 2 Rückwärtsgänge
- Höchstgeschwindigkeit 33,6 km/h
- Betriebsgewicht 10 t

INTERNATIONAL 4786

Baujahr	1979
Motor	International Harvester DV-800
Motortyp	Wassergekühlter V8
Hubraum	13,2 Liter
Besonderheiten	Turbolader
Leistung (Schwungrad)	350 PS bei 2600/min
Leistung (Hydraulik)	265 PS
Getriebe	10 x 2 Gänge
Höchstgeschw.	29,3 km/h
Leergewicht	10.690 kg
Tankinhalt	613 Liter

talanzeige anstelle eines konventionellen Drehzahlmessers, die Motordrehzahl, Fahrgeschwindigkeit und Abgastemperatur verkündete. Abgerundet wurde die Ausstattung durch zweistufige Scheibenwischer und Radio.

Zwar rangierten die International-Allradmodelle eine halbe Klasse unter den großen Steiger, doch kletterten ihre Leistungswerte nach oben. Zu den beiden vorhandenen Modellen gesellte sich der neue 4786 mit einer Turbo-Version der International DV-800-Maschine, die 350 PS und an der Hydraulik 265 PS leistete. Die Universität Nebraska testete dieses Modell im Jahr 1979 und maß dabei Geschwindigkeiten in den Gängen von 2,9 bis 25,9 km/h und einen Verbrauch von 3,15 Litern pro PS-Stunde. Am anderen Ende des Spektrums kam der 4186 ins Programm, dessen ebenfalls turbogeladener kleiner 7,2-Liter-Sechszylinder 150 PS leistete.

Abgesehen von Bremsen und Ladeluftkühler unterschieden sich 4386 und 4586 nicht von ihren Vorgängern und blieben, parallel zu den stärkeren und schwächeren Geschwistern, bis 1981 in Produktion. Sie hätten durch die modernisierte und stilistisch den kleineren International-Modellen angepasste Serie 88 (7388, 7588 und 7788) ersetzt werden sollen. Leider befand sich das Werk in großen finanziellen Problemen und es wurden nur zwei Stück des neuen 7788 hergestellt.

Um sich Liquidität zu verschaffen, verkaufte International seinen Steiger-Anteil an Deutz; den IH-Händlern erlaubte man, falls gewünscht, Steiger-Modelle zu verkaufen, so dass sie wenigstens einen Supertraktor im Angebot hatten, wenn auch von einer fremden Marke stammend.

Zu dieser Zeit begannen die gigantischen Steiger-International etwas ältlich zu wirken, schließlich war seit ihrer Markteinführung ein gutes Jahrzehnt vergangen. International Harvester hatte einen radikalen Allradtraktor in der Entwicklung und stellte ihn 1979 vor.

Unter den amerikanischen Farmern trug er den Spitznamen „Ameisenbär", in Großbritannien und Australien wurde er „Snoopy" genannt. Teils hörte er auch auf den Rufnamen „Wurm" oder „Land-Hai", International Harvester selbst verwendete die prosaischere Bezeichnung „2+2". Internationals letzter Supertraktor vor der Übernahme durch Case im Jahr 1985 war, egal wie man ihn nannte, ein ganz besonderes Stück. Etwas Derartiges hatte es zuvor nicht gegeben und auch seitdem nicht mehr.

Im Jahr 1970 stückelten die IH-Ingenieure aus zwei Kraftübertragungen des hinterradgetriebenen 1066 ein Allradmodell zusammen. Damit wollte man keinen Ersatz für den großen 4166 schaffen, sondern ein Modell für die 130/150 PS-Klasse entwickeln, das sich zwischen die International-Traktoren mit Hinterradantrieb und die echten Supertraktoren einreihte. Um die Produktionskosten möglichst gering zu halten, griff man dabei auf viele Komponenten der hinterradgetriebenen Ausführungen zurück.

Die Entwicklung dieses optisch seltsam anmutenden Gefährts zog sich über die 1970er Jahre hin. Die Ingenieure installierten die Kabine hinter dem Knickgelenk des Rahmens, nicht davor, wie es bei sämtlichen anderen Supertraktoren der Fall war. Dieser Einfall machte den 2+2 zu etwas Besonderem und unterstrich die Behauptung des Werkes, er biete die Wendigkeit eines hinterradgetriebenen Modells, aber auch die Traktion des Allradantriebes. Das schien sich in der Praxis zu bestätigen: Der Wendekreis des 2+2 belief sich auf knapp 4,80 Meter, was selbst viele konventionelle Traktoren nicht schafften.

Um die Vorderräder ausreichend zu belasten, wurde der Motor weit vorne im Bug, vor der Vorderachse, installiert, wodurch „Snoopy" sein typisches Aussehen und eine ausgezeichnete Gewichtsverteilung genoss. Ein weiterer Vorzug dieser Auslegung bestand darin, dass sich Kabine und Heck der konventionellen International 1086-Serie verwenden ließen und deren Kraftübertragung auf die Hinterräder nur minimal geändert werden musste. Den Antrieb besorgten natürlich die vorhandenen IH-Sechszylinderdiesel; der 3388 2+2 erhielt die DT-436-Maschine mit 157 PS. Wer mehr Leistung benötigte, konnte den 3588 mit 7,7 Litern Hubraum und 177 PS wählen. Dazu kam ab 1980 der 200 PS starke 3788.

Bei ihrer Einführung im Jahr 1979 waren die „Snoopys" eine Sensation. Sie glichen keinen anderen Traktoren und waren eine echte Kreuzung aus

INTERNATIONAL HARVESTER 3588 2+2

IH 3588 2+2

- 1979–1982
- IH DT-466B Sechszylindermotor
- 177 PS bei 2400/min
- Turbolader
- Synchrongetriebe, 16 Vorwärts- und 8 Rückwärtsgänge
- Höchstgeschwindigkeit 33,3 km/h
- Betriebsgewicht 7,4 t

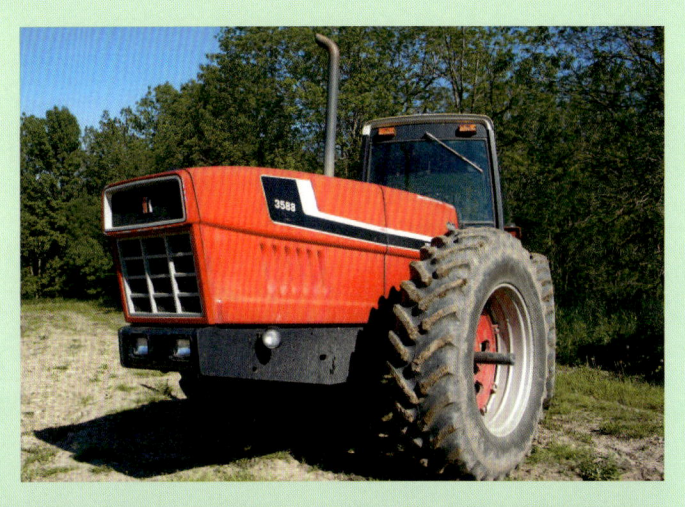

Ein IH 3588 2+2, Baujahr 1982, mit einem 4,30 m breiten Tiefengrubber, mit dem der Boden bei 6 km/h bis zu 25 cm tief bearbeitet wird. In diesem Fall wird das Land für die Maissaat vorbereitet.

INTERNATIONAL HARVESTER 3788 2+2

Der Typ IH 2+2 hatte ein innovatives Design: Die vordere Bandgruppe mit Vorderachse und Motor war über ein Knickgelenk mit der hinteren Bandgruppe, bestehend aus Getriebe und Kabine, verbunden. In vieler Hinsicht ließ sich dieser Schlepper daher ähnlich wie ein konventioneller Traktor fahren.

Der hintere Teil des Traktors entstammte der hinteren Hälfte der konventionellen 86er Serie. Beim Motor handelte es sich um einen bewährten IH DT-466 mit Turbolader, den International Harvester in landwirtschaftlichen Traktoren, Baumaschinen und Lastwagen nutzte. Die Vorderachse war eine von IH häufig verwendete Achse, englischer Herkunft. Die Karosserie lehnte sich an den Stil der neuen 88er Serie an. Viele Teile, wie die Elektrik und die Kabine, stammten aus anderen Serien des Unternehmens, wodurch der Kaufpreis des Schleppers niedrig gehalten wurde. So konnten Landwirte einen vielseitigen Traktor zu einem günstigen Preis erstehen.

In der 88er Serie der 2+2 gab es zwei Modelle, den 3388er mit 131 PS an der Zapfwelle und den 3588er mit 177 PS an der Zapfwelle; beide wurden 1979 auf den Markt gebracht. Die Traktoren mit diesem einzigartigen Stil waren so erfolgreich, dass in knapp über zwölf Monaten 3000 dieser Fahrzeuge verkauft wurden. Man entschloss sich daher im Jahre 1980, dieser Reihe ein drittes Modell, den 3788cr mit 200 PS, hinzuzufügen.

In Amerika nennt man den 2+2 aufgrund seiner Haube, die wie eine lang hervorstehende Nase aussieht, den „Nasenbär". In vielen Ländern ist er wegen seiner außergewöhnlichen Optik auch als „Snoopy" bekannt.

IH 3788 2+2
- 1979–1981
- IH DT-466B Sechszylindermotor
- 177 PS bei 2400/min
- Turbolader
- Synchrongetriebe, 16 Vorwärts- und 8 Rückwärtsgänge
- Höchstgeschwindigkeit 33,3 km/h
- Betriebsgewicht 7,4 t

INTERNATIONAL

Erntetraktor mit Hinterradantrieb und Supertraktor. Zudem boten sie gute Leistungen, ausgezeichnete Traktion durch die vier großen Räder und geringe Bodenverdichtung. Der Blick aus der Kabine ähnelte zwar dem, den man aus einem konventionellen Modell der Serie 86 genoss, das Fahrerlebnis war aber ein ganz anderes – der Traktor zog in die Richtung der Nase und nach dem Einbiegen der Nase verging ein Moment, ehe das Heck folgte. Die Lenkung erwies sich als allzu sensibel, insbesondere auf der Straße, doch dafür war der 2+2 äußerst wendig und sein enger Wendekreis machte es zumeist überflüssig, umständlich rangieren zu müssen. Nur beim Einfädeln in den Straßenverkehr musste der Fahrer auf die lange Nase achten.

Trotz ihrer ungewöhnlichen Gestaltung kamen die Snoopys der Baureihe 55 bei den US-Farmern sehr gut an, die in den ersten beiden Jahren annähernd 3000 Stück kauften. Das kam International sehr zupass, obwohl dadurch die finanzielle Talfahrt, die letztlich zur Übernahme des Werks führte, nicht aufgehalten werden konnte. Der 2+2 erwies sich zudem als problemlos in der Wartung, obwohl das geschlossene Hydrauliksystem (das nur bei Bedarf lief, um Sprit zu sparen) ausfallen konnte, in welchem Falle dann weder Lenkhilfe noch Zentralhydraulik funktionierten. Eine teure neue Pumpe löste das Problem. Ein Nebeneffekt des engen Wendekreises war, dass vordere Zwillingsräder beim Wenden gegen die Kabine stoßen konnten, daher beschränkte IH die Verwendung von Zwillingsrädern auf die Hinterachse.

Alle drei 2+2-Modelle wurden ab 1982 als Serie 60 (6388, 6588 und 6788) weitergeführt; neu waren Lackierung und Modellschriftzüge nach Art der kleineren Internationals. Doch auch unter dem Blech gab es Neues. Eine hydraulische Getriebebremse trat automatisch in Aktion und ließ das Umschalten zwischen den Gangbereichen sanfter ausfallen. Im Inneren der Control-Center-Kabine saßen die meisten Schalter und Hebel an der rechten Konsole; nach wie vor serienmäßig war das digitale IH-Datencenter.

Leider litt der Ruf des 2+2, bei all seinen Vorzügen, an den Hydraulikausfällen der frühen Ausführungen, zudem hatte der 3788 Probleme mit dem Differenzial. Gemeinsam mit der US-Landwirtschaftskrise und dem wachsenden Schuldenberg, auf dem IH saß, führte dies dazu, dass sich der Absatz der überarbeiteten Snoopys der Serie 60 auf reichlich 1000 Stück in drei Jahren beschränkte. Heute ist er ein seltener und von Sammlern gesuchter Großtraktor.

Wenn alles nach Plan gelaufen wäre, wäre der Snoopy in Produktion geblieben. International entwarf einen 7288 und einen 7488, brachte den 2+2 damit auf über 200 PS an der Zapfwelle und konstruierte angesichts der gestiegenen Leistung die Kraftübertragung um. Nur 35 dieser 2+2 der Baureihe Super 70 wurden abgesetzt, ehe die Übernahme durch Case der Laufbahn von Internationals letztem Supertraktor ein brüskes Ende bescherte. Halbfertige Traktoren auf dem Montageband wurden verschrottet – ein trauriges Ende für einen besonderen Traktor.

Man sieht, woher der „Snoopy" mit der langen Schnauze seinen Spitznamen hat; in den Plänen des fusionierten Case-International-Konglomerates spielte er keine Rolle mehr.

INTERNATIONAL 6388

Baujahr	1982
Motor	International Harvester DT-436B
Motortyp	Wassergekühlter Reihensechszylinder
Hubraum	7,2 Liter
Besonderheiten	Turbolader
Leistung (Schwungrad)	157 PS bei 2400/min
Leistung (Zapfwelle)	131 PS
Getriebe	16 x 8 Gänge
Höchstgeschw.	33,3 km/h
Leergewicht	7400 kg
Min. Wendekreis	4,85 m
Tankinhalt	481 Liter

TRAKTOR-GIGANTEN

JCB
Geschwindigkeitsrekorde

Unten: Der Fastrac war ein Meilenstein der Traktortechnik: Einzelradaufhängung rundum, kräftige Bremsen und bis zu 65 km/h auf der Straße.

Gegenüberliegende Seite: JCB wollte den Fastrac auch für die Feldarbeit tauglich gestalten, obwohl man hierbei im Vergleich zu herkömmlichen Traktoren unweigerlich Kompromisse eingehen musste.

Gegen Ende des 20. Jahrhunderts erschien die Vorstellung, ein britisches Werk könne einen revolutionären neuen Traktor nicht nur konzipieren und herstellen, sondern damit auch weltweit erfolgreich sein, als undenkbar. Zu jener Zeit sahen sich die Traktorenhersteller in aller Welt, sofern sie die schwierigen 1980er Jahre überstanden hatten, großen Herausforderungen ausgesetzt und in der Branche kam es zu zahlreichen Fusionen und Übernahmen.

Die britische Industrie befand sich mittlerweile seit gut 50 Jahren im Abwind und zwei große Traktorenwerke – die frühere International-Fabrik in Doncaster und Massey Ferguson in Coventry – hatten neue Eigentümer gefunden. Das MF-Werk, einst eine der größten Traktorenfabriken der Welt, wurde im Jahr 2002 geschlossen.

Vor diesem Hintergrund wirkt der bahnbrechende Entwurf des JCB Fastrac um so eindrucksvoller; zudem war das Modell auf Exportmärkten in aller Welt erfolgreich. Auch das Werk selbst war sozusagen im Stillen sehr erfolgreich gewesen. Joe Bamford hatte 1945 in Uttoxeter ein elektrisches Schweißgerät für ein britisches Pfund gekauft und eine Werkstatt eröffnet. Sein erstes Produkt war ein landwirtschaftlicher Hänger, den er aus Schrottteilen und einer Jeep-Achse bastelte. Bald ging er zu hydraulischen Kipphängern über, aus denen er wiederum hydraulische Ladegeräte für Traktoren entwickelte. Während einer Geschäftsreise nach Norwegen erblickte er eine hydraulische Baggerschaufel, nahm eine solche mit nach Hause und konstruierte eine eigene Ausführung. Er bestückte einen Fordson Major mit der Heckschaufel und

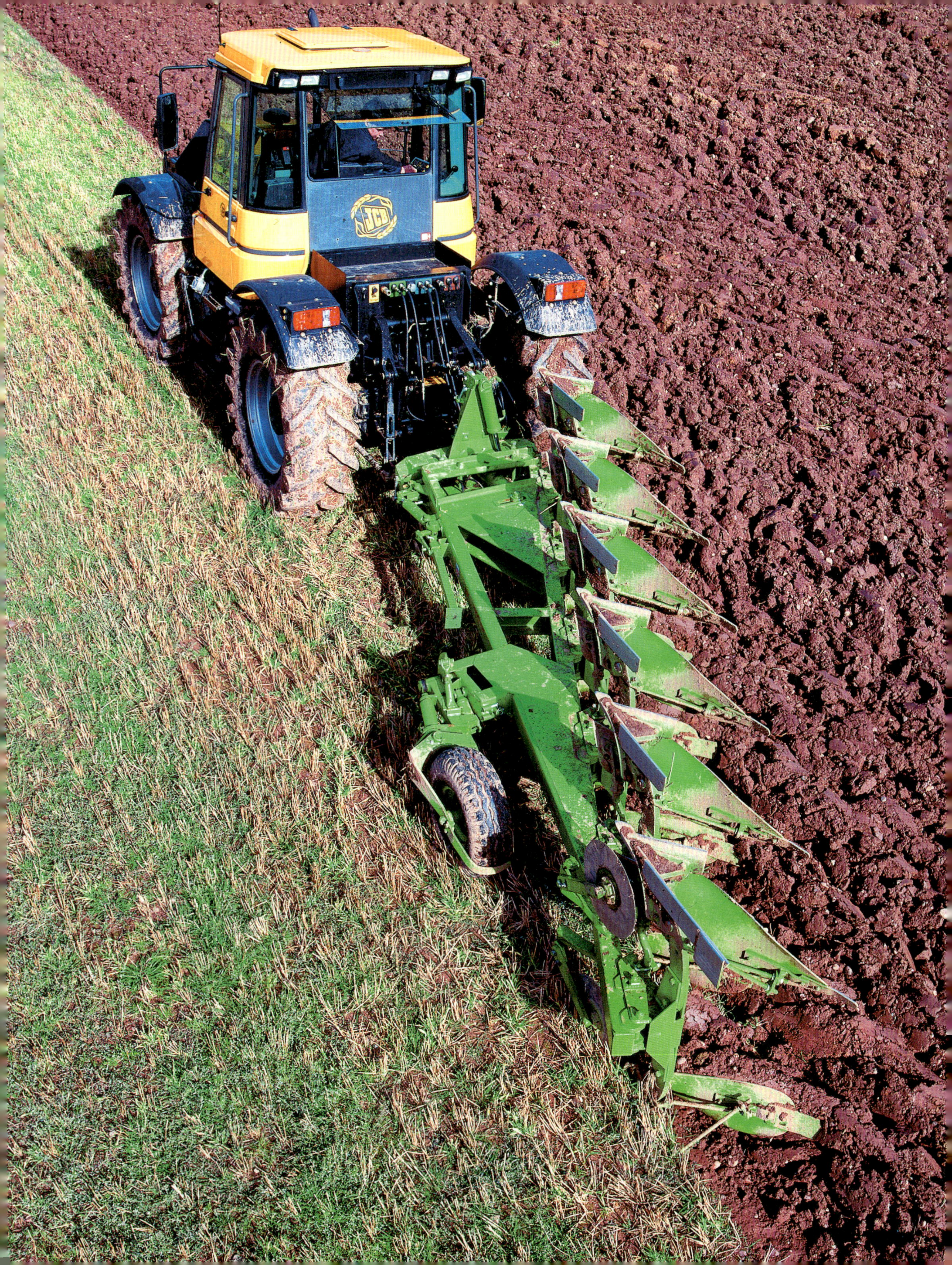

Mit der Serie 1100 (hier ein 1135) wollte JCB die Leistungsfähigkeit des Fastrac auf dem Feld gegenüber den Urversionen erhöhen.

Der geringen Wendigkeit des Fastrac begegnete JCB mit der Quadtronic-Vierradlenkung, die teuer, aber sehr effektiv war.

einer Frontschaufel und erfand damit den berühmten JCB-Traktorbagger. Der wurde ein großer Erfolg; im Laufe der Jahre entstanden, bei ständig verfeinerter Technik, tausende Exemplare. 1995 produzierte JCB über 18.000 Fahrzeuge, 2006 beschäftigte das Werk 5000 Menschen.

Joe Bamford hatte mit landwirtschaftlichen Fahrzeugen begonnen, doch der Erfolg der Bagger ließ diesen Markt lange Jahre in den Hintergrund treten. In den 1980er Jahren stellte die JCB-Marktforschung eine interessante Lücke auf dem Traktorenmarkt fest. Die meisten Traktoren waren für die Arbeit auf den Feldern konzipiert – der Einsatz als Zugmaschine auf der Straße spielte eine untergeordnete Rolle. Gleichwohl hatten die JCB-Studien ergeben, dass in ganz Europa dieser Aspekt einen wesentlichen Teil der Traktorenarbeit ausmachte, bis zu 70 Prozent. Die konventionellen Traktoren jener Zeit, die kaum über 30 km/h hinauskamen und über primitive Starrachsen und schlechte Bremsen verfügten, waren für den Einsatz auf der Straße schlecht gerüstet, obwohl sie häufig kilometerlange Wege zurückzulegen hatten. Die JCB-Ingenieure kamen zu dem Schluss, dass ein Hochgeschwindigkeitstraktor mit besseren Aufhängungen und kräftigen Bremsen für den Einsatz als Zugmaschine wesentlich besser geeignet sei.

Natürlich hatte es schon zuvor schnelle Traktoren gegeben. Zum Beispiel den Trantor der 1970er Jahre oder den allgegenwärtigen Unimog von Mercedes, doch der Trantor erreichte keine hohen Stückzahlen und der Unimog war mehr Lkw als Traktor. Während ein Unimog zu 80 Prozent Lkw und zu 20 Prozent Traktor war und sich die Anteile bei einem konventionellen Traktor im umgekehrten Verhältnis verteilten, zielte JCB mit seinem Projekt auf ein Verhältnis von 50 zu 50, mithin auf ein echtes Mehrzweckfahrzeug, das auf der Straße vernünftige Geschwindigkeiten erreichte, aber auch in hohem Maße für die Feldarbeit geeignet war.

1987 lief der erste Prototyp, der bereits über sämtliche Eigenheiten verfügte, die den ersten Traktor von JCB zu etwas Besonderem machen sollten. Als der Fastrac 1991 auf den Markt kam, erwies er sich als ideale Kombination. Zunächst einmal kam er auf der Straße auf Geschwindigkeiten von 65 bis 70 km/h und war damit gut doppelt so schnell wie ein konventioneller Traktor. Solche Tempi wären mit herkömmlichen Achsen und Bremsen selbstmörderisch gewesen, daher versah das Werk den Fastrac als ersten Traktor überhaupt mit einzeln aufgehängten Rädern. Die Vorderachse besaß Schraubenfedern und hydraulische Stoßdämpfer, an der Hinterachse gab es eine selbsttätig wirkende hydropneumatische Niveauregulierung. Durch die Regulierung blieb die Fahrzeughöhe konstant, egal, wie groß die Lasten auf der hinteren Ladefläche oder der Deichsel waren. Eine starre Hinterachse hätte es sehr schwierig gemacht, einen Pflug oder andere Geräte anzukuppeln. Scheibenbremsen rundum sorgten für ausgezeichnete Verzögerung. Um den Fastrac für die Feldarbeit geeignet zu machen, erhielt er Allradantrieb und vier große Räder mit auf den Weg, dazu eine leistungsfähige Dreipunkthydraulik, die mit einem fünfscharigen Pflug zurecht kam, eine Frontkupplung und hintere Zapfwellen.

Der Traktor konnte eine Anhängelast von 13,5 Tonnen rasch und sicher befördern. Dazu ließen sich auf der hinteren Ladefläche 2,3 Tonnen transportie-

JCB FASTRAC 1135 QUADTRONIC

Baujahr	1966
Motor	Perkins 1006-6T
Motortyp	Wassergekühlter Reihensechszylinder
Hubraum	6,0 Liter
Besonderheiten	Turbolader
Leistung (Schwungrad)	135 PS bei 2400/min
Max. Drehmoment	550 Nm
Getriebe	36 x 12 Gänge, Selectronic
Höchstgeschw.	48 km/h
Leergewicht	5280 kg
Tankinhalt	182 Liter

Die ersten Kunden wollten mehr Leistung, woraufhin JCB den Fastrac 185 mit 170 PS starkem Cummins-Sechszylinder mit Turbolader und Ladeluftkühlung lancierte.

TRAKTOR-GIGANTEN

1998 erschien der stark veränderte Fastrac der Serie 2000/3000; hier ein 2135.

Der 2135 blieb das Hauptmodell, wurde nach wie vor von einem Perkins-Diesel angetrieben und war nicht billig; der Fastrac insgesamt stellte freilich einen einzigartigen Supertraktor dar.

Der Fastrac veranlasste die Traktorenhersteller, ihre Fahrwerke umzukonstruieren; kein anderes Werk bot aber einen direkten Konkurrenten an.

Anfangs gab es den Fastrac in lediglich zwei Ausführungen – 120 und 145 – mit Perkins-Dieselmotoren; trotz der geringen Auswahl war das Modell umgehend ein Erfolg, namentlich in Deutschland. Zwei Jahre darauf bestand das Programm aus den Ausführungen 125, 135 und 150 mit 125 bis 150 PS, angetrieben von den jüngsten drehmomentreichen Perkins-1000-Sechszylindermotoren. Manche Bauern wollten natürlich noch mehr Kraft, und im Folgejahr reagierte JCB auf diese Wünsche mit dem Fastrac 185. Perkins konnte keinen geeigneten Motor liefern, daher verbaute das Werk erstmals einen Cummins-Motor, einen 170 PS starken Turbodiesel mit Ladeluftkühler. Kraftübertragung und Hinterachse wurden der höheren Leistung angepasst, ansonsten aber bediente sich der 185 des gleichen Powersplit-Getriebes wie die übrigen Fastrac-Modelle und verfügte über 36 Vorwärts- und zwölf Rückwärtsgänge.

Natürlich war der Fastrac nicht perfekt; ein offenkundiger Nachteil der vier großen Räder und des starren Rahmens war die geringe Wendigkeit. Es herrscht allgemeine Übereinstimmung, dass die frühen Fastrac mehr für den Betrieb auf der Straße taugten und auf dem Feld Nachteile gegenüber konventionellen Traktoren aufwiesen. JCB versuchte dies 1995 mit der Serie 1100 zu ändern. Die neuen 1115 und 1135 waren 150 Millimeter kürzer und 100 Millimeter schmaler, dazu leichter und kamen auf der Straße statt auf 65 nur auf 50 km/h. Ihr Wendekreis betrug 6,40 Meter – besser, aber noch immer größer als bei gängigen Traktoren. Im folgenden Jahr reagierte JCB erneut.

Bei der Quadtronic handelte es sich um eine Vierradlenkung, mit der der Fastrac erstmals an Manövrierbarkeit den in dieser Hinsicht besten Traktoren gleichkam. Die Hinterräder ließen sich bis zu 20 Grad einschlagen (der halbe Lenkwinkel der Vorderräder), zudem verfügte das fortschrittliche System über fünf verschiedene Programme. Für den Straßenbetrieb gab es ein Programm, bei dem lediglich die Vorderräder gelenkt wurden und die Hinterräder stur geradeaus zeigten. Im Krebsgang-Modus wiesen alle Räder in die selbe Richtung; beim proportionalen Modus (in dem die Hinterräder den halben Lenkeinschlag der Vorderräder aufwiesen) fiel der Wendekreis am engsten aus; im Echtmodus wiesen alle Räder den selben Einschlag auf und im Delay-Modus bewegten sich die Hinterräder erst, wenn der vordere Lenkwinkel 15 Grad überstieg, was Lenkbewegungen ohne ausscherendes Heck ermöglichte.

Die Quadtronic funktionierte ausgezeichnet, war aber mit einem Aufpreis von £ 5700 (etwa € 8500) nicht eben billig. Der inzwischen mehrere Jahre alte Fastrac war ein bekannter Nischentraktor, glänz-

ren und man konnte mit ihm wie mit einem herkömmlichen Traktor aufs Feld gehen. Überraschenderweise erwies sich ein Konstruktionsdetail, das dem Fastrac in erster Linie im Straßenbetrieb helfen sollte, auch im Gelände als nutzbringend, nämlich die Einzelradaufhängung. Der Agricultural Development and Advisory Service (ADAS) führte Leistungsvergleiche zwischen dem Fastrac und einem herkömmlichen Traktor durch und stellte fest, dass der JCB bei manchen sekundären Kultivationsarbeiten bis zu 30 Prozent schneller war. Es war daher nicht überraschend, dass in den Jahren nach der Einführung des Fastrac zahlreiche Traktorenbauer ihre Modelle mit Einzelradaufhängung zu versehen begannen.

te aber nicht durch hohe Zuverlässigkeit, wenn die etwas nachlässige Verarbeitung und ein fahrlässiger Umgang mit dem Vehikel zusammenkamen. 1998 brachte die Serie 2000/3000 etliche Neuerungen wie ein runderes Design und ein elektronisches Armaturenbrett. Die wohl wichtigste Neuerung war das neue Powershift-Dreiganggetriebe, das gemeinsam mit dem Eaton-Sechsganggetriebe und der Selectronic angeboten wurde. Damit standen bis zu 54 Vorwärts- und zwölf Rückwärtsgänge zur Verfügung und auf der Straße waren 50 bis 65 km/h möglich. JCB hatte sich sehr bemüht, dem Fastrac ein für die Feldarbeit taugliches Getriebe zu geben und die 54 Gänge waren das Ergebnis dieser Bemühungen. Im Jahr 2000 erfolgte die Einführung der elektrohydraulischen Smoothshift-Kupplung, eine nasse Mehrscheibeneinheit, die sanfter, leichter und robuster als die zuvor verwendete Einscheiben-Trockenkupplung war. Ihre elektronische Steuerung machte sie unempfindlicher und ermöglichte das Umschalten zwischen Vorwärts- und Rückwärtsfahrt über Druckknöpfe.

Zehn Jahre nach der Einführung war der Fastrac noch immer der einzige Traktor mit Einzelradaufhängung rundum und war in Fahrkomfort und Fahrverhalten auf der Straße unschlagbar. Ohne die teure Quadtronic blieb er aber unhandlicher als ein konventioneller Traktor, zudem war das Getriebe ebenso ein Schwachpunkt wie die Leistungsobergrenze von 170 PS.

2005 ging JCB diese beiden Punkte mit dem weitgehend neuen Fastrac 8250 an. Dieser stärkste Fastrac besaß einen 248 PS starken Cummins-Motor, einen 8,3-Liter, der mit Turbolader und Ladeluftkühlung einen Drehmomentgipfel von 1180 Nm erreichte. Noch wichtiger war vielleicht die neue V-Tronic, eine CVT-Vollautomatik. Diese enthielt Komponenten des deutschen Fendt CVT-Getriebes und JCB-eigene Eingangs- und Ausgangswellen und Elektronik. Ein hochmodernes Getriebe, das in den Geschwindigkeitsbereichen 0-50 oder 0-65 km/h automatische, manuelle oder Powershift-Schaltvorgänge zuließ. Neue Achsen und die größten jemals an einem Fastrac verwendeten Reifen ließen den 8250 zudem in der Feldarbeit besser abschneiden als jemals zuvor.

Die Serie 2000 bot viele Neuerungen und befreite den Fastrac mit ihrem runderen Aussehen von seinen Designwurzeln aus den 1980er Jahren. Eine weitere Neuheit der Serie 2000/3000 war das modernere Getriebe mit bis zu 54 Gängen.

Die ständige Modellpflege war wichtig; im Jahr 2000 erhielt der Fastrac eine robustere, nasse Mehrscheibenkupplung. Hier ein 3220.

JCB war global gesehen kein Riese, doch der Fastrac verkaufte sich blendend; er füllte sein Marktsegment besser aus als sämtliche Konkurrenten.

JCB FASTRAC 8250

Baujahr	2005
Motor	Cummins QSC
Motortyp	Wassergekühlter Reihensechszylinder
Hubraum	8,3 Liter
Besonderheiten	Turbolader, Ladeluftkühler
Leistung (Schwungrad)	248 PS
Max. Drehmoment	1180 Nm
Getriebe	CVT
Höchstgeschw.	65,3 km/h
Leergewicht	10.605 kg
Tankinhalt	500 Liter

TRAKTOR-GIGANTEN

Nicht nur Bauern schätzten den Fastrac, auch für Militäraufgaben eignen sich die vielseitigen Alleskönner: Diese Flotte von JCB Fastrac 150M kam in den 1990er Jahren bei der britischen Royal Air Force zum Einsatz.

JCB

TRAKTOR-GIGANTEN

John Deere

Immergrün

John Deere baute 1959 seinen ersten Supertraktor in Gestalt des 215 PS starken 8010. Er war anfällig, doch der hier gezeigte konventionelle 5010 wurde ein Erfolg.

John Deere ist der große Überlebenskünstler der nordamerikanischen Traktorindustrie. Nur diesem Werk gelang es, die großen Krisen der 1930er und der 1980er Jahre und viele kleinere ohne Fusion oder Übernahme zu überstehen. Alle anderen berühmten Namen der Branche – International, Case, Allis-Chalmers, Oliver und viele andere – überstanden das 20. Jahrhundert nicht auf eigenen Beinen. John Deere behielt seinen Spitzenplatz inne und setzte 1988 Fahrzeuge im Wert von über einer Milliarde Dollar ab.

John Deeres Überlebenskunst war eng mit dem Johnny Popper verknüpft, dem beliebten Zweizylinder-Konzept, dem man fast 50 Jahre lang treu blieb. Der zwar veraltete, aber drehmomentreiche und bullige Johnny Popper war der erklärte Liebling der amerikanischen Farmer, und Deere hielt an diesem

JOHN DEERE 8020

John Deeres erster Versuch, sich auf dem Markt für Knicktraktoren zu etablieren, war nur von kurzer Dauer. Der John Deere 8010 wurde 1959 auf den Markt gebracht. Alle 50 Traktoren dieser Serie wurden zurückgerufen, da es Probleme mit der Zuverlässigkeit der Motoren und des Neungang-Getriebes gab.

Als sie zurück in der John Deere-Fabrik in Waterloo waren, überarbeitete man sie und brachte sie als John Deere 8020 wieder heraus: Dieses Modell hatte neben einem neuen Achtgang-Getriebe einen verbesserten Motor. Aber trotz dieser Verbesserungen blieb der Verkaufserfolg des 4WD 8020 hinter den Erwartungen zurück. Die Produktion wurde 1964 eingestellt, nachdem nur 100 Schlepper dieser Serie abgesetzt worden waren.

Mit den Traktoren der neuen Generation und den großen Knickschleppern wurde jedoch das Ende der John Deere-Zweizylinderschlepper-Ära eingeläutet.

JOHN DEERE 8020
- 1959–1964
- General Motors 671E Sechszylinder-Diesel
- 215 PS bei 2100/min
- 150 PS am Zughaken
- Syncro-Range-Getriebe, 8 Vorwärts- und 2 Rückwärtsgänge
- Höchstgeschwindigkeit 29 km/h
- Betriebsgewicht 11 t

TRAKTOR-GIGANTEN

Entwurf noch lange fest, nachdem die Konkurrenz zu Vier- und Sechszylindertraktoren übergegangen war.

Das Werk verschloss sich aber dem Fortschritt keineswegs und modernisierte seine Traktoren in den 1930er bis 1950er Jahren ansonsten kräftig. Zudem war man einer der ersten US-Hersteller, der einen landwirtschaftlichen Dieseltraktor anbot. Gerade, als Johnny Popper endgültig überholt erschien, ließ das Werk ihn zugunsten einer komplett neuen Baureihe von Vier- und Sechszylindertraktoren fallen. Diese 1960 einer staunenden Welt präsentierten Modelle waren die Ausgangsbasis einer ganz neuen John Deere Generation.

Es waren dies nicht die ersten mehrzylindrigen Traktoren in der Geschichte des Werks, und ein Jahr, ehe die New Generation erschien, hatte John Deere seinen ersten Großtraktor präsentiert. Damit stieg man als erster Großserienhersteller in dieses Marktsegment ein, kam dem großen Allradtraktor von International um ein Jahr und dem Case Traction King um vier Jahre zuvor. Erst zu Beginn der siebziger Jahre hatten alle großen US-Traktorenwerke einen Riesentraktor im Angebot.

Damit erscheint die Premiere des John Deere 8010 im Jahr 1959 als Pionier-Wundertat; das war sie aber ganz und gar nicht, und obschon der 8010 seiner Zeit in manchen Details voraus war, kann kein Zweifel daran bestehen, dass er zu früh auf den Markt gebracht wurde.

„Mit dem Allrad-8010-Zehntonner kann ein Großkunde bis zu drei Sechsscharpflug-Traktoren und deren Fahrer ersetzen; die Treibstoffeinsparungen mit dem 8010 sind ebenfalls enorm – in jüngst durchgeführten Erprobungen kam ein 8010 mit 9-Meter-Geräteträger auf 7,7 Hektar pro Stunde, bei Kosten von nur 15 Cent pro Hektar. Das ist Kraft, die wirklich Gewinn bringt." So tönte es aus dem ersten 8010-Prospekt, mit dem man versuchte, das Konzept des großen Riesentraktors auch Farmern schmackhaft zu machen, die bislang nicht mit dem Gedanken gespielt hatten, einen solchen anzuschaffen. Der 8010 war wirklich groß, er maß in der Länge knapp sechs Meter und brachte fast zehn Tonnen auf die Waage, ohne Ballast. Mit seinem 215 PS starken Detroit-Diesel-Motor erreichte der 8010 Leistungshöhen, die damals ansonsten nur von Spezialisten wie Steiger erklommen wurden. Da man keinen geeigneten Motor im Programm hatte, griff John Deere auf einen 6,9 Liter großen Sechszylinder-Zweitakt-Diesel von Detroit zurück, der seine Kraft über ein synchronisiertes Neungang-Getriebe aus einem Lkw weiterleitete.

So groß war der 8010, dass das Werk passende Zusatzgeräte für ihn konstruieren musste, darunter eine 9,40 Meter breite Egge und ein 2,3 Tonnen schwerer achtschariger Pflug. Diesen Riesenpflug konnte der Traktor mit einem Tempo von rund 11 km/h ziehen, was die Zuschauer der ersten Demonstration dieser Fähigkeiten staunend zurückließ. Fortschrittlich waren auch weitere Details wie die Luftbremsen, zwei getrennte hydraulische Kreise und eine hydraulische Kupplung; der Knickwinkel von 40 Grad links wie rechts machte den großen John Deere überraschend wendig.

Leider traten beim 8010 in Kundenhand umgehend Probleme auf. Insbesondere das Lkw-Getriebe kam mit den über 200 PS bei der Feldarbeit überhaupt nicht zurecht; es traten derart häufig Schäden auf, dass John Deere jeden einzelnen 8010 ins Werk zurückrief (viele waren es freilich nicht), um einschlägige Änderungen vorzunehmen. Man verstärkte die Kupplung, installierte ein Achtganggetriebe und nahm weitere Verbesserungen vor; den Lufteinlass etwa legte man höher, wo er weniger Staub zog.

Das überarbeitete Modell nannte man 8020, schickte die umgerüsteten Exemplare wieder aufs Feld und versuchte, die neue Ausführung an den Mann zu bringen, doch die Nachfrage fiel enttäuschend aus. Trotz der Erfolge von Steiger war der Markt für Großtraktoren zu Beginn der 1960er Jahre noch klein und die Mängel des 8010 haben wohl viele potenzielle Kunden abgeschreckt. Zudem war der Traktor teuer, und trotz der günstigen Ratenzahlung, die John Deere anbot, fanden sich nur wenige Käufer. Als die Fertigung schließlich 1965 beendet wurde, hatten, wie man annimmt, nicht einmal 100 Exemplare von 8010 und 8020 die Werkshallen verlassen.

Nach den schlechten Erfahrungen mit dem 8010 ging John Deere auf Nummer sicher und verkaufte später (in geringen Stückzahlen) einen zugekauften Wagnertraktor.

JOHN DEERE

JOHN DEERE 8010

Baujahr	1959
Motor	Detroit Diesel
Motortyp	Wassergekühlter Zweitakt-Reihensechszylinder
Hubraum	6,9 Liter
Besonderheiten	Turbolader
Leistung (Schwungrad)	215 PS bei 2100/min
Leistung (Hydraulik)	ca. 150 PS
Getriebe	9 x 1 Gänge
Höchstgeschw.	29,0 km/h
Leergewicht	9375 kg

Links: Der 8010 war ein Flop, der Wagner WA-17 eine Enttäuschung und der 5010 eine Klasse kleiner, doch der 7020 war perfekt.

Mitte: Angetrieben wurde der 7520 von einem vorhandenen Deere-Aggregat, dem 8,7 Liter großen Sechszylinder-Diesel.

Unten: 7020/7520 (hier ein 7520) waren Meisterstücke, verglichen mit den früheren Supertraktoren von John Deere.

Der 8010/8020 stellte ein kühnes Projekt dar und die Traktoren waren so teuer, weil man zahlreiche Komponenten zukaufen oder eigens anfertigen musste. John Deere zog daraus Lehren und als man mit der Konstruktion eines Nachfolgers begann, war man entschlossen, in stärkerem Maße auf bereits vorhandene und bewährte Komponenten zurückzugreifen, um die Kosten zu minimieren und die Zuverlässigkeit des Fahrzeugs zu erhöhen. Bis dahin benötigte man aber einen Lückenbüßer, um in diesem weiter wachsenden Marktsegment vertreten zu sein. Nach den Erfahrungen mit dem 8010 tat Deere das einzig Vernünftige und liierte sich mit einem Spezialisten.

Während andere Werke unter eigenem Namen Steiger-Traktoren kauften, wandte sich John Deere an Wagner, den Pionier, der seit 1953 Allradtraktoren

JOHN DEERE 7520

Nachdem die ersten John Deere-Knickschlepper – der 8010 und der 8020 – nicht besonders erfolgreich gewesen waren, sicherte sich das Unternehmen mit seinen Schleppern 7020 und 7520 einen festen Platz im Markt für Großtraktoren.

JOHN DEERE 7520
- 1972–1975
- John Deere Sechszylindermotor
- 175 PS bei 2100/min
- Turbolader mit Ladeluftkühlung
- 16 Vorwärts- und 4 Rückwärtsgänge
- Höchstgeschwindigkeit 36 km/h
- Betriebsgewicht 7,6 t

mit Knickrahmen herstellte. 1969 bot Wagner ein breit gefächertes Programm, aus dem John Deere den 225 PS starken WA-14 und den WA-17 mit 280 PS auswählte. Beide Modelle wurden von einem 14,1 Liter großen Cummins-Sechszylinderdiesel angetrieben (im Falle des WA-17 mit Turbolader bestückt) und verfügten über ein Zehnganggetriebe. Für die John Deere Version bestanden die einzigen Änderungen in der typischen grün-gelben Lackierung und den entsprechenden Markenzeichen.

Das Abkommen, das John Deere und Wagner am Neujahrstag 1968 unterzeichneten, sah eine Gesamtstückzahl von 100 solcher Traktoren vor. Der Absatz blieb aber noch darunter; nur 23 WA-14 und 28 WA-17 fanden Käufer. John Deere stieg Anfang 1970 aus dem Vertrag aus, früher als erwartet. Das erwies sich als sehr ungünstig für Wagner, denn eine Klausel im Vertrag untersagte dem Werk fünf Jahre lang den Verkauf konkurrierender Traktoren nach dem Ende des Deere-WA; tatsächlich musste Wagner den Bau von landwirtschaftlichen Traktoren daraufhin einstellen.

Während die ersten beiden Supertraktor-Versuche (8010 und WA) also alles andere als berauschende Erfolge darstellten, fiel der Absatz von 7020 und 7520 in den siebziger Jahren umso erfreulicher aus. Sie waren preiswerter, vielseitiger einsetzbar und leichter zu fahren als die Vorgänger. Anders als 8010 und WA bediente sich der 1971 erschienene 7020 zahlreicher vorhandener Komponenten, die insbesondere vom 4020-Sechszylinder mit Hinterradantrieb stammten. Das senkte die Kosten, erleichterte die Wartung und brachte eine höhere Zuverlässigkeit mit sich. John Deere Ingenieur Harold Brock erinnerte sich: „Für den 7020 nahmen wir den 4020, schnitten ihn in der Mitte auf und setzten einen Motor ein. Dadurch konnten wir die Vorteile der Großserien-Komponenten nutzen ... und wir stellten fest, dass wir unseren Traktor für 13.000 Dollar verkaufen konnten. Das brachte uns in den Markt der Allradtraktoren." (Zitiert nach „John Deere New Generation Tractors" von Chester Peterson jr. und Rod Beemer.) Der 6,6-Liter-Sechszylinder des 4020 kam dank Turbolader und Ladeluftkühlung auf 146 PS an der Zapfwelle und übertrug seine Kraft über ein 16-Gang-Getriebe.

Trotz seiner Größe und Zugkraft fiel der 7020 eine Nummer kleiner und praktischer aus als die Supertraktor-Giganten. Es stand eine größere Auswahl an Spurweiten und Reifengrößen, je nach

Der 7520 war nicht so leistungsstark wie die Steiger-Traktoren dieser Welt, sprach aber mit einem Preis von 13.000 Dollar wesentlich breitere Schichten an.

Eine neue Art der Leistungssteigerung! An diesen 7520 wurde nach Tandem-Art ein John Deere 820 Zweizylinder gehängt, wodurch die Leistung sich um etwa 70 PS erhöhte.

JOHN DEERE WAGNER

Die beiden Knicktraktoren WA-14 und WA-17 von John Deere Wagner sind vielen Fans und sogar Mitarbeitern von John Deere ein Rätsel. Die grünen John Deere Wagner sind nicht sehr bekannt und verbreitet. Sie passen weder zur Geschichte Wagners noch zur Historie John Deeres. Von manchen Kennern werden sie sogar als „Waisenkinder" bezeichnet. Es gibt nur wenige schriftliche Aufzeichnungen über die Historie dieser Modelle, trotzdem spielen sie in der Geschichte der amerikanischen Großtraktoren eine bedeutende Rolle.

Mitte der 50er Jahre suchten das John Deere-Management und das Konstruktionsteam nach Möglichkeiten, die nutzbare Leistung von Traktoren zu erhöhen. Wayne H. Worthington, John Deeres Entwicklungsdirektor, war davon überzeugt, dass man dazu vierradgetriebene Traktoren mit Knicklenkung wie die Wagner-Traktoren bräuchte.

Ab Frühjahr 1958 testete man den ersten großen John Deere 8010-Traktor beim Einsatz auf dem Acker. Im Herbst 1959 wurde er der Öffentlichkeit vorgestellt. Nach vielen Problemen mit diesem Traktor, der von Landwirten kurz und bündig mit den Worten „zu groß und zu früh" abgetan wurde, stellte John Deere die Produktion von großen Knicktraktoren 1964 ein.

Silvester 1968 unterzeichneten John Deere und FWD Wagner ein Abkommen, durch das John Deere die Rechte am WA-14 und dem WA-17 erstand. Wagner sollte 100 Schlepper liefern und John Deere für die Äußerlichkeiten sorgen, z.B. in den Firmenfarben lackieren.

Die zwei grünen John Deere Wagner unterschieden sich kaum voneinander und ähnelten sehr ihren Vorgängern, den gelben Wagner-Traktoren; die einzigen sichtbaren Unterschiede waren das John Deere-Outfit, die Reifengröße und leichte Änderungen an Rahmen und Karosserie.

Das Abkommen zwischen John Deere und Wagner dauerte nicht einmal drei Jahre und es wurden weniger als die erwarteten 100 Schlepper bestellt. Verkauft wurden schließlich 23 Exemplare des JD WA-14 und 28 Einheiten vom JD WA-17.

JD WAGNER WA-14

- 1969–1970
- Cummins N855C1 Sechszylindermotor
- 225 PS bei 2100/min
- Turbolader
- Fuller-Getriebe
- 10 Vorwärts- und 2 Rückwärtsgänge
- Höchstgeschwindigkeit 17,7 km/h
- Betriebsgewicht 11,84 t

JD WAGNER WA-17

- 1969–1970
- Cummins NT855C1 Sechszylindermotor
- 280 PS bei 2100/min
- Turbolader
- Road Ranger-Getriebe
- 10 Vorwärts- und 2 Rückwärtsgänge
- Höchstgeschwindigkeit vorwärts 17,7 km/h
- Betriebsgewicht 12,26 t

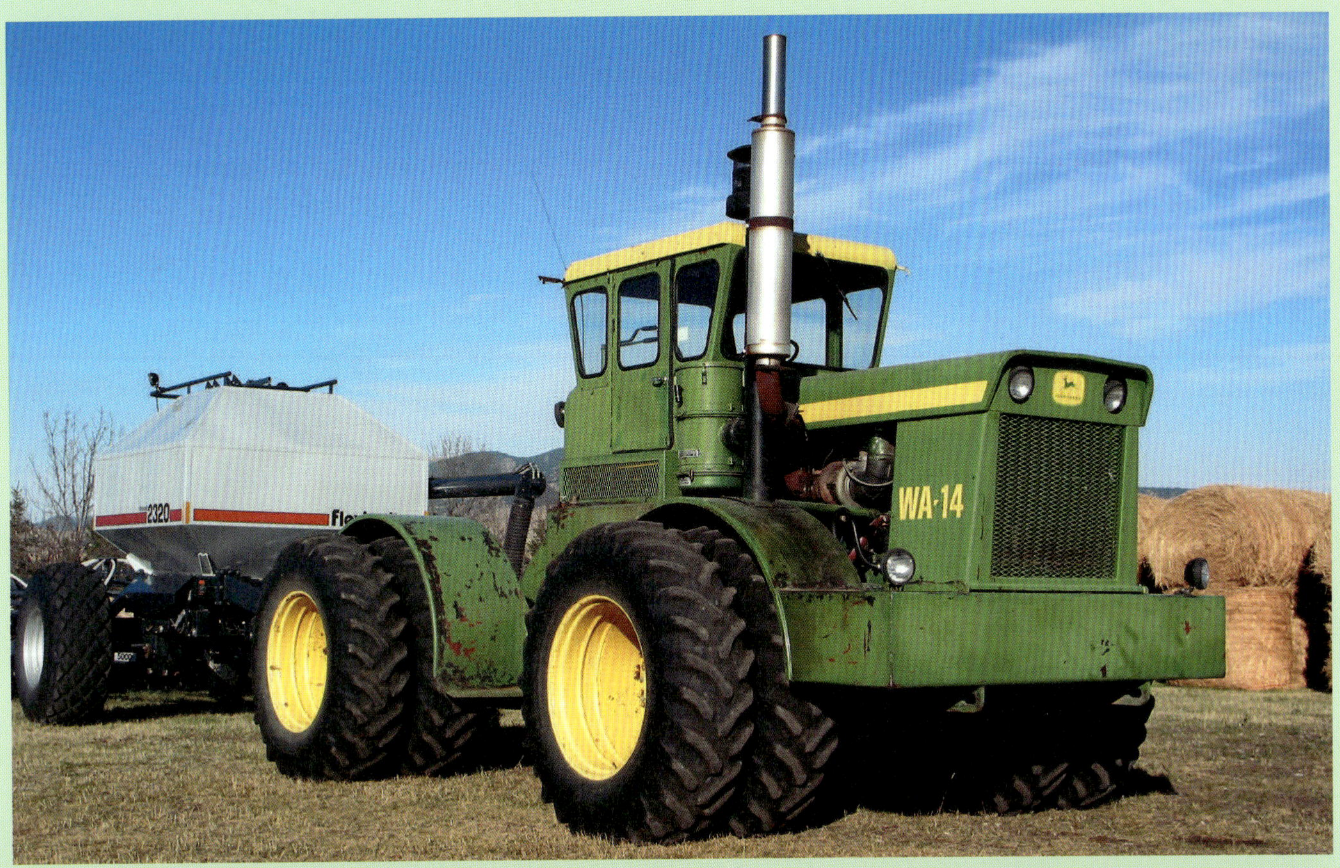
2320
WA-14

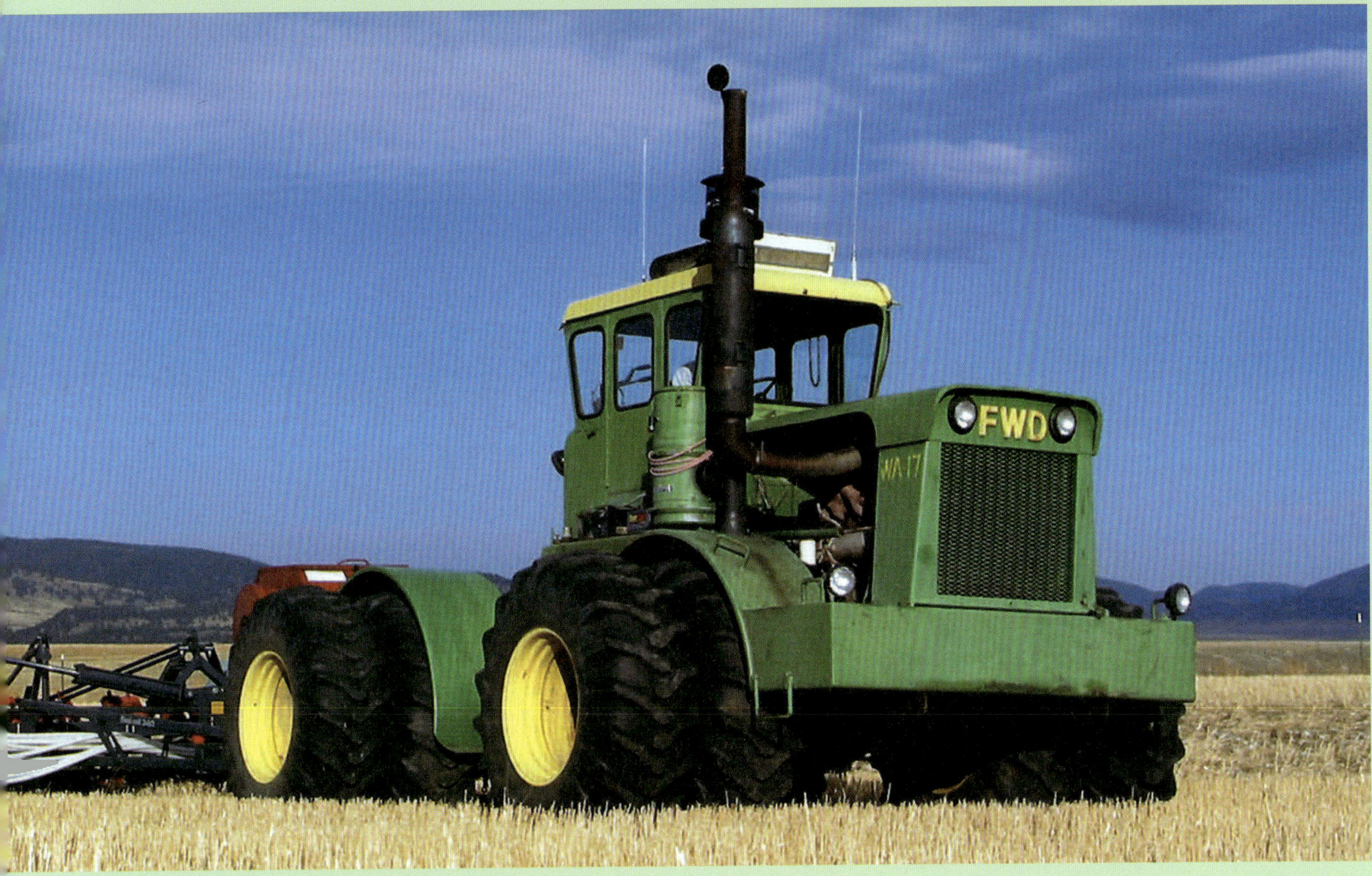
FWD
WA-17

TRAKTOR-GIGANTEN

Rechts: Dass der 7520 von einem Modell mit Hinterradantrieb abgeleitet war, zeigte sich an seiner schlanken Motorhaube; 1975 musste die Leistung des Modells erhöht werden.

Gegenüberliegende Seite: Hauptvorteil des großen John Deere war, dass sie größere Geräte ziehen konnten, womit sich die Arbeitszeiten im Vergleich zu einem kleineren Traktor verringerten.

Unten: Mehr Kraft, größere Motoren (7,6 und 10,0 Liter) und die luftige SoundGard-Kabine mit besserer Geräuschdämmung, das waren die Merkmale der 1975 lancierten neuen Traktor-Giganten der Serie 30.

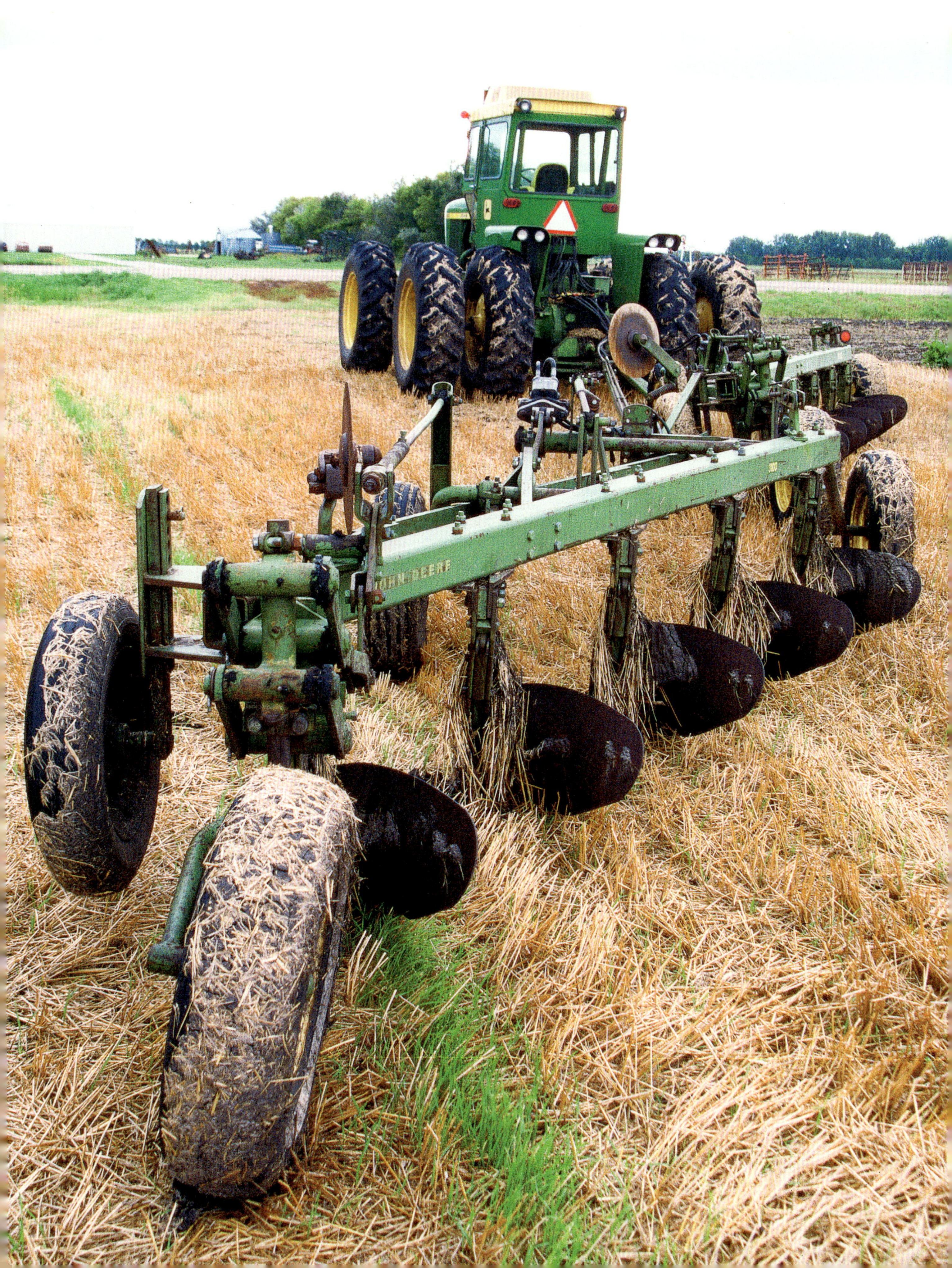

TRAKTOR-GIGANTEN

Einsatzzweck, zur Verfügung, die Sichtverhältnisse waren ausgezeichnet, die Bodenfreiheit gut. Dazu gab es – ein Novum in der Branche – eine mit 1000 Umdrehungen laufende Zapfwelle und einen Sensor an der Dreipunkt-Hydraulik. Das alles machte den Traktor für die kleinen Farmer ebenso interessant wie für die Weizengiganten des Mittleren Westens der USA. Wünschen nach mehr Leistung begegnete man zum Teil mit dem 1972 lancierten 7520, der einen größeren 8,7-Liter-Motor (auch das ein bereits vorhandenes Aggregat) mit 175 PS aufwies. Diese beiden praktischen und spitz kalkulierten Modelle waren ein großer Erfolg für John Deere; das Werk übernahm damit die (seitdem nicht wieder abgegebene) Führungsrolle auf dem Allradmarkt.

So gut 7020 und 7520 auch waren, sie waren von der Leistung her den größeren Supertraktoren unterlegen. Die Farmer wünschten sich zudem eine einfachere Spurweitenverstellung und die SoundGard-Kabine, die es auf Wunsch für die kleineren John Deere Traktoren mit Hinterradantrieb seit 1972 gab und in der es wesentlich leiser zuging. All das wurde mit den 1975 eingeführten Nachfolgern 8430 und 8630 Wirklichkeit.

Zunächst einmal besaßen diese Traktoren die geräumige, helle SoundGard-Kabine der zweiten Generation serienmäßig. Sie setzte neue Maßstäbe in Sachen Komfort, Ergonomie und Geräuschdämmung und bot darüber hinaus Schutz im Falle eines Überschlages. Es war auch nicht nur einfach eine neue Kabine; John Deere strich gerne heraus, dass die SoundGard-Kabine integrierter Bestandteil der Karosserie war und nicht einfach nur angeschraubt wurde.

Die Leistungsfrage löste man durch das Aufbohren der Sechszylinder-Diesel auf 7,6 bzw. 10,0 Liter;

JOHN DEERE 7020	
Baujahr	1971
Motor	John Deere
Motortyp	Wassergekühlter Reihensechszylinder
Hubraum	6,6 Liter
Besonderheiten	Turbolader, Ladeluftkühler
Leistung (Schwungrad)	146 PS
Leistung (Zapfwelle)	127 PS
Getriebe	16 x 4 Gänge, Synchro-Range
Höchstgeschw.	34,4 km/h
Leergewicht	6605 kg
Min. Wendekreis	5,30 m
Tankinhalt	492 Liter

damit leisteten sie an der Zapfwelle 178 bzw. 225 PS. Am Schwungrad betrug die Leistung 215 oder 275 PS bei 2100/min, womit der jüngste John Deere in Traktor-Giganten-Bereiche vorstieß. Anders ausgedrückt verfügte der 8630 über 20 Prozent mehr Drehmoment als der 7520. Die Kraftübertragung erfolgte nach wie vor über ein 16-Gang-Getriebe, jetzt mit Zweigang-Powershift, doch trotz der Mehrleistung achtete das Werk darauf, die Modelle weiterhin für Erntearbeiten brauchbar und damit universell einsetzbar zu halten. 1975 verkaufte man in der Folge über 3000 Exemplare; im selben Jahr setzte das Werk allerdings, um diese Zahl in die richtige Perspektive zu rücken, vom 4430, dem beliebtesten Traktor mit Hinterradantrieb, über 14.000 Stück ab.

„Mehr Stahl, mehr Pferde", so lautete der John Deere Werbeslogan für die Allradmodelle der Serie 40, die 1979 die Serie 30 ablösten. Flüchtig betrachtet, boten sie kaum Neues; sie sahen der Serie 30 sehr ähnlich und die Leistungswerte an der Zapfwelle fielen nur geringfügig höher aus. Allerdings waren die Preise gestiegen, auch aufgrund der hohen Inflation kletterte der Preis des 8440, verglichen mit dem Vorgänger im Jahr 1975, um über 20.000 Dollar auf 63.000 Dollar.

Dennoch fanden sich unter dem Blech etliche Verbesserungen. Die Hubkraft stieg um über 30 Prozent auf 3870 kg und trotz der eher bescheidenen nominellen Mehrleistung war die an der Hydraulik bereitstehende Kraft deutlich gestiegen. In der SoundGard-Kabine ging es noch leiser zu als ehedem (jetzt maß man 80 dB(A)), und angesichts der langen Arbeitstage, die die Fahrer im Traktor zubrachten, verbaute man einen komfortableren Sitz (in „Hydra-Cushioned"-Ausführung).

Die Serie 40 trat ebenso wuchtig auf wie der Vorgänger. Wie immer stammte der Motor von John Deere selbst, ein turbogeladener 10,1-Liter-Sechszylinderdiesel mit Ladeluftkühlung; allerdings prangt an diesem Exemplar ein Cummins-Emblem.

Immer mehr Traktoren boten nun immer mehr Anzeigen, und die Serie 40 trug dem mit dem „Investigator" Rechnung, der den Zustand etlicher Motor- und Getriebekomponenten überwachte. Trotz Inflation und Wirtschaftskrise verlangte der Traktormarkt weiterhin nach mehr Leistung; 1982 tat John Deere diesem Wunsch genüge.

Seinerzeit war es bei den Herstellern von Traktor-Giganten Usus, leistungsstarke Motoren von Cummins zuzukaufen. Bei niedrigen Stückzahlen war das sinnvoll, doch John Deere entschloss sich, ein eigenes Aggregat zu konstruieren, einen V8-Diesel, der in keiner anderen grün-gelben Baureihe Verwendung fand. Dieser 15,6-Liter verfügte über Kraft in Hülle und Fülle. Mit Turbolader und Ladeluftkühlung bot er 300 PS an der Zapfwelle und 370 PS am Schwungrad; damit hatte John Deere das Hochleistungsmodell im Angebot, nach dem der Markt verlangte. An der Hydraulik leistete dieses Triebwerk stattliche 270 PS, wie die Universität Nebraska maß.

Neben diesem neuen 8850 (erkennbar an den sechs statt vier Rundscheinwerfern) gab es die verbesserten Modelle 8450 und 8650. Neu war das Investigator-II-System mit schnellerem Mikroprozessor. Beide Traktoren wurden stärker (der 8650 kam jetzt auf 290 PS), und erhielten zur Senkung des Verbrauches eine neue Einspritzung, einen neuen Lader und geänderte Brennräume. Selbst das Lüfterrad wurde umkonstruiert und verschlang weniger Leistung – die Landwirtschaftskrise hatte die Branche gelehrt, dass Großtraktoren nicht nur effizient, sondern auch sparsam sein mussten. Nicht umsonst wurden die Traktoren der Serie 50 unter dem Slogan „Drei neue Arten, den Gürtel enger zu schnallen" angepriesen. Allerdings stellte der 118.000 Dollar teure 8850 schon eine seltsame Art des Sparens dar.

Sollte sich der John-Deere-eigene Diesel-V8 eine Fangemeinde geschaffen haben, dann wurde diese sicherlich enttäuscht, als 1988 die neue Serie 60 vorgestellt wurde. Der V8 wurde zugunsten eines zugekauften Cummins-Sechszylinders eingestellt, der zwar

Im Inneren der Sound-Gard-Kabine ging es leiser zu; endlich nahmen die Hersteller die Belange des Fahrers ernst.

„Mehr Stahl, mehr Pferde" verkündete die Werbung, und in der Tat besaß der 8640 mehr Kraft: an der Zapfwelle 229 PS bei 2100/min.

JOHN DEERE 8430

Baujahr	1975
Motor	John Deere
Motortyp	Wassergekühlter Reihensechszylinder
Hubraum	7,6 Liter
Besonderheiten	Turbolader, Ladeluftkühler
Leistung (Zapfwelle)	178 PS
Leistung (Hydraulik)	155 PS
Getriebe	16 x 4 Gänge
Höchstgeschw.	32,7 km/h
Leergewicht	10.335 kg
Min. Wendekreis	5,70 m
Tankinhalt	492 Liter

Wer sich mit dieser Bereifung auf eine schmale Landstraße wagt, muss unter Umständen lange Wartezeiten in Kauf nehmen: Ein John Deere 8640 mit Zwillingsreifen war schon sehr breit.

Unfälle geschehen, im Falle dieses 8440 ein Brand. Er ließe sich aber noch retten.

im Hubraum etwas kleiner war als das hauseigene Aggregat, aber auch etwas stärker.

Die Bezeichnung als Serie 60, die ein reines Facelift nahe legt, war tatsächlich eine Untertreibung, denn diese jüngsten Supertraktoren von John Deere waren von Grund auf neu. Die „kleineren" 8560 und 8760 besaßen die bekannten Sechszylinderdiesel von 7,6 und 10,1 Liter Hubraum, jetzt freilich 235 und 300 PS stark. Als Ersatz für den V8 diente ein 13,9-Liter von Cummins, der zehn Prozent mehr Kraft bot – am Schwungrad nannte man weiterhin 370 PS (freilich bei niedrigeren 1900/min), an der Zapfwelle aber 322 und an der Hydraulik über 300 PS. Die Hubkraft fiel etwas geringer aus als zuvor, dennoch stemmte der neue 8960 über 6300 kg (statt bisher etwa 4600 kg). In der Kabine ging es beträchtlich leiser zu als früher – gemessen wurden 74,0 statt 78,0 dB(A).

Alle Großtraktoren der Serie 60 besaßen ein neues Chassis mit längerem Radstand, die Getriebeauswahl war größer als je zuvor. Serie in allen Modellen war das zwölfgängige Synchro-Getriebe; auf Wunsch gab es das PowerSync-Getriebe mit 24 Gängen und Teil-Powershiftfunktion. Schließlich bot das Werk für die beiden größten Modelle auch eine 12-Gang-Einheit mit Voll-Powershift an, das ein Schalten ohne Kupplungsbetätigung ermöglichte. Weitere Neuheiten umfassten eine Seitentür und eine im oberen Bereich einteilige Windschutzscheibe. Mit der neuen Serie 60 schien John Deere gleichsam ein Statement abzugeben. In den schwierigen achtziger Jahren hatte

JOHN DEERE 8640

Baujahr	1979
Motor	John Deere
Motortyp	Wassergekühlter Reihensechszylinder
Hubraum	10,1 Liter
Besonderheiten	Turbolader, Ladeluftkühler
Leistung (Zapfwelle)	229 PS bei 2100/min
Leistung (Hydraulik)	203 PS
Getriebe	16 x 4 Gänge
Höchstgeschw.	34,2 km/h
Leergewicht	12.805 kg
Min. Wendekreis	5,65 m
Tankinhalt	674 Liter

man die Produktion zurückfahren und Personal entlassen müssen, hatte aber als selbstständiger Hersteller überlebt – die Serie 60 zeigte, dass man voller Zutrauen in die Zukunft blickte.

Für Mitte der neunziger Jahre plante John Deere die nächste neue Großtraktor-Generation, bis dahin musste man aber die Serie 8000 einmal überarbeiten. Dem Zeitgeist entsprechend lautete das Schlagwort, als man 1993 die Serie 70 einführte, „Effizienz". Alle Traktoren besaßen nun sehr viel Elektronik, nicht nur zur Überwachung der Arbeit und der Geräte, sondern auch zur Motorsteuerung – eine elektronische Einspritzung erhöhte Leistung und Drehmoment und verringerte die Abgase.

Um dies ins Verhältnis zu setzen: Der 10,1-Liter des 8870 bot jetzt etwa so viel Leistung wie das frühere Spitzenmodell mit Cummins-Motor (oder auch wie eine Generation vorher der hauseigene 15,9-Liter-V8) – 300 PS an der Zapfwelle und 350 PS am Schwungrad. Um das neue Spitzenmodell mit Cummins-Maschine nicht in Bedrängnis zu bringen, musste natürlich auch dieses mit mehr Leistung aufwarten: 339 PS an der Zapfwelle und 400 PS am Schwungrad. Dieser 8970 war der bis dahin leistungsstärkste John Deere Traktor, ein wahrer Titan des Feldes. Beim mittleren 8770 blieb es bei 256/300 PS, doch das Einstiegsmodell 8570, nach wie vor vom guten alten 7,6-Liter-Sechszylinder angetrieben, erstarkte erheblich auf 205/250 PS.

Alle vier Traktoren der Serie 70 konnten mit den Getrieben der Vorgängergeneration ausgestattet werden, neu war aber der Field Cruise-Tempomat. Dieses

Beide Modelle der Serie 40 (8440 und 8640) besaßen mehr Hubkraft und mehr Leistung (Hydraulik) als die Serie 30, dazu eine besser geräuschgedämpfte Kabine.

1982 brachte die neue Serie 50 sparsamere Sechszylinder-Diesel, wie im Falle dieses 8450, und den 8850 mit neuem V8.

137

JOHN DEERE 8850

Die 50er Serie von John Deere war in Amerika sehr beliebt. Es gab drei Modelle in dieser Reihe, das größte hatte 370 PS und war mit einem neuen 15,6 l großen John Deere V8-Motor mit Turbolader und Ladeluftkühlung ausgestattet. Mit seiner Motornennleistung von 370 PS und seinen 300 PS an der Zapfwelle gehörte er zu den stärksten Schleppern seiner Zeit und war der größte Traktor, den John Deere bis dahin produziert hatte. Das Unternehmen wollte damit ebenfalls sein Engagement für Knicktraktoren unter Beweis stellen.

JOHN DEERE 8850

- 1982–1989
- John Deere 15,6 l-V8
- 370 PS bei 2100/min
- 304 PS an der Zapfwelle
- Turbolader und Ladeluftkühlung
- „Quad-Range" 2-stufige Lastschaltung, 16 Vorwärts- und 4 Rückwärtsgänge
- Höchstgeschwindigkeit 32,5 km/h
- Betriebsgewicht 16,7 t
- Leergewicht 7,5 t

JOHN DEERE

Die großen John Deere boten ab 1979 eine Computerüberwachung, die jetzt unter der Bezeichnung Navigator II lief.

Die landwirtschaftlichen John Deere Traktoren waren stets im bekannten Grün und Gelb gehalten; dieser durchgängig gelbe 8650 war vermutlich im Bauwesen tätig.

JOHN DEERE 8650

Dieses mittlere von drei Modellen der 50er Serie von John Deere war wie seine Brüder mit dem „Investigator II"-Warnsystem ausgestattet, das dem neuesten Stand der Technik entsprach: ein System mit aufwändiger Elektronik, das die verschiedensten Funktionen überwachen und zügig auf Fehler reagieren konnte.

Durch die schnelle Diagnose von Fehlfunktionen wurde kostspieligen Schäden und den damit verbundenen Ausfallzeiten vorgebeugt und somit die Produktivität des Schleppers insgesamt verbessert.

JOHN DEERE 8650

- 1982–1989
- John Deere 15,6 l-V8
- 370 PS bei 2100/min
- 300 PS an der Zapfwelle
- Turbolader und Ladeluftkühlung
- „Quad-Range" 2-stufige Lastschaltung, 16 Vorwärts- und 4 Rückwärtsgänge
- Höchstgeschwindigkeit 32,5 km/h
- Betriebsgewicht 16,7 t

Der „große Bruder" dieser Reihe, der 8850er, war erneut der größte Traktor, den John Deere jemals gebaut hatte, und wurde – zum ersten Mal in der Firmengeschichte – von John Deeres eigenem 15,6 l-V8-Motor angetrieben. Der 370 PS starke 8850er und seine Brüder aus der 50er Serie sorgten dafür, dass John Deere der Konkurrenz voraus war. Das Unternehmen hatte nun Schlepper von einer erstaunlichen Bandbreite im Angebot: von 20 PS bis knapp unter 400 PS. Vom Kleingärtner bis zum Farmer mit riesigen Ackerflächen konnte das Unternehmen jedem Traktor-Bedarf gerecht werden.

TRAKTOR-GIGANTEN

System erlaubte es dem Fahrer, jede beliebige Drehzahl unterhalb von 2100/min einzustellen und mit gleich bleibender Geschwindigkeit über beliebigen Untergrund zu rollen.

Beim Wenden am Ende der Fruchtreihe drückte man einen Knopf und der Traktor verlangsamte sich elektronisch gesteuert. Nach Vollendung der Kehre ließ man den Knopf los, woraufhin der Traktor wieder die voreingestellte Geschwindigkeit erreichte – ein Tempomat für die Prärie.

1996 war der Serie-60-Grundentwurf acht Jahre alt, und in der Zwischenzeit hatten sich die Maßstäbe in Sachen Leistung, Abgas und Elektronik sprunghaft fortentwickelt, daher war es an der Zeit, ein neues Traktor-Flaggschiff zu präsentieren. Die neue Serie 9000 wurde 1996 vorgestellt – die Bezeichnung 8000 war nun John Deeres Spitzentraktor mit starrem Rahmen vorbehalten. Der 9000 war eine vollständige Neukonstruktion, auffälligste Änderung

Der John Deere 8770 stellte das letzte Facelift dieses Traktor-Giganten dar, der bereits 1988 unter der Bezeichnung Serie 60 modernisiert worden war.

JOHN DEERE 8960

Baujahr	1989
Motor	John Deere
Motortyp	Wassergekühlter Reihensechszylinder
Hubraum	13,9 Liter
Besonderheiten	Turbolader, Ladeluftkühler
Leistung (Zapfwelle)	333 PS bei 1900/min
Leistung (Hydraulik)	308 PS
Getriebe	12 x 2 Gänge (auf Wunsch 24 x 4 Gänge)
Höchstgeschw.	29,9 km/h
Leergewicht	16.115 kg
Min. Wendekreis	4,42 m
Tankinhalt	693 Liter

JOHN DEERE

Links: Der 1996 eingeführte, von Grund auf neue John Deere der Serie 9000 wartete mit neuen Motoren, neuer Kabine und auf Wunsch mit Gummiketten auf.

waren die neuen John Deere PowerTech-Motoren, die die alten 7,6- und 10,1-Liter-Triebwerke und den 13,9-Liter-Motor von Cummins ersetzten.

Dabei handelte es sich um topmoderne Sechszylinder-Diesel mit elektronisch gesteuerter Einspritzung und durchgängig mit Turbolader samt Ladeluftkühlung bestückt. Schwächstes Triebwerk war ein 8,1-Liter mit 260 PS bei 2100/min am Schwungrad, der im Einstiegsmodell 9100 Dienst tat. Der mittlere 9200 besaß einen 10,5-Liter-PowerTech mit 310 PS, die beiden Spitzenmodelle (9300 und 9400) einen 12,5-Liter mit 360 bzw. 425 PS. Die Power-Tech-Motoren erfüllten ihre Vorgaben und brachten mehr Leistung bei einem um acht Prozent niedrigeren Verbrauch.

Getriebeseitig blieb es bei der bisherigen Auswahl – 12-Gang-Synchro, 24-Gang-PowerSync oder 12-Gang-Powershift –, die Höchstgeschwindigkeiten lagen zwischen 28,6 und 34,3 km/h. Der Fahrer konnte sich an etlichen Neuheiten ergötzen, etwa an der geräumigeren CommandView-Kabine (die vom neuen 8000-Erntetraktor stammte) und, gegen Aufpreis, am Field Office System, mit dem sich die aktuellen Daten für die Feldarbeit auf einen Laptop herunterladen ließen.

Ein weiteres neues Extra waren Gummiketten, die John Deere nun für mehrere seiner leistungsstarken Modelle anbot – 9300T und 9400T waren eine direkte Antwort auf den Erfolg des Caterpillar Challenger mit Gummikettenantrieb. Einziger Nachteil der Ketten-9000 war natürlich, dass der Einsatz des Knickrahmens hier nicht möglich war, weshalb sie unhandlicher waren als die Radversionen.

2006 war die zweite Facelift-Generation des 9000 unter der Bezeichnung 9020 auf dem Markt. Es gab nun fünf Modelle, vom 9120 mit 280 PS bis zum 450 PS starken 9520, die PowerTech-Maschinen besaßen neue Ansaugtrakte, höhere Verdichtungsverhältnisse und „schärfere" Nockenwellen. Wichtigste Neuheit war das völlig neue Powershift-Getriebe mit vollelektronischer Steuerung.

Dieses Getriebe bot nicht nur mehr Gänge (18 Vorwärts-, 4 Rückwärtsgänge), es erlaubte auch Motor und Getriebe miteinander zu kommunizieren und sich aufeinander abzustimmen, wodurch die Schaltvorgänge sanfter ausfielen. Ebenso konnte das

TRAKTOR-GIGANTEN

Die wichtigste Neuheit waren wohl die Power-Tech-Motoren, die John Deere selbst konstruiert hatte und selbst fertigte. In diesem 9400 kam ein 12,5-Liter mit 425 PS zum Einsatz.

144

JOHN DEERE

TRAKTOR-GIGANTEN

Mit der Field Office Option ließen sich im Führerhaus tagesaktuelle Daten auf einen Laptop herunterladen.

Die Modelle mit Gummiketten, hier ein 9300T, waren John Deeres Reaktion auf den Caterpillar Challenger. Mit den Ketten musste auf den Knickrahmen verzichtet werden.

JOHN DEERE 9400

Als John Deere im Jahre 1996 die 9000er Serie auf den Markt brachte, warb das Unternehmen mit der ersten vorverkabelten Traktorkabine, sodass diese mit der modernsten Technik ausgestattet werden konnte. Zur Ausstattung gehörten Computer, Bildschirme und Radio; die Kabine wurde als „Büro auf Rädern" beschrieben: Von der klimatisierten und ergonomisch gestalteten Kabine aus sollte der moderne Landwirt gleichzeitig sein Land bearbeiten und sein Geschäft verwalten können.

Der 9400er war der bis dahin stärkste John Deere-Traktor. Er hatte einen neuen 12,5 l großen John Deere PowerTech 6125 Sechszylindermotor mit vier Ventilen pro Zylinder und konnte damit 425 PS leisten. Der brandneu entwickelte Motor war elektronisch geregelt, um den Kraftstoffverbrauch so niedrig wie möglich zu halten: Im Vergleich mit vorangegangenen Modellen verbrauchte dieser Schlepper 8 Prozent weniger Sprit. Der JD 9400 konnte eine Überleistung von bis zu 7 Prozent erbringen.

JOHN DEERE 9400
- 1996–2000
- John Deere PowerTech 12,5 l-Sechszylindermotor
- 425 PS bei 2100/min
- Turbolader mit Luft-zu-Luft-Kühlung
- 12-Gang Syncro-Getriebe
- Höchstgeschwindigkeit 28,6 km/h
- Betriebsgewicht 17,06 t

JOHN DEERE 8970 KINZE RE-POWER

Der größte Traktor der John Deere 70er Serie, der 8970er, hatte einen Cummins 14-l-Sechszylindermotor. Der hier abgebildete Schlepper war Opfer eines Brandes geworden, bei dem der ganze Traktor und der Motor schwer beschädigt wurden.

Jon Kinzenbaw, Chef der Firma Kinze aus Iowa, hatte schon einen gewissen Ruf für seine Arbeit an John Deere-Traktoren, die er mit Cummins-Motoren „repowered" hatte. Daher beauftragte der Besitzer dieses John Deere 8970 das Kinze-Team, seinen Schlepper zu reparieren und mit einem stärkeren Motor auszustatten.

Hierzu musste der Traktor in seine Bestandteile zerlegt werden. Ein 18-l-Cummins-QSK-19 Motor mit fast 600 PS wurde montiert. Das Getriebe blieb ein John Deere Syncro mit 12 Gängen.

Um Platz für den größeren Motor zu schaffen, entwarf man eine neue Haube, die – verglichen mit der Originalhaube – ein verbessertes Blickfeld bot. Sie ließ sich elektrisch öffnen und machte den Motor für Wartungs- und Reparaturarbeiten leichter zugänglich.

Der fertige „repowerte" Traktor ähnelte dem ursprünglichen JD 8970 kaum noch und hatte außerdem 200 PS zusätzlich. Er sah brandneu aus, obwohl er schon zehn Jahre alt war.

Getriebe selbsttätig den unter den jeweiligen Fahrzuständen effizientesten Gang auswählen; der Fahrer musste lediglich einige Parameter einstellen, etwa die gewünschte Gaspedalstellung, Motordrehzahl und die Last, den Rest erledigte das Elektronenhirn.

Seit dem misslungenen ersten Anlauf im Jahr 1959 hatten es die John Deere Supertraktoren weit gebracht, vom Fehlschlag zur Marktführerschaft. Der Hufschmied John Deere, der das Unternehmen 1837 gegründet hatte, wäre stolz.

Mit dem zweiten Facelift lief die Serie 9000 unter der Bezeichnung 9420; neu waren geänderte Motoren und ein völlig neues Powershift-Getriebe.

JOHN DEERE 9520

Baujahr	2002
Motor	John Deere PowerTech
Motortyp	Wassergekühlter Reihensechszylinder
Hubraum	12,5 Liter
Besonderheiten	Turbolader, Ladeluftkühler
Leistung (Schwungrad)	425 PS bei 2100/min
Leistung (Zapfwelle)	302 PS
Getriebe	12 x 2 Gänge (auf Wunsch 24 x 4)
Höchstgeschw.	28,6 km/h
Leergewicht	15.300 kg
Tankinhalt	852 Liter

Trotz einer Klage von Caterpillar wegen angeblicher Patentverletzungen hielt John Deere an den Versionen mit Gummiketten fest; hier ein 9520T.

JOHN DEERE 9530 & 9630

Im Jahr 2007 präsentierte der Hersteller aus Moline, Illinois die neue aus fünf Modellen bestehende Serie 9030. Bei der Entwicklung dieser Baureihe standen vor allem die Reduzierung der Einsatzkosten bei gleichzeitig erhöhter Effizienz und gesteigerter Produktivität im Focus der Ingenieure. Dabei sollten die Fahrzeuge für den Fahrer aber auch komfortabel und einfach zu beherrschen sein. Zu diesem Zweck entwarf man eine noch geräuschärmere und bedienerfreundlichere Kabine mit optimierten Platzverhältnissen. Das markanteste Merkmal der CommandView Kabine ist die großzügige Verglasung, die optimale Rundumsicht gewährleistet. Der Fahrer nimmt Platz auf dem luftgefederten Komfortsitz oder wahlweise dem ActiveSeat. Letzter gehört lederbezogen und beheizbar zusammen mit einem Lederlenkrad zum so genannten Leder-Plus-Paket.

Für das richtige Arbeitsklima sorgt ein passendes Lüftungssystem mit einer Klimaanlage oder optional mit der ClimaTrak-Klimaautomatik. Informationen bekommt der Fahrer über das CommandCenter Display (hier können mehr als 20 verschiedene Traktorfunktionen programmiert und überwacht werden), das Eckpfostendisplay und das digitale Armaturenbrett mit Anzeigedisplay. Für lange Nachteinsätze ist die Bedienkonsole mit beleuchteten Tasten und Anzeigen ausgestattet. Für ein effektives Arbeiten bei Dunkelheit sorgen auch die fünf in der Haube integrierten Xenon-Scheinwerfer.

Die Arbeitsscheinwerfer am Heck nutzen ebenfalls diese Technologie und sind wie die vorderen Einheiten in der Lage, selbst größte Arbeitsgeräte in ihrer gesamten Länge taghell zu beleuchten.

John Deere Motoren sind bekannt für ihre legendäre Zuverlässigkeit. Wie in den ebenfalls allradgetriebenen, allerdings hubraum- und leistungsschwächeren Varianten 9230, 9330 und 9430, sorgt auch in den Topmodellen 9530 und 9630 der neue John Deere PowerTech Plus-Motor mit 13,5 Litern Hubraum – bei den kleineren Modellen wurde er mit 9000 cm^3 konstruiert – für standesgemäßen Antrieb. Mit einem Verdichtungsverhältnis von 16:1 und einem Hub-Bohrungsverhältnis von 132 x 165 mm mobilisiert das mittels Turbolader mit variabler Schaufelgeometrie zwangsbeatmete, sechszylindrige Reihentriebwerk 491 PS (Modell 9530) bzw. 543 PS (Modell 9630) bei jeweils 2100/min. Werksseitig wird für den 9630 sogar eine Maximalleistung von 597 PS angegeben. Die neuen 4-Ventil-Motoren mit obenliegender Nockenwelle liefern ein besonders hohes Drehmoment – das Modell 9630 glänzt hier mit beeindruckenden 2500 Nm – bei niedriger Drehzahl. Dadurch gelang es den Technikern, das Ansprechverhalten und die Zugkraft nochmals deutlich zu optimieren.

Eine angemessene Kühlung des Dieselaggregates gewährleistet die hauseigene variable Lüftersteuerung namens Vario-Cool System, deren Lüfter mit automatischer, temperaturabhängiger Drehzahlsteuerung und ein im Vergleich zu Vorgängermodellen um fast 30 Prozent vergrößerter Kühler die Temperatur des 53 Liter fassenden Wasserkreislaufs regulieren. Dazu sorgen die rund 60 Liter Motoröl zusätzlich für die nötige Wärmeableitung und senken dadurch signifikant die Motorbelastung.

Zur Standardausstattung aller Modelle der Serie 9030 gehört ein 1325-Liter-Kraftstofftank, der lange Einsatzzeiten ermöglicht. Den Durchschnittsverbrauch des 9630 beim Feldeinsatz beziffert das für die US-Zulassung aller Traktoren zuständige University of Nebraska Tractor Test Laboratory mit gut 70 Litern pro Stunde.

Gut 25 Liter weniger Diesel verbrennt die Maschine in derselben Zeit beim Straßeneinsatz.

Als Getriebe kommt sowohl beim 9530 als auch beim 9630 serienmäßig das praxiserprobte 18-Speed Automatic PowerShift Getriebe

JOHN DEERE 9530

- 2007–2011
- John Deere PowerTech Plus Diesel, 6-Zylinder-Reihenmotor
- 491 PS bei 2100/min
- Automatisches PowerShift Getriebe, 18 Vorwärts- und 6 Rückwärtsgänge
- Höchstgeschwindigkeit 40 km/h
- Zul. Gesamtgewicht 25,8 t

mit 18 Vorwärts- und 6 Rückwärtsgängen zum Einsatz. Die automatische Schalteinheit wurde mit robust ausgelegten Wellen und Lagern optimal auf die höhere Motorleistung der Serie 9030 abgestimmt und erlaubt weiche, ruckfreie Schaltvorgänge ganz ohne Kuppeln. Durch Überwachung von Motorauslastung, Drehzahlregulierung und dem gewählten Gang, sorgt das Getriebe durch selbsttätiges Herauf- oder Herunterschalten dafür, dass das Fahrzeug stets im optimalen Bereich betrieben wird. So lassen sich ein noch sparsamerer Verbrauch und eine noch höhere Flächenleistung erzielen. Die Steuerung erfolgt mittels des ergonomischen Schalthebels an der CommandARM-Steuerkonsole. Insgesamt 10 Arbeitsgeschwindigkeiten zwischen 4,8 und 12,9 km/h in 0,8-km/h-Schritten stehen dem Fahrer zur Verfügung.

Im Gegensatz zu den ebenfalls allradgetriebenen, allerdings geringer motorisierten Schwestermodellen, verfügen die beiden Topvarianten, deren zulässiges Gesamtgewicht 25.854 Kilo beträgt, über die völlig neue doppelte Untersetzung im Planetengetriebe der Antriebsachsen. Das dient nicht nur einer Verbesserung der Traktion, sondern sorgt auch für eine Verringerung der Drehmomentbelastung der inneren Komponenten unter Last; das gilt besonders für Hohlrad und Planetenrad. Lebensdauer und Zuverlässigkeit des

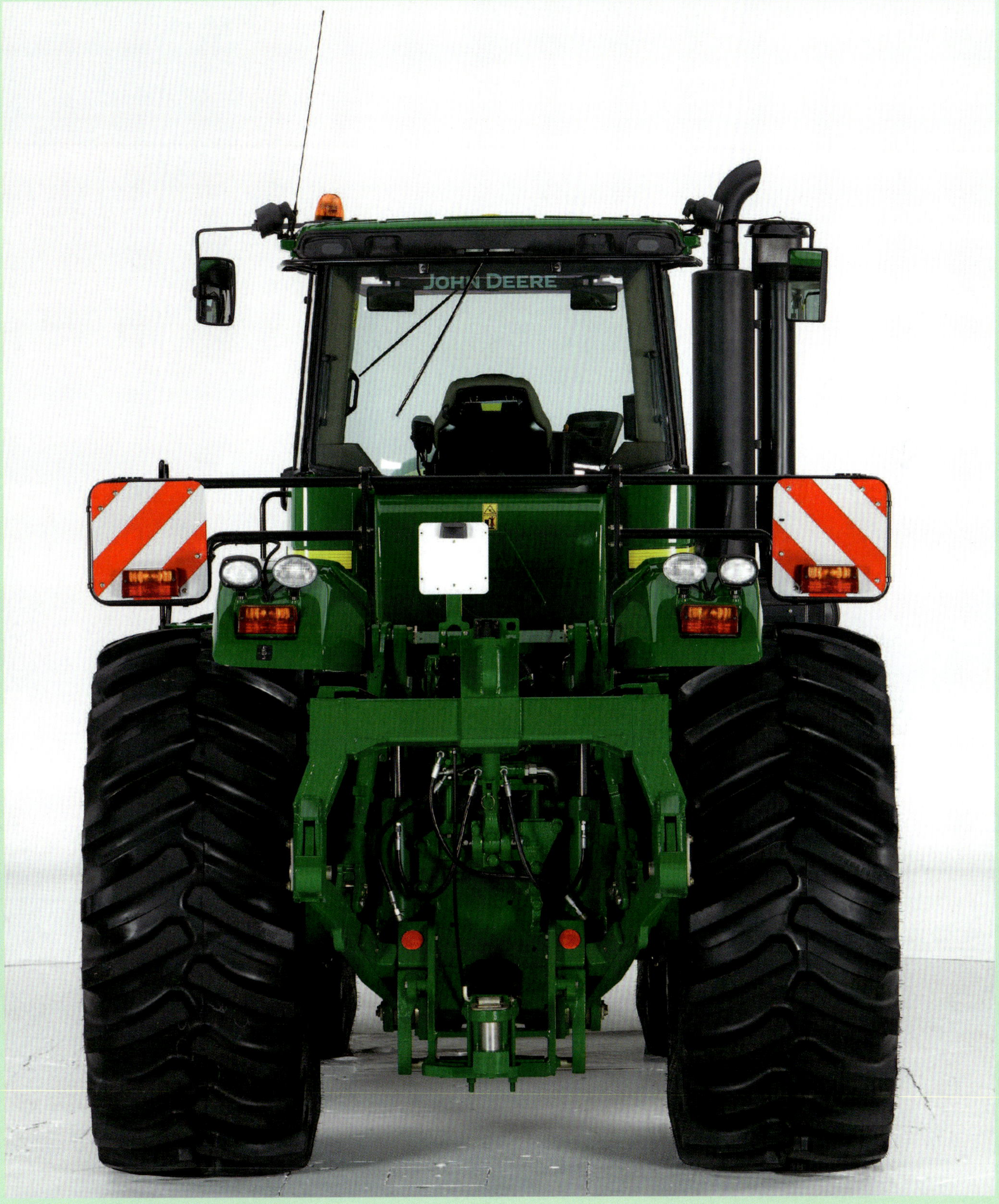
JOHN DEERE

Antriebsstrangs werden somit verbessert und verringern die Betriebskosten. Eine hydraulische Differenzialsperre ist ebenfalls serienmäßig verbaut.

Die bis zu 4,40 Meter breiten und fast sieben Meter langen Feldkolosse dieser bis 2011 gebauten John Deere Generation boten seinerzeit modernste Technik für effektives Bearbeiten größter Flächen. Diese Konstruktionen hatten natürlich auch ihren Preis. Die Investitionskosten für einen zwillingsbereiften 9530 in der Basisausstattung, zu der auch das neue Zugpendel der Kategorie 5 für besonders schwere oder extrem breite Arbeitsgeräte gehört, beliefen sich hierzulande auf gut 330.000 Euro inklusive Mehrwertsteuer. Ein identisch ausgestatteter 9630 kostete gut 50.000 Euro mehr.

JOHN DEERE 9630

- 2007–2011
- John Deere PowerTech Plus Diesel, 6-Zylinder-Reihenmotor
- 543 PS bei 2100/min
- Automatisches PowerShift Getriebe, 18 Vorwärts- und 6 Rückwärtsgänge
- Höchstgeschwindigkeit 40 km/h
- Zul. Gesamtgewicht 25,8 t

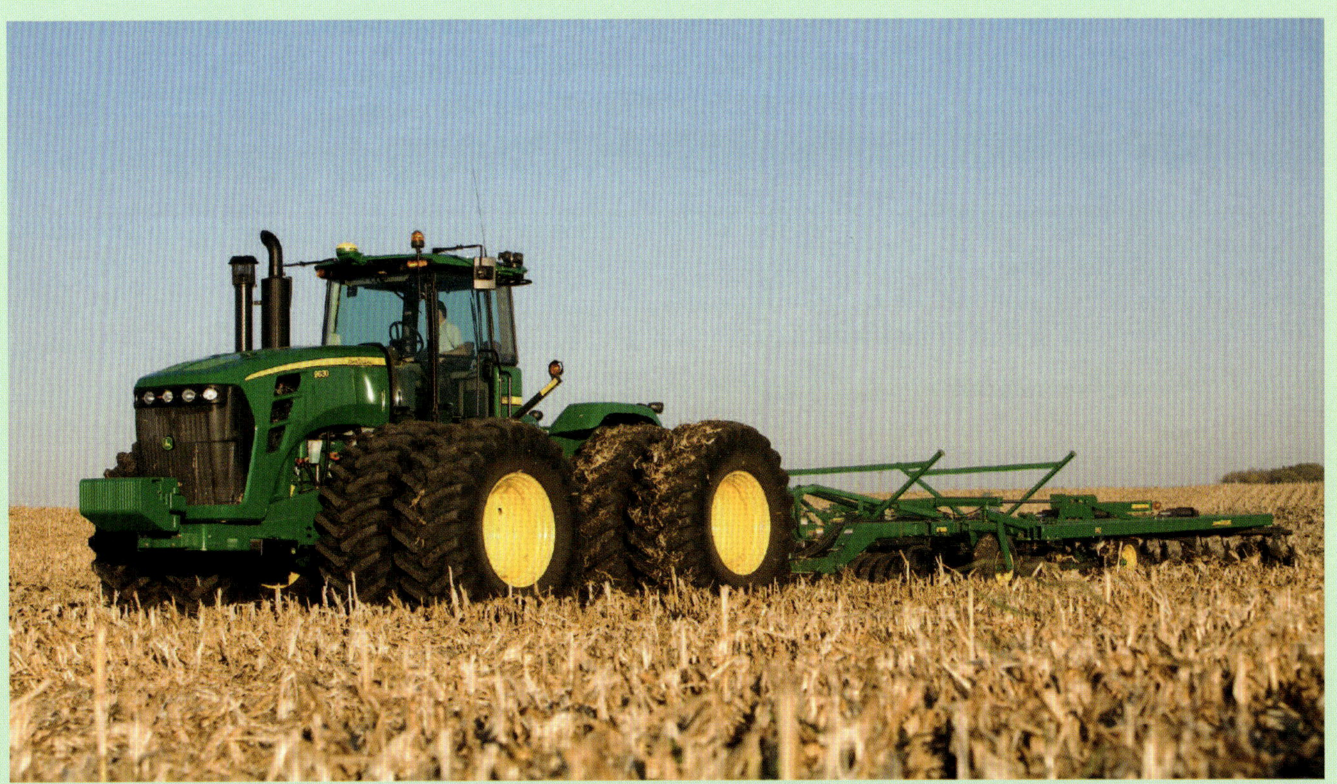

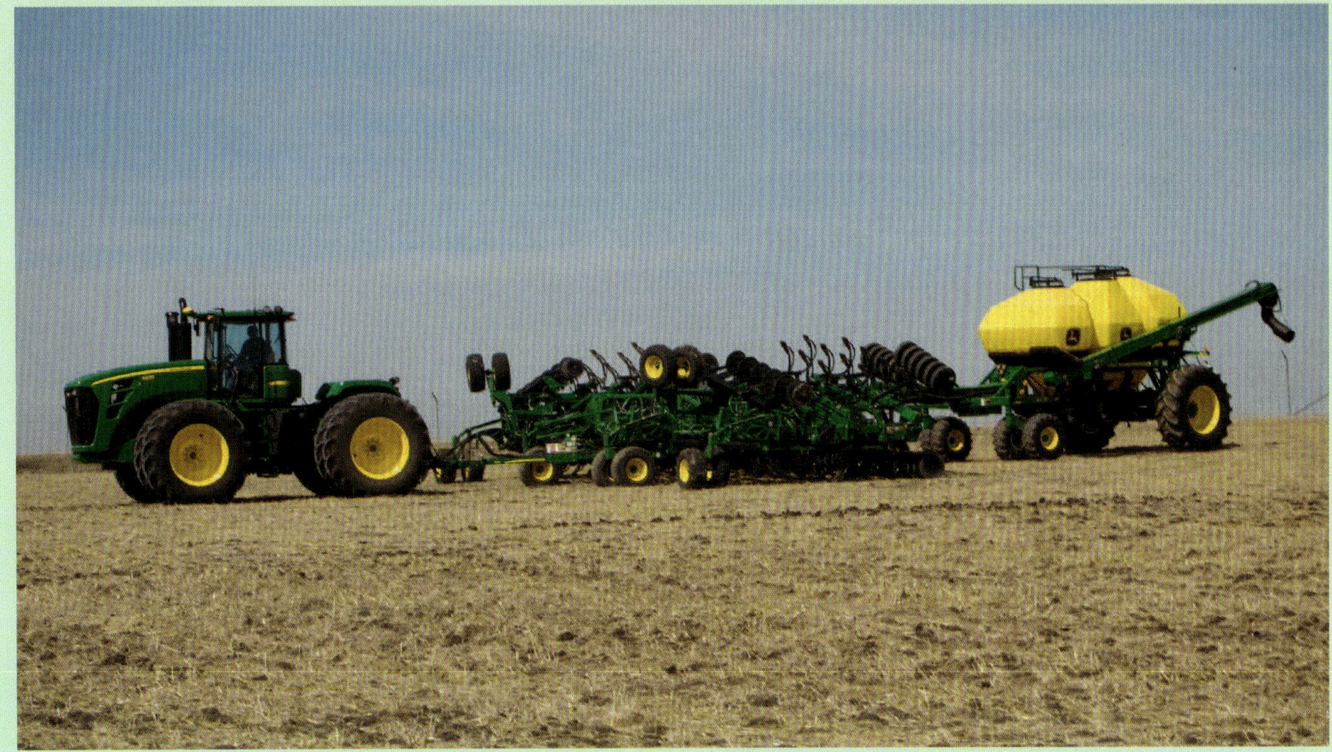

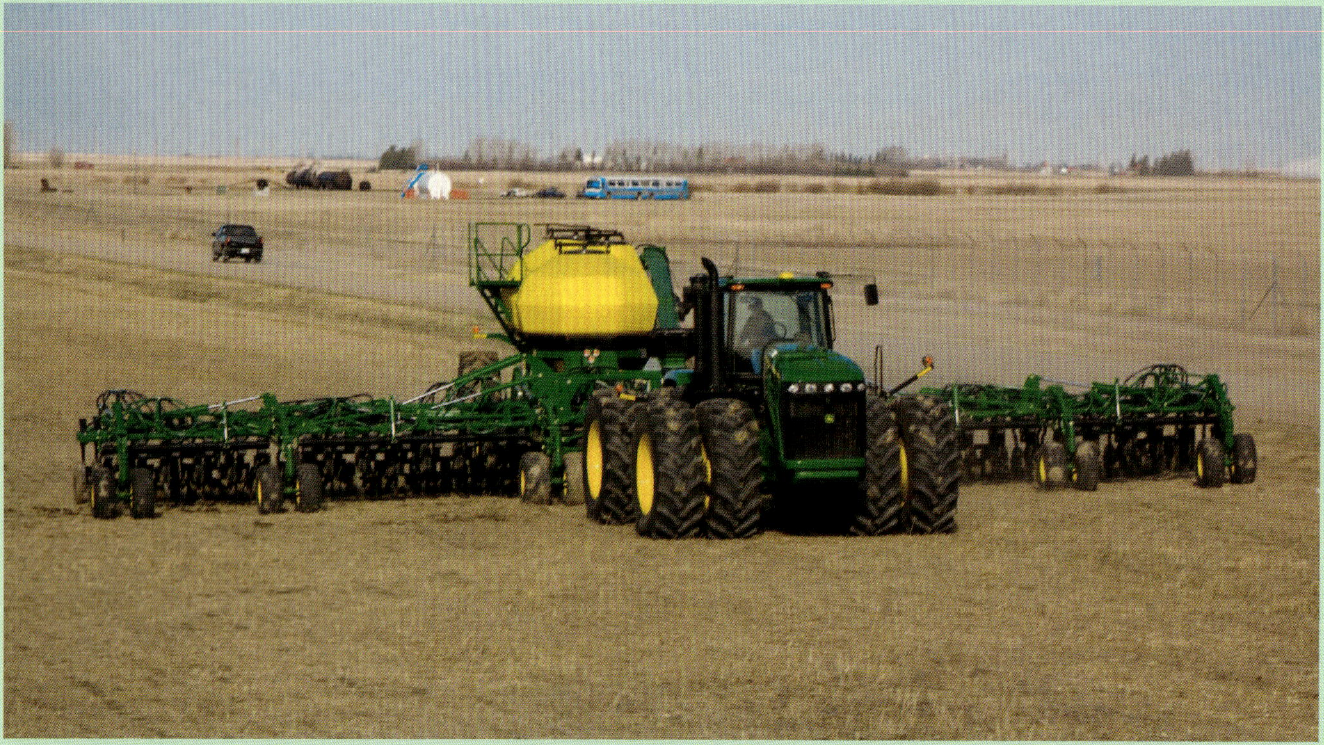

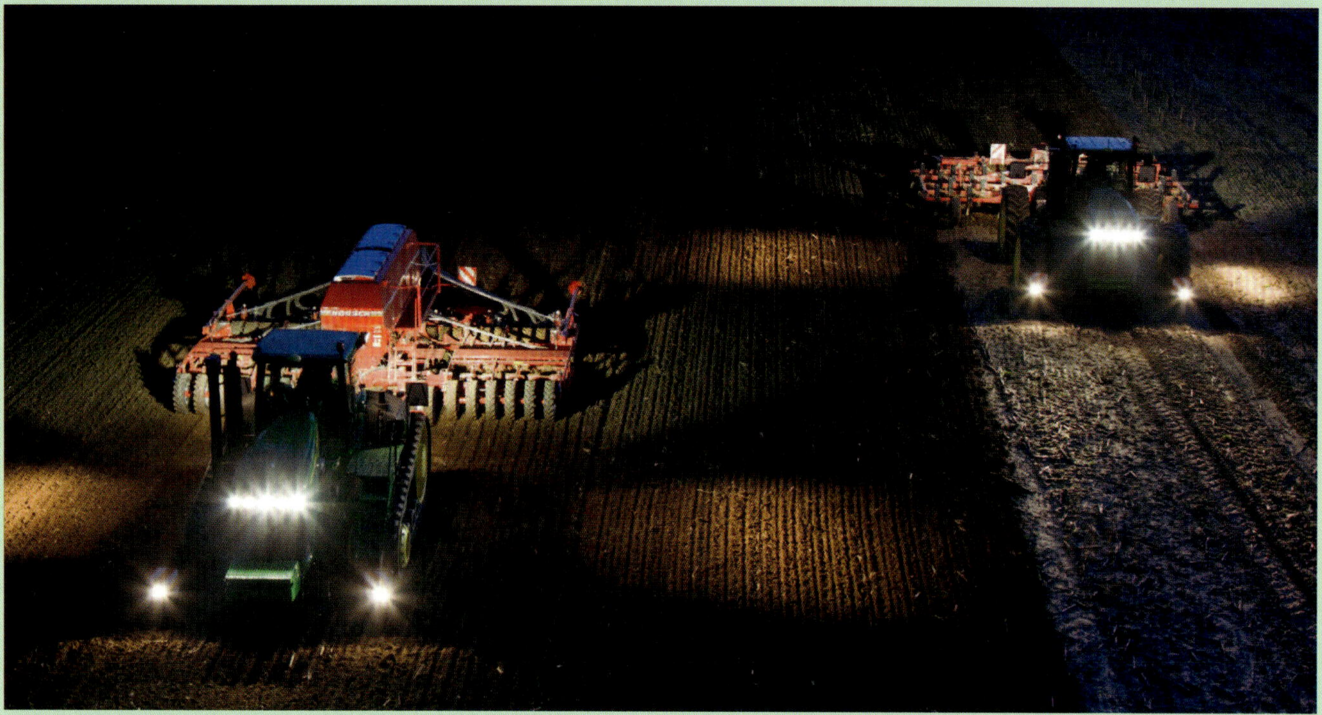

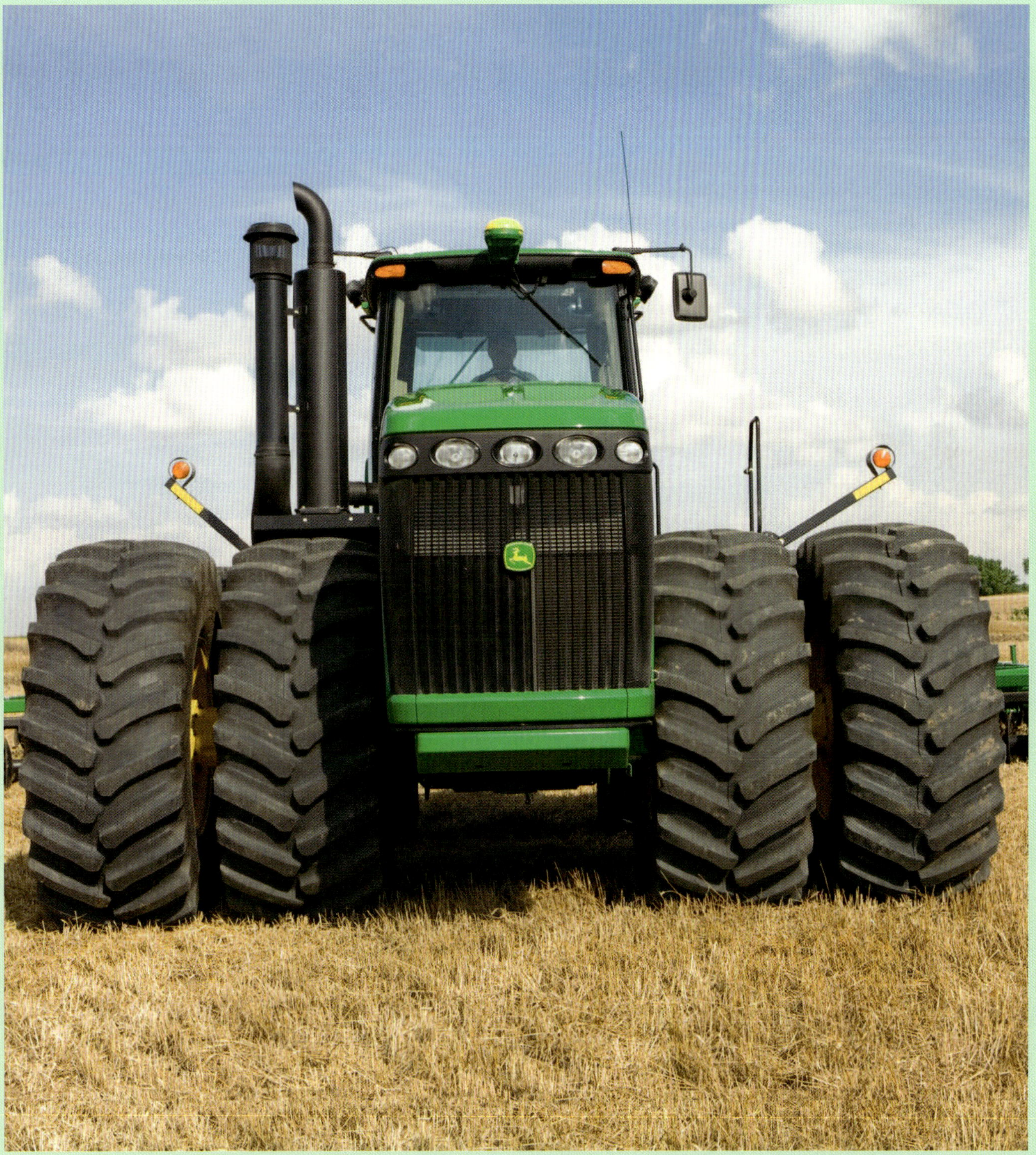

KHARKOV T-150K

Die Aktiengesellschaft Kharkov Traktorenfabrik ist der größte Traktorenhersteller der Ukraine und produziert Schlepper in allen Formen und Größen: vom 25 PS starken Allzwecktraktor über den Raupentraktor mit 200 PS bis zu den vierradangetriebenen Knicktraktoren mit 180 PS. Seit der Unternehmensgründung im Jahre 1931 wurden fast 40 verschiedene Modelle produziert.

In mehr als 70 Jahren liefen in der ukrainischen Fabrikanlage fast vier Mio. Traktoren vom Band. Anfangs wurden Kharkov-Traktoren unter dem Markennamen Belarus verkauft, erst ab 1993 exportierte man die Traktoren unter dem eigenen Markennamen Kharkov. Heute werden diese Traktoren von der Foreign Trade Company XT3 weltweit vertrieben.

Die in der Ukraine gebauten Kharkov-Traktoren hatten zwei verschiedene Modellbezeichnungen: Die „T"-Traktoren waren für den Binnenmarkt bestimmt, während die „XT3"-Schlepper in erster Linie für den Export vorgesehen waren. XT3 ist die kyrillische Bezeichnung für Kharkov. Die vierradangetriebenen Kharkov-Schlepper wurden als Allzweck-Reihenkultur-Traktoren vermarktet.

Hier zu sehen ist ein Kharkov T-150K-Traktor bei der Arbeit in der Region Poltava in der Ukraine. Der Schlepper ist in den ukrainischen Nationalfarben lackiert.

KHARKOV T-150K
- Seit 1993
- YaMZ-236D V6-Motor
- 165 PS bei 2100/min
- Getriebe mit 12 Vorwärts- und 4 Rückwärtsgängen
- Höchstgeschwindigkeit vorwärts 29,9 km/h
- Betriebsgewicht 9,03 t

KHARKOV XT3-17221

KHARKOV XT3-17221

- Seit 2000
- YaMZ-236D V6-Motor
- 175 PS bei 2100/min
- Wechselschaltgetriebe, 12 Vorwärts- und 4 Rückwärtsgänge
- Höchstgeschwindigkeit vorwärts 29,4 km/h
- Betriebsgewicht 8,75 t

KIROVETS K-700A

Kirovets-Traktoren sind Knicktraktoren, die im russischen St. Petersburg von der Peterburgsky Tractorny Zavod, einer Tochtergesellschaft der Kirovsky Zavod Corporation, hergestellt werden. Das Unternehmen baut seit über 40 Jahren Großtraktoren, die jahrelang weltweit unter dem Namen Belarus exportiert und vermarktet wurden.

Der Name Belarus stammt noch aus einer Zeit, als die Ausfuhr von Traktoren aus der damaligen Sowjetunion über die Moskauer Regierungsorganisation Tractorexport lief. Sie stand selbstverständlich unter der Kontrolle der sowjetischen Regierung und beschloss eines Tages, alle aus der Sowjetunion exportierten Traktoren unter dem Namen Belarus zu vermarkten: Auf diese Weise erhielten Dutzende verschiedener Traktoren, die von Dutzenden – über das ganze Riesenreich verstreuten – kleinen Firmen hergestellt wurden, ein und denselben Namen. Da die UDSSR damals als ein Land und eine Nation angesehen wurde, legte niemand gegen den Einheitsnamen Belarus für alle sowjetischen Traktoren Einspruch ein. Von den insgesamt 460.000 hergestellten Kirovets-Traktoren sind heute noch ca. 90.000 auf den Feldern aktiv.

In knapp über zwölf Jahren baute Kirovets 100.000 Exemplare der 220 PS starken K-700-Serie und wurde dadurch zu einem der führenden Hersteller auf dem Markt für leistungsstarke Schlepper im Ostblock. 1992 wurde der staatliche Betrieb in eine AG umgewandelt; seitdem werden alle Kirovets-Schlepper unter diesem Namen verkauft.

KIROVETS K-700A

- 1975–1994
- YaMZ-238ND V8
- Turbolader und Zwischenkühlung
- 220 PS bei 1800/min
- Wechselschaltgetriebe, 16 Vorwärts- und 8 Rückwärtsgänge
- Höchstgeschwindigkeit vorwärts 33,8 km/h
- Betriebsgewicht 13,8 t

Im Jahre 1994 wandte sich Kirovets an das deutsche Unternehmen L&K Land- und Kraftfahrzeugtechnik GmbH. Man bat um Unterstützung des neuen Entwicklungsprogramms, das die in Russland gebauten Traktoren auf den inzwischen im Westen erreichten Stand der Technik bringen sollte.

KIROVETS K-745 (PROTOTYP)

- 2002
- Deutz V8 ersetzt russischen V8
- 480 PS bei 1900/min
- Turbolader und Nachkühlung
- Powershift-Getriebe, 12 Vorwärts- und 2 Rückwärtsgänge
- Höchstgeschwindigkeit vorwärts 29,8 km/h
- Betriebsgewicht 16,3 t

L&K bauen inzwischen viele der neuen Kirovets um. Sie nehmen die russischen Motoren und Getriebe heraus und ersetzen sie durch moderne, elektronisch geregelte Deutz-Motoren und Lastschaltgetriebe. Die Traktoren werden zusätzlich mit elektronischen Ausrüstungen versehen, sodass sie die Vertriebsniederlassung in Marlishausen als moderne Schlepper verlassen und in einem heute stark umkämpften Markt mithalten können.

KIRSCHMANN

Während der zum Teil mehrtägigen Fotoshootings passierte es oft, dass das Team auf ältere ausrangierte Traktoren hingewiesen wurde. Im Verlaufe von Unterhaltungen mit Farmern oder Landmaschinenhändlern hörte man gelegentlich von seltenen Maschinen. Eine solche Begegnung der besonderen Art gab es auf John Voepels Farm in Newfane, Niagara, im Bundesstaat New York.

John baut auf seinen 2000 ha hauptsächlich Kohl und Mais an. Er sammelt seit Jahren begeistert Knicktraktoren und fand diese Rarität auf einer Auktion in Prairie City, SW Dakota, wo er sie für 8000 Dollar erwarb. Der Traktor hatte sein Arbeitsleben auf einer Maisfarm im Mittleren Westen verbracht. Es handelte sich um ein sehr seltenes Exemplar eines Knickschleppers mit dem Namen Kirschmann. Dieser Schlepper wurde 1970/71 als einer von drei von dem findigen John Kirschmann gebaut. Die anderen beiden Exemplare sind höchstwahrscheinlich längst verschrottet.

Kirschmann entwickelte und baute auch andere landwirtschaftliche Maschinen in seiner Firma namens Willmar, darunter eine Selbstfahrspritze. Das Unternehmen Willmar stellte aber die Entwicklung von Traktoren zugunsten der Entwicklung von Pflanzenschutzspritzen ein, da es auf dem Traktormarkt zu viele Hersteller gab, mit denen es nicht konkurrieren konnte. Willmar wurde von AGCO aufgekauft. Der Traktor ist mit einem CAT 1673 Sechszylindermotor der Serie C mit etwa 300 PS und einem stufenlosen hydrostatischen Getriebe ausgerüstet. Das Knickgelenk und die Pendelachse entsprechen dem gängigen Konzept für Knickschlepper. Außer einer Klimaanlage in der Kabine mit Stehhöhe gibt es wenig Komfort. Der Kirschmann bringt gut 10 Tonnen auf die Waage.

TRAKTOR-GIGANTEN

Massey Ferguson
Die roten Giganten

Mitte der sechziger Jahre hatte MF keinen leistungsstarken Traktor mit Hinterradantrieb im Programm, geschweige denn einen Großtraktor. Man behalf sich mit dem 97 Super, den man von Minneapolis-Moline zukaufte.

Schon lange, ehe man von AGCO übernommen wurde, war Massey Ferguson ein echter multinationaler Hersteller. Mit Werken in Großbritannien, Frankreich, Kanada und den USA handelte es sich um eines der wenigen Unternehmen, die die unterschiedlichen Bedürfnisse der Bauern dies- wie jenseits des Atlantiks aus eigenem Augenschein kannten. Das ist auch der Grund, dass die Großtraktoren-Palette in zwei deutlich unterscheidbare Gruppen zerfällt: die großen, in den USA hergestellten Modelle und die kleineren 1200 und 1250 aus Großbritannien, die einen typisch europäischen Ansatz des Allradtraktors mit Knickrahmen darstellten.

Diese Zweigleisigkeit lässt sich aus dem Werdegang Massey Fergusons erklären; der Konzern entstand 1953 aus der Fusion des in kanadischem Besitz befindlichen Unternehmens Massey Harris mit der Firma Ferguson, in Großbritannien zuhause und

MASSEY FERGUSON

von dem springlebendigen Harry Ferguson geleitet und mit Werken in Detroit, Coventry und Frankreich ausgestattet. Nach der Fusion begann der neue Konzern damit, seine beiden Modellprogramme nach und nach zu rationalisieren, wobei sich die amerikanischen und kanadischen Werke auf die größeren Modelle konzentrierten und diejenigen in England und Frankreich auf die kleineren. Das war sinnvoll, da damit jedes Werk im Allgemeinen das produzierte, was der jeweilige Markt vor Ort verlangte.

Dennoch geriet Massey Ferguson bei dem PS-Wettrüsten zu Beginn der sechziger Jahre ins Hintertreffen und musste den 75 PS starken Minneapolis-Moline Gvi zukaufen, den man als 95 Super vermarktete. Gegen Ende des Jahrzehnts erschienen die konzerneigenen Hochleistungstraktoren, namentlich der 1100 mit 90 und der 1130 mit 120 PS, jeweils angetrieben von einem Perkins-Sechszylinderdiesel. Zu ihnen gesellte sich 1968 der 1150 mit einem 135 PS leistenden Perkins-V8.

All das waren Traktoren mit Hinterradantrieb, und erst 1971 brachte Massey Ferguson seinen ersten Großtraktor auf den Markt. Man erwarb keinen Fremdentwurf, sondern entwickelte ein eigenes Modell, das man im kanadischen Toronto herstellte. Dieser MF 1500 war ein konventioneller Knickrahmentraktor mit Allradantrieb und vier großen Rädern. Der Motor war etwas ungewöhnlich, handelte es sich doch um einen Caterpillar 3150-V8, der mit 3000/min höher drehte als alle anderen Großtraktor-Maschinen. Dieser 9,4 Liter große Motor übertrug die Kraft über ein 12-Gang-Getriebe und sorgte in den Gängen für Geschwindigkeiten von 3,7 bis 34,3 km/h. Laut Tests der Universität Nebraska leistete dieser hochdrehende Motor an der Hydraulik 152 PS.

Zum 1500 kam der 1800 hinzu; Er ähnelte ersterem in den meisten Belangen, mit Ausnahme des Caterpillar 3160-V8, der aus 10,5 Liter Hubraum 178 PS an der Hydraulik leistete, bei einer ebenfalls recht hohen Nenndrehzahl von 2800/min. Diese Maschine war mit der des 1500 verwandt; sie teilte sich mit dieser die Bohrung von 114,3 mm, der Hub fiel aber um 13 mm größer aus. Auch der 1800 besaß ein 12-Gang-Getriebe, bei der etwas niedrigeren Nenndrehzahl waren in den Gängen Geschwindigkeiten von 3,4 bis 31,9 km/h zu verzeichnen. Laut den Testergebnissen der Universität (beide Traktoren wurden dort 1971 erprobt) war der 1800 etwas effizienter als sein kleinerer Bruder und kam auf 3,56 statt auf 3,30 PS-Stunden pro Liter Diesel.

1500 und 1800 waren zwar in erster Linie für Nordamerika gedacht, waren aber auch in Großbritannien und auf dem europäischen Festland in Maßen erfolgreich. Das lag einfach daran, dass, sofern der Raum vorhanden ist, ein großer Traktor schneller und effizienter zu Werke geht als ein kleiner.

Eine große Rolle spielte auch die Markentreue. In Großbritannien hatten nur wenige je von Steiger oder Versatile gehört, und selbst ein John Deere war damals noch eine Seltenheit. Doch natürlich kannte jeder Bauer im Lande Massey Ferguson und die vertraute rote Lackierung – die meisten besaßen einen MF mit Hinterradantrieb oder auch einen „kleinen grauen Fergie". Wenn diese Kunden sich für einen großen Supertraktor entschieden, war ein MF 1500 oder 1800 die nahe liegende Wahl.

So kräftig sie auch waren, so gingen die großen MF leistungsmäßig doch in einer Klasse ein wenig unter, in der über 200 PS rasch die Regel wurden. Daher brachte das Werk 1975 die Modelle 1505 und 1805. Sie wurden weiterhin von einem Caterpillar-V8

Das traurige Ende eines 97. Hauptaufgabe dieses Modells war es, die Lücke zu füllen, bis Massey Ferguson einen eigenen Hochleistungstraktor anbieten konnte.

Massey Ferguson war guter Perkins-Kunde, wo V8-Dieselmotoren entstanden. Das Ergebnis war eine ganze MF-Modellreihe mit V8-Motor, Traktor-Hot-Rods mit Hinterradantrieb, die indes bald von der Flut an Allradmodellen fortgespült wurden.

165

TRAKTOR-GIGANTEN

MASSEY FERGUSON 1800	
Baujahr	1971
Motor	Caterpillar 3160
Motortyp	Wassergekühlter V8
Hubraum	10,5 Liter
Leistung (Hydraulik)	178 PS
Getriebe	12 x 4 Gänge
Höchstgeschw.	31,9 km/h
Leergewicht	7590 kg
Min. Wendekreis	5,20 m
Tankinhalt	379 Liter

Dieser wunderschön restaurierte 2775 mit V8 aus den frühen siebziger Jahren strahlt das gewisse Etwas aus.

Zum Massey Ferguson 1135 mit sechs Zylindern und dem 1150 mit V8 vom Ende der sechziger Jahre gesellte sich bald der erste Großtraktor des Konzerns.

angetrieben, jetzt aber vom 10,4 Liter großen Typ 3208, der im 1505 174 PS an der Zapfwelle oder 185 PS am Schwungrad leistete. Im 1805 betrugen die Werte 192 und 210 PS; bci beiden Modellen betrug die Nenndrehzahl 2800/min, was im Verein mit dem unveränderten Getriebe (mit 12 Vorwärts- und 4 Rückwärtsgängen) eine Spitze von 31,9 km/h ergab. Es gab weitere Änderungen, etwa eine mit 1000 Touren laufende unabhängige Zapfwelle und die Auswahl zwischen Dreipunkt-Hydrauliken der Klassen II oder III.

Alle diese Modelle, vom 1500 bis zum 1805, waren Großtraktoren der mittelgroßen, nicht der allergrößten Kategorie; das Leergewicht des 1500 zum Beispiel belief sich auf 6,67 Tonnen. Der Knickrahmen bot einen seitlichen Winkel von maximal 40 Grad und eine Verschränkung von bis zu 15 Grad, um alle vier Räder am Boden halten zu können. Eine sorgfältige Konstruktion ergab eine Gewichtsverteilung von 60 Prozent auf der Vorder- zu 40 Prozent auf der Hinterachse im Leerzustand und eine perfekte Verteilung von 50 zu 50, wenn ein Gerät gezogen wurde. Viele Käufer rüsteten Zwillingsreifen nach, in welchem Fall man eine Bodenbelastung von etwa 0,56 kg/cm^2 und einen Radschlupf von weniger als 10 Prozent erwarten konnte.

MASSEY FERGUSON

Die Massey Ferguson 1500 und 1800 waren konventionelle Supertraktoren, die den Umständen in Nordamerika Rechnung trugen und direkt auf Farmer in den USA und Kanada zielten, doch der 1200, der im Folgejahr erschien, war ein völlig unterschiedliches Fahrzeug. Zwar handelte es sich ebenfalls um einen Allradtraktor mit vier großen Rädern und Knickrahmen, aber damit erschöpften sich die Gemeinsamkeiten (sofern man die Massey Ferguson-Embleme außer Acht lässt).

Angeblich veranlasste der Erfolg von 1500/1800 das MF-Management, ein britisches Äquivalent zu lancieren. Wenn dem so war, dann verlor die dortige Abteilung des Konzerns keine Zeit, denn der neue MF 1200 kam bereits im folgenden Jahr auf den Markt. Er machte großen Eindruck, nicht zuletzt, weil die meisten Bauern in England und auf dem Kontinent noch nie einen leibhaftigen Allrad-Großtraktor gesehen hatten. Viele hatten in der Fachpresse Abbildungen von Steiger- und Versatile-Modellen zur Kenntnis genommen, nun aber gab es einen solchen Traktor beim örtlichen Massey Ferguson Händler in Augenschein zu nehmen (und von denen gab es in Großbritannien reichlich), und er kostete nicht die Welt. Bis dahin hatte es in England (vom in geringen Stückzahlen entstehenden Doe Triple-D abgesehen) Allradmodelle nur in Gestalt der Umbauten von Roadless oder County gegeben.

Der MF 1200 unterschied sich von all diesen Traktoren, obgleich er von einem bekannten Perkins-Dieselmotor befeuert wurde, dem 5,8 Liter großen Sechszylinder vom Typ 6.354, der schon 1100 und 1130 angetrieben hatte. Im 1200 musste die Maschine ohne Turbolader auskommen; die Leistungswerte beliefen sich auf 105 PS bei 2400/min bzw. 91 PS an der Zapfwelle. Das war nicht gerade viel, und der 1200 war weniger leistungsstark als viele hinterradgetriebene Traktoren, die die Werkshallen von Massey Ferguson verließen.

Das Geheimnis des 1200 lag in seinen vier großen Rädern und der perfekten Gewichtsverteilung von 50 zu 50 mit angehängtem Gerät begründet. Das führte zu einer überragenden Traktion, insbesondere in schwerem Gelände, und Vorführungen überzeugten auch die Skeptiker. Dazu verband der 1200 einen Knickwinkel von 40 Grad mit relativ kleinen Außenmaßen, daher war er auch ausgesprochen wendig – der Wendekreis betrug gerade einmal 3,70 Meter. Mit einer Höchstgeschwindigkeit von 28,2 km/h ließ er sich auch im Straßenverkehr als Zugmaschine einsetzen, und ein britischer 1200 wurde gar zum Lkw-Bergungsfahrzeug umgebaut! Größere Höfe in Großbritannien und im übrigen Europa konnten die Vorzüge des 1200 nicht übersehen und er verkaufte sich ausgezeichnet.

Derart erfolgreich war der 1200, dass erst nach sieben Jahren eine Überarbeitung zum Modell 1250 stattfand. Dem alten Perkins-Motor entlockte man mit 112 PS bei 2400/min (und 96 PS an der Hydraulik) etwas mehr Leistung, doch im Leistungswettrüsten hatte der kleine MF-Großtraktor mittlerweile ohnehin das Nachsehen. Seine Stärke war nicht die

Der kleine 1200 erwies sich als im Alltag überaus praktisch, dank seiner guten Traktion und seiner hohen Wendigkeit.

TRAKTOR-GIGANTEN

Rechts: Der 1200 besaß einen konventionellen Knickrahmen. Es handelte sich um einen vollgültigen, aber maßstabsgerecht verkleinerten Supertraktor.

Ganz rechts: Mit der serienmäßigen Dreipunkt-Hydraulik konnten 1200/1250 Gerätschaften jeder Art in Schlepptau nehmen.

Rechts: Den Antrieb übernahm der bewährte 5,8-Liter-Perkins-Diesel; 105 PS klingen vielleicht nicht nach viel, sie genügten aber vollauf.

Ganz rechts: Nach heutigen Maßstäben wirkt das Armaturenbrett sehr rustikal, mehr wurde aber 1971 auch gar nicht erwartet.

Rechts: Ein sehr gepflegter Massey Ferguson 1250, die modernisierte Ausführung des 1200.

MASSEY FERGUSON 1250

MASSEY FERGUSON 1250

- 1980–1982
- Perkins A6.354 Sechszylindermotor
- 112 PS bei 2400/min
- 96 PS an der Zapfwelle
- Getriebe mit 12 Vorwärts- und 4 Rückwärtsgängen
- Höchstgeschwindigkeit 17,45 km/h
- Betriebsgewicht 6,1 t

TRAKTOR-GIGANTEN

MASSEY FERGUSON 1200

Baujahr	1972
Motor	Perkins 6.354
Motortyp	Wassergekühlter Reihensechszylinder
Hubraum	5,8 Liter
Leistung (Schwungrad)	105 PS bei 2400/min
Leistung (Zapfwelle)	91 PS
Getriebe	12 x 4 Gänge
Höchstgeschw.	28,2 km/h
Leergewicht	6195 kg
Min. Wendekreis	3,65 m
Tankinhalt	265 Liter

Massey Ferguson ersetzte ab Ende 1978 die in Kanada gebauten 1505/1805 durch die größere Serie 4000; hier ein 4800 mit 225 und ein 4840 mit 265 PS.

Alle MF der Serie 4000 besaßen das gleiche 18-gängige Getriebe mit Teil-Powershift und auch die gleiche geräumige Kabine.

schiere Kraft, sondern die Kombination aus überlegener Traktion und großer Wendigkeit in schwerem Gelände. Der 1250 erhielt ferner eine verstärkte Antriebswelle, eine stärkere Dreipunkt-Hydraulik von höherer Kapazität und neue Planetenräder an der Hinterachse.

Die Zeit stand aber nicht still, und der 1250 blieb nur drei Jahre lang im Angebot; 1982 lief seine Fertigung aus, doch die Baureihe war und blieb ein Meilenstein. Sie stellte den einzigen in Großbritannien gefertigten Supertraktor mit Knickrahmen dar, war einer der wenigen auf europäische Verhältnisse zugeschnittenen Großtraktoren und machte viele Bauern auf dem Kontinent mit den Vorzügen dieses Konzepts vertraut.

Mit 1200/1500 und 1500/1800 deckte Massey Ferguson den Markt der kleinen und mittelgroßen Traktor-Giganten sehr gut ab. Es fehlte aber ein wirklich großes Modell, das nicht nur mit den Spezialisten wie Steiger konkurrieren konnte, sondern auch mit den großen US-amerikanischen Traktorenwerken, die eigene Giganten für die Prärie herstellten.

Als die MF-Serie 4000 im Jahr 1978 eingeführt wurde, ersetzte sie im Programm die Typen 1505/1805, war aber in Wahrheit eine Klasse höher angesiedelt. Es gab vier Modelle: 4800 und 4840 kamen im Herbst 1978 heraus, der 4880 im November 1979 und der Hochleistungs-4900 einige Monate später im Frühjahr 1980. Allen gemein waren die großen Abmessungen: 6,40 Meter Länge, ein Radstand von 348 cm und eine Breite von 274 cm.

Massey Ferguson hatte Caterpillar zum Motorenlieferanten für seinen ersten Supertraktor auserwählt, nun aber machte man es wie alle anderen und bezog die Maschinen von Cummins. Alle vier Traktoren der Serie 4000 besaßen den gleichen Cummins-V8 mit 14,8 Litern Hubraum, ohne Turbolader im 4800 (225 PS) und im 4840 (265 PS), mit Lader im 4880 (320 PS) und im 4900 (375 PS). Damit war MF doch noch im Hochleistungssegment angekommen, und der 4900 war tatsächlich einer der stärksten Traktoren der 1980er Jahre.

Welches 4000er-Modell man auch wählte, geschaltet wurde über ein 18-Gang-Getriebe mit Dreigang-Powershift; die Spitze lag bei 30,9 km/h. Bekannt wurden die Modelle für ihre besonders geräumige und gute Sicht bietende Kabine und die elektronische Dreipunkt-Hydraulik. Letztere war auf

MASSEY FERGUSON 1500 & 1800

Der 1500er und der 1800er waren 1971 die ersten Knicktraktoren von Massey Ferguson.

Der MF 1800 wurde von einem Caterpillar V8-Dieselmotor 3160 angetrieben, der 178 PS leistete. Mit seinem manuellen Getriebe, das zwölf Vorwärts- und vier Rückwärtsgänge besaß, bot der mittelschwere Traktor eine große Bandbreite an Vorwärtsgängen. Er konnte so mit fast allen Problemen fertig werden, die sich ihm auf einem mittelgroßen Ackerbaubetrieb stellten. Dennoch war er nicht mit einer Zapfwelle ausgestattet.

Die Knicklenkung des MF 1800 konnte nach rechts und links um bis zu 40° eingeschlagen werden. Zusätzlich bot das Knickgelenk die Möglichkeit, die beiden Fahrzeughälften gegeneinander um 15° zu verschränken, sodass alle Räder unabhängig von der Topographie Bodenkontakt hatten. Wurde der Traktor mit Zwillingsrädern vorn und hinten ausgestattet, lag der Bodendruck des Acht-Tonnen-Traktors bei etwa 0,6 bar. Der MF 1800 wurde 1975 durch den verbesserten MF 1805 mit 210 PS Motorleistung ersetzt.

MASSEY FERGUSON 1800
- 1971–1975
- Caterpillar 3160 V8
- 178 PS am Zughaken bei 2800/min
- Manuelles Getriebe, 12 Vorwärts- und 4 Rückwärtsgänge
- Höchstgeschwindigkeit 31,9 km/h
- Betriebsgewicht 7,47 t

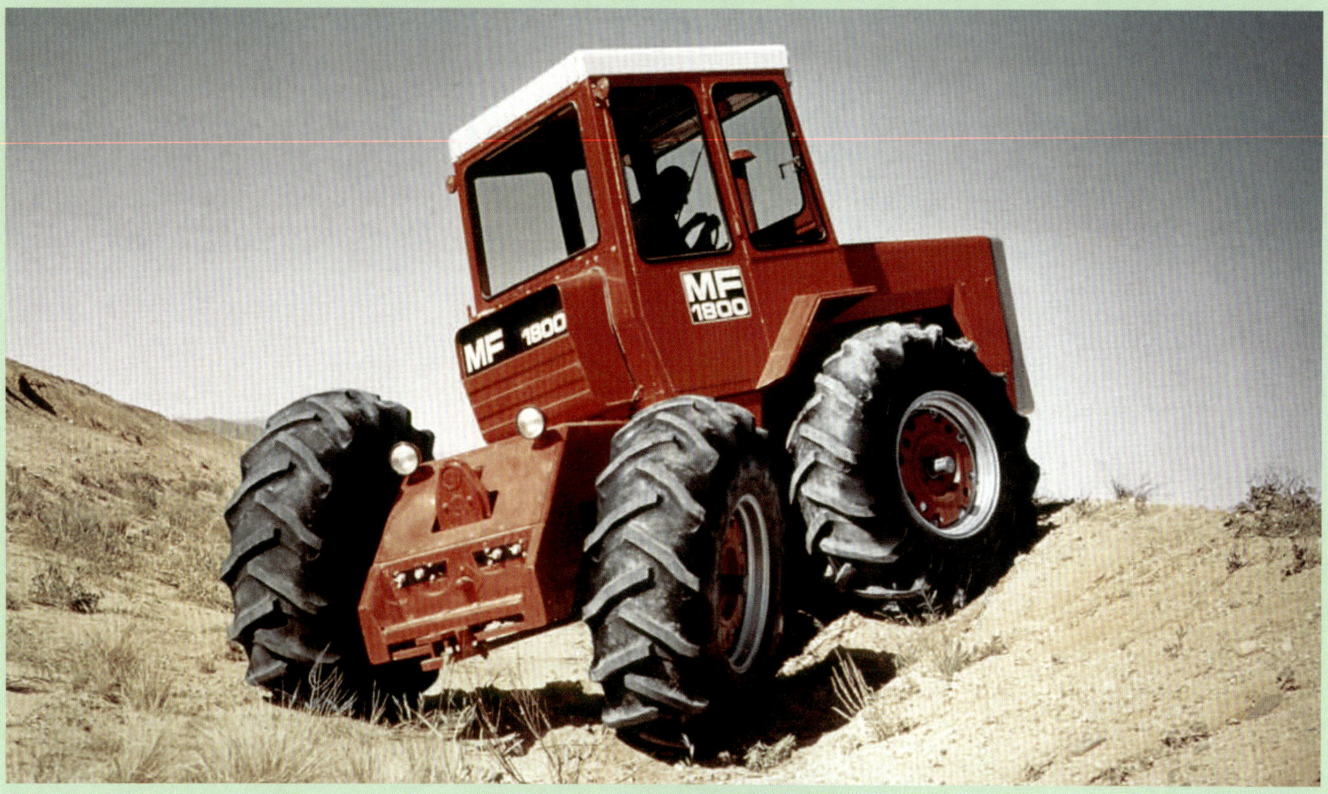
MF 1800
MF 1800

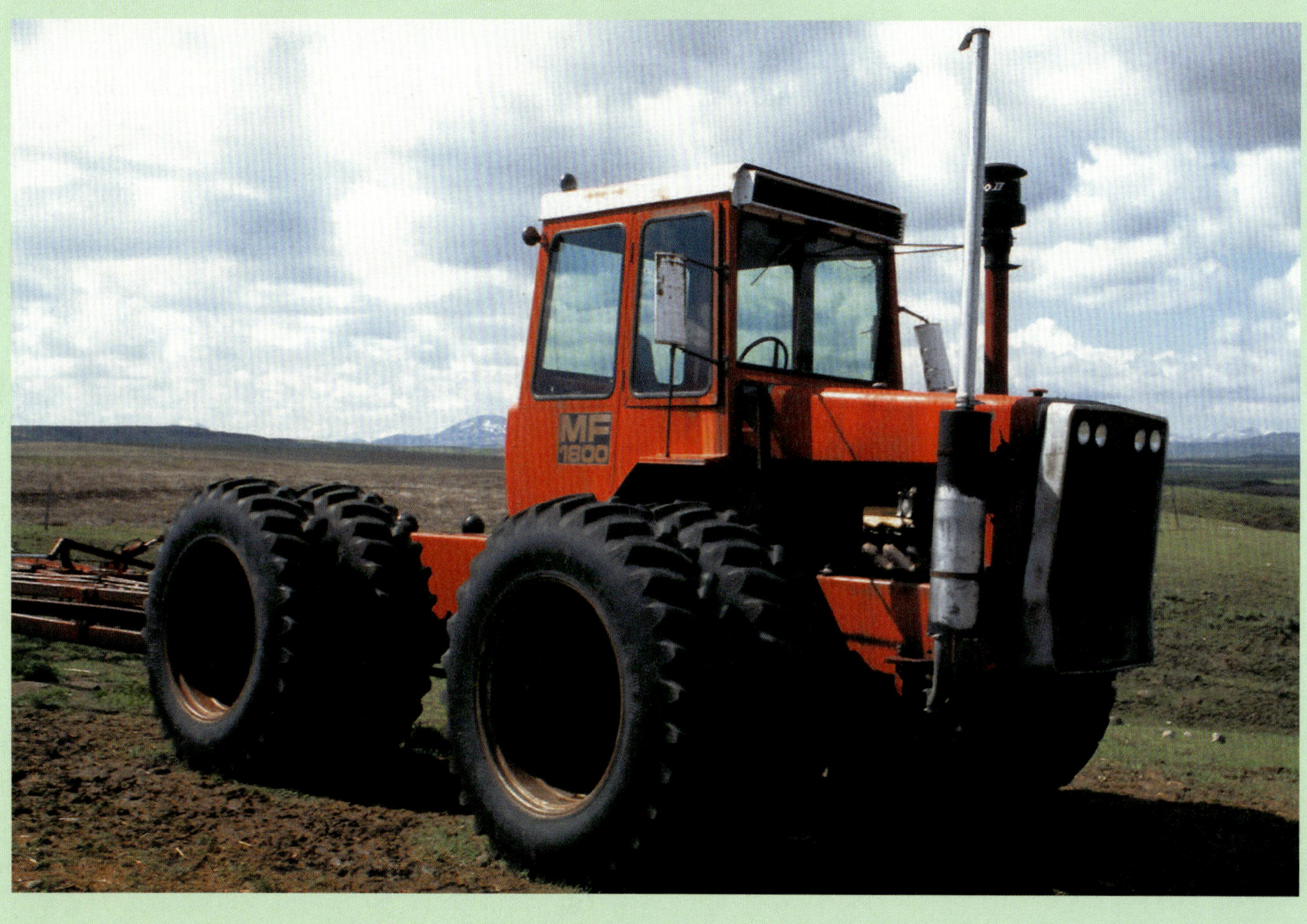
MF 1800

MASSEY FERGUSON

dem US-Markt ein Novum und unterstrich Massey Fergusons führende Rolle beim Einsatz von Elektronik im Traktorwesen. Die Hydraulik erlaubte eine präzisere Steuerung der Geräte, auch in schwerem Gelände. Die Serie 4000 wurde 1986 aus dem Programm gestrichen.

Das letzte Kapitel in der Großtraktor-Geschichte des Hauses Massey Ferguson schrieb die Serie 5200, die von 1989 bis 1991 angeboten, aber, um der Wahrheit die Ehre zu geben, anderswo gebaut wurde. Der 5200 war ein gründlich umgearbeiteter 4000, doch unternahm MF diese Umarbeitung nicht selbst, sondern ließ sie von einem Spezialisten durchführen. Man einigte sich mit McConnell Tractors in Kinston/North Carolina. J. Ward McConnell kaufte die Allradsparte der Massey Combine Corporation auf und unternahm es, aus dem 4000 einen modernisierten Supertraktor zu entwickeln, der exklusiv über MF vertrieben wurde. Vorgesehen waren zwei Modelle in der Klasse von 300 bis 400 PS, die unter der Marke MF von den MF-Händlern verkauft werden sollten.

Das Ergebnis war die Serie 5200, die sich optisch stark vom 4200 unterschied. Grund dafür war, dass McConnell eine neue Karosserie und eine neue Kabine entwarf, um sich vom Vorgänger abzuheben, doch erhielt der 5200 auch neue Motoren. Cummins stellte weiterhin eines der Triebwerke, einen 14-Liter-Reihensechszylinder mit 375 PS bei 2100/min. Wem das zu wenig war, der konnte einen Detroit Diesel-Motor der Serie 60 ordern, einen 390 PS starken Viertaktdiesel mit 12,7 Litern Hubraum. Dem Werk zufolge war dieser Motor 20.000 Stunden lang in der Landwirtschaft erprobt worden, während der bekannte Cummins-Diesel über 20 Millionen Stunden auf dem Feld zugebracht habe. Beide Maschinen besaßen Turbolader und Ladeluftkühlung und konnten mit einem 12-Gang-Schaltgetriebe oder mit einem 12-Gang-Powershift-Getriebe kombiniert werden. Unabhängig davon besaß der 5200 einen Wendekreis von 4,45 Metern, eine ziemliche Leistung für einen vollgültigen Traktor-Giganten.

Das Abkommen zwischen MF und McConnell hielt keine drei Jahre und 1991 begann McConnell damit, die Traktoren in eigenem Namen und in hellgelber Livree zu verkaufen. Der Detroit Diesel der

MASSEY FERGUSON 5200

Baujahr	1989
Motor	(1) Cummins NTA 855
	(2) Detroit Diesel Serie 60
Motortyp	Wassergekühlter Reihensechszylinder
Hubraum	(1) 14,0 Liter
	(2) 12,7 Liter
Besonderheiten	Turbolader, Ladeluftkühler
Leistung (Schwungrad)	(1) 375 PS bei 2100/min
	(2) 390 PS bei 2100/min
Getriebe	12-Gang-Schaltgetriebe (auf Wunsch Voll-Powershift)
Höchstgeschw.	28,3 km/h
Leergewicht	16.310 kg
Min. Wendekreis	4,45 m
Tankinhalt	598 Liter

MASSEY FERGUSON 4900

Baujahr	1980
Motor	Cummins VT-903
Motortyp	Wassergekühlter V8
Hubraum	14,8 Liter
Besonderheiten	Turbolader
Leistung (Schwungrad)	375 PS bei 2600/min
Leistung (Zapfwelle)	320 PS
Getriebe	18 Gänge, Teil-Powershift
Höchstgeschw.	30,9 km/h
Leergewicht	12.230 kg
Min. Wendekreis	5,20 m
Tankinhalt	598 Liter

Die stärkeren 4000er-Modelle wie dieser 4880 erschienen Ende 1979/Anfang 1980 und besaßen alle den gleichen Cummins-V8.

MASSEY FERGUSON 4840

Die Serie 4000 von MF bestand aus vier verschiedenen Modellen. Die ersten beiden Modelle, der 4800er und der 4840er kamen 1979 auf den Markt und hatten 225 beziehungsweise 265 PS. Da beide sehr erfolgreich waren, folgte im Herbst 1979 der 320 PS starke 4880er und im Frühjahr 1980 brachte man ein weiteres Modell auf den Markt, den 4900er mit 375 PS. Alle vier Modelle waren mit dem Cummins V8-Dieselmotor V-903 ausgestattet, die zwei größeren Modelle hatten außerdem einen Turbolader. Mit dieser Reihe leistungsstarker Schlepper erkämpfte sich Massey Ferguson einen Platz unter den führenden Herstellern von Knicklenkern.

Im kanadischen Brantford (Provinz Ontario) wurde die MF 4000er Serie gebaut. Sie war mit einer elektronisch gesteuerten Dreipunktaufhängung ausgestattet, die bis zu 5 t heben konnte. Mit dieser fortschrittlichen Technik wurde die 4000er Serie sowohl auf großen Präriefarmen als auch auf kleineren intensiv bewirtschafteten Betrieben, wo exakte Arbeit in Reihenkulturen gefragt war, sehr beliebt. Die Serie 4000 wurde auch nach Europa exportiert, wo sie sich in den ständig größer werdenden landwirtschaftlichen Betrieben bewährt hat.

In der zweiten Hälfte der 80er Jahre hatte MF ernste finanzielle Probleme. Das führte zu einem Verkauf der Rechte an der Produktion der Serie 4000 an McConnell Manufacturing aus North Carolina.

McConnell baute den neuen 390 PS starken MF 5200 sowohl in den Farben Massey Fergusons als auch in der gelben Hausfarbe von McConnell.

MASSEY FERGUSON 4840

- 1978–1986
- Cummins V-903 V8
- 265 PS bei 2600/min
- Teillastschaltgetriebe, 18 Vorwärtsgänge
- Höchstgeschwindigkeit 30,9 km/h
- Betriebsgewicht 12,05 t

MASSEY FERGUSON 4880

MASSEY FERGUSON 4880

- 1979–1986
- Cummins VT-903 V8
- 320 PS bei 2600/min
- Turbolader
- Dreifach-Lastschaltung, 18 Gänge
- Höchstgeschwindigkeit 31 km/h
- Betriebsgewicht 14,06 t

TRAKTOR-GIGANTEN

Oben: Das komplette MF 4000-Modellprogramm; später wurde die Modellreihe an McConnell verkauft.

Serie 60 war nun das einzige verfügbare Aggregat, das im Marc 900 320 PS und im Marc 1000 425 PS leistete. In dieser Form blieben die Modelle bis 1994 im Angebot, als AGCO McConnell übernahm und die Marc-Traktoren in silberner Lackierung als AGCOSTAR angeboten wurden. AGCO hatte zudem Massey Ferguson geschluckt, wünschte aber, dass die Marke sich auf ihre Kernkompetenz beschränkte, die auf dem Gebiet der kleinen und mittelgroßen Traktoren zu finden war. Unter der Marke AGCOSTAR sollten die neuen Supertraktoren des AGCO-Konzerns laufen, und damit endet die Geschichte der MF-Traktor-Giganten.

Gegenüberliegende Seite: Massey Ferguson, mittlerweile Teil des AGCO-Imperiums, baut heute keine Supertraktoren mehr, sondern konzentriert sich auf kleine und mittelgroße Traktoren mit Hinterrad- und Allradantrieb.

MASSEY FERGUSON

TRAKTOR-GIGANTEN

Minneapolis-Moline/Oliver
Rückzugsgefechte

Der Minneapolis-Moline G1000 Vista, ein typischer Vertreter der großen hinterradgetriebenen Traktoren des Unternehmens.

Ende der 1960er Jahre waren zahlreiche kleine nordamerikanische Traktorenhersteller entweder in größeren Konzernen aufgegangen oder vom Markt verschwunden. Minneapolis-Moline und Oliver zählten zu erstgenannter Kategorie, nachdem sie zu Beginn der Sechziger von der White Corporation übernommen worden waren. Beide Marken wiesen eine lange Geschichte auf, waren selbst 1929 durch Fusionen entstanden und besaßen einen ausgeprägten Ruf für Innovationen.

Oliver hatte in den dreißiger Jahren einen hochverdichteten Sechszylindermotor angeboten, während die meisten Konkurrenten noch an Zwei- oder Vierzylindern festhielten. Minneapolis-Moline konnte auf eine ganze Reihe von Innovationen im Traktorwesen verweisen, darunter auf Vierventilköpfe, Fünfgang-

MINNEAPOLIS-MOLINE/OLIVER

Minneapolis-Moline und Oliver hatten beide mit leistungsstarken Modellen mit Hinterradantrieb experimentiert. Dies ist ein Oliver Super 99.

Der Oliver Super 99 wurde auch mit einem aufgeladenen GM-Zweitaktdieselmotor angeboten, der 72 PS bei niedrigen 1675/min abgab.

MINNEAPOLIS-MOLINE A4T-1600

Die White Motor Corporation baute Ende der 60er bis Anfang der 70er Jahre in ihrer Fabrik in Minnesota den Minneapolis-Moline A4T-1400 und A4T-1600, den Oliver 2455 und 2655 und den White Plainsman A4T-1400 und A4T-1600. Diese Knicklenker unterschieden sich außer durch ihre Farbe, den Motortyp und die Motorleistung nicht voneinander. Damit konnte WMC mit einer einzigen Konstruktion Knickschlepper verschiedener Fabrikate an markentreue US-Farmer vertreiben.

Die ersten Modelle, die das Unternehmen baute und vermarktete, waren die Minneapolis-Moline-Traktoren, die entweder von Diesel- oder von Benzinmotoren angetrieben wurden. Die Konstrukteure benutzten – so weit wie möglich – gängige Komponenten, die aus der Fertigung der zweiradangetriebenen Traktoren von WMC stammten. Hierzu gehörten z.B. Motoren und Getriebe. Neu entworfen wurden u.a. der Front- und der Heckrahmen, die Steuerung und das Knickgelenk. Der Einsatz gängiger Komponenten bedeutete, dass der Preis im Verhältnis zur Motorleistung mit einem allradangetriebenen Standard-Traktor vergleichbar war, wodurch die Schlepper in einem wachsenden Markt wettbewerbsfähig waren.

Im Jahre 1972 wurde der Unternehmensbereich Landmaschinen der WMC umstrukturiert. Ab 1973 produzierte das Unternehmen unter dem neuen Namen White Farm Equipment eine weiterentwickelte Serie von Knickschleppern, den so genannten White Field Boss.

MM A4T-1600

- 1969–1971
- Minneapolis D585 Sechszylindermotor
- 169 PS bei 2200/min
- Manuelles Synchrongetriebe, 10 Vorwärts- und 2 Rückwärtsgänge
- Höchstgeschwindigkeit 35,7 km/h
- Betriebsgewicht 9,7 t

MM
MINNEAPOLIS-MOLINE
A4T-1600

MM
MINNEAPOLIS-MOLINE
A4T-1600

Minneapolis-Moline war in den 1960er Jahren auf große Traktoren mit starrem Rahmen spezialisiert wie dieses Sondermodell für den Reisanbau.

Der A4T-1600 mit 169 PS folgte bald auf den A4T-1400 mit 139 PS. Wie das ursprüngliche Modell kamen an ihm zahlreiche vorhandene Komponenten zum Einsatz, um Kosten zu sparen.

getriebe, eine gut ausgestattete Kabine und einen echten Hochgeschwindigkeits-Traktor; die letzten beiden Punkte fanden sich am 65 km/h schnellen UDLX Comfortractor des Jahres 1938 vereint. MM war zudem ein früher Verfechter von kleineren (unter 100 PS) Allradtraktoren, zum Beispiel mit dem M504 aus dem Jahr 1962.

Ende der sechziger Jahre teilten sich diese beiden ehemaligen Rivalen immer mehr Komponenten, da die Mutterfirma White aus ihren Neuerwerbungen höheren Gewinn schlagen wollte. Der A4T-Supertraktor war das letzte Modell in den Jahren, bevor White die alten Markennamen fallen ließ und eigene Traktor-Gignten unter dem Namen White Field Boss ins Programm nahm.

Dennoch handelte es sich beim A4T um einen waschechten Minneapolis-Moline-Entwurf, an dem vorzugsweise Komponenten von MM zur Verwendung kamen, obwohl er in einem White-Werk gefertigt wurde. In den 1960er Jahren hatte sich die Firma auf ihre größeren Traktormodelle konzentriert, da die White-Firmen Cockshutt und Oliver schon den Markt der kleineren Traktoren abdeckten. Mit der großen Allraderfahrung war MM aber prädestiniert, die Konstruktion eines Supertraktors mit Knickrahmen für das Mutterhaus zu übernehmen, das einen Fuß in dieses wachsende Marktsegment bekommen wollte.

Ein Minneapolis-Moline-Händler in Arkansas hatte bereits 1958 mit MM-Komponenten einen Allradtraktor mit Knickrahmen gebaut; der Firmenchef persönlich inspizierte diesen Eigenbau, ehe der Startschuss zur Konstruktion einer Werksversion fiel. Von Anfang an galt die Vorgabe, möglichst viele vorhandene Teile in die Konstruktion einzubeziehen, um die Kosten auf ein Minimum zu beschränken. Die Konstruktionsarbeiten begannen im März 1969, und da man auf vorhandene Komponenten zurückgriff, lief der erste Prototyp nur zwei Monate später. Im November war der A4T serienreif.

Gerade die Verwendung vieler vorhandener Teile machte den beeindruckend schnellen Weg vom Reißbrett zum fertigen Traktor möglich. Angetrieben

MINNEAPOLIS-MOLINE/OLIVER

Der MM-Supertraktor blieb nur drei Jahre in Produktion, vertrat den Mutterkonzern aber auf diesem Markt, bis die neue Generation der White Field Boss-Traktoren erschien.

wurde der A4T vom MM-eigenen D504A-6-Sechszylinderdiesel mit 139 PS, das Fünfganggetriebe stammte aus dem G1350-Traktor mit Hinterradantrieb und ein Vorgelegegetriebe erhöhte die Gangzahl auf insgesamt 10. Auch die Bremsen kamen vom G1350, die Antriebswellen vom G950. Die Hydraulik entstammte dem Konzernregal, ebenso Felgen, Kühler, Radnaben, Instrumente und der Fahrersitz.

Dennoch mussten einige Komponenten neu konstruiert werden, so etwa die vorderen und hinteren Rahmen, das Knickgelenk, der Allradantrieb, die Kabine, die Karosserie, die Benzintanks und die Verkabelung. Zum ursprünglichen A4T-1400 gesellte sich bald der A4T-1600 mit Flüssiggas-Antrieb. Minneapolis-Moline war langjähriger Pionier des Flüssiggasmotors, ein weniger effizienter, aber preiswerterer Treibstoff als Diesel, und der A4T war der einzige Supertraktor, der jemals diese Treibstoffalternative bot. Außer der Gasversion gab es auch einen Diesel-1600 mit dem D585-Sechszylinder von MM, der aus dem G1350 übernommen wurde und 169 PS bei 2200/min leistete, womit der A4T auf der Straße mit bis zu 35,7 km/h entlangrumpelte. Erwartungsgemäß verkaufte sich von den drei Modellen der Diesel-1600 am besten; 1971 entstanden von ihm über 600 Stück.

Aber nicht alle wurden unter dem Markennamen Minneapolis-Moline verkauft. Die Markenloyalität war damals noch sehr stark ausgeprägt, und White musste unter dem gemeinsamen Dach für mehrere Marken Sorge tragen. Es war daher sinnvoll, den A4T unter mehreren Namen zu vermarkten. Um die Oliver-Händler bei der Stange zu halten, wurde der Traktor grün lackiert und als Oliver 2455 und 2655 verkauft; von letzterem Modell entstanden 244 Exemplare.

White wollte mittlerweile auch den eigenen Namen in der Traktorsparte etablieren und verkaufte den A4T auch als White Plainsman, wenn auch nur in Kanada.

Dieses Spiel mit den Markennamen währte nicht lange, und als White 1974 die neue Field Boss-Reihe lancierte, kam diese nur als White auf den Markt, nicht aber als Minneapolis-Moline oder als Oliver. Die gelb-weiße (MM) und die grüne (Oliver) Lackierung feierte 1989 mit dem Erscheinen des White American mit Hinterradantrieb noch einmal ein kurzes Comeback, der letzte wirkliche Minneapolis-Moline-Traktor war aber der Großtraktor A4T.

Identitätsprobleme? Der A4T-1400 im Vordergrund stellt auch einen White-Schriftzug zur Schau, der A4T-1600 dahinter besitzt das ursprüngliche MM-Emblem.

NEW HOLLAND TJ 375

Der New Holland TJ von 2001 war der neue Vorzeigetraktor für die Unternehmensgruppe CNH nach der Fusion von Ford New Holland mit Case IH. Neben den roten Knickschleppern wurden nun auch die blauen Traktoren der Serie TJ am selben Fließband in Fargo gefertigt.

Während die Konkurrenz versucht hatte, die Probleme von Zugkraft und Schlupf bei gleichzeitig minimaler Bodenverdichtung mit Hilfe von Raupenschleppern in den Griff zu bekommen, überlegte sich New Holland, wie man diese schwierigen Forderungen mit den richtigen Reifen erfolgreich erfüllen könnte.

Die TJ-Traktoren sind daher mit größeren Reifen ausgestattet, als es normalerweise üblich ist: Die Firestone-Gürtelreifen 710/70 R42 sitzen auf 58 cm breiten Felgen und reduzieren die Bodenverdichtung auf etwa 0,3 bar! Sie sind Sonderanfertigungen mit mehr als 1,83 m Durchmesser.

Die Traktoren sind mit den bewährten Cummins-Motoren ausgestattet, die das Unternehmen schon seit Jahren verwendet: Zuerst wurden sie in den Versatile-Traktoren eingesetzt, dann in den Ford Versatile-Schleppern und schließlich in den New Holland Versatile-Traktoren.

Es gibt sieben Modelle von 275 PS bis 440 PS in der TJ-Serie; mit einem Drehmomentanstieg von 43 Prozent und einer Überleistung von bis zu 40 PS beeindrucken die Antriebsaggregate. Mit dieser Leistungsreserve kann der Traktor schwierigste Einsätze bewältigen, ohne herunterschalten zu müssen. Um die Zugeffizienz des Traktors zu erhöhen, weist der TJ den längsten Radstand auf, der zurzeit auf dem Markt erhältlich ist.

NEW HOLLAND TJ 375

- Seit 2001
- Cummins QSX 15 Sechszylindermotor
- 375 PS bei 2000/min
- Turbolader und Ladeluftkühlung
- Powershift-Getriebe 16/2
- Höchstgeschwindigkeit 37 km/h
- Betriebsgewicht 20,08 t

RITE 404

Die Brüder Dave und Jack Curtis waren seit 1945 erfolgreiche Landmaschinenhändler mit Sitz nördlich von Great Falls, Montana. Diese Gegend gehört zu den größten Weizenanbaugebieten Nordamerikas; es war daher kein Problem, hier mit Traktoren und Arbeitsgeräten zu handeln. Anfang der 50er Jahre verkauften sie viele kleine Traktoren – über die neuen großen Knicktraktoren, die von den Wagner Brothers im Nachbarstaat Oregon hergestellt wurden, hatten sie zwar gelesen, diese aber noch nie mit eigenen Augen gesehen. Den Grundstein für den Durchbruch des Knickschleppers hatten die Wagners Ende der 50er Jahre gelegt.

Dave und Jack Curtis fuhren also nach Oregon, um sich mit den Wagner-Brüdern zu treffen. Mit Erfolg: Die Curtis-Brüder wurden einer der ersten Wagner-Vertragshändler in den USA und Kanada.

Die Brüder beließen es nicht dabei, die Traktoren nur zum Verkauf anzubieten, sie tauschten Komponenten aus und modifizierten die Wagner-Traktoren. So montierten sie beispielsweise größere Motoren und andere Getriebe.

RITE 404
- 1979
- Cummins KT1150 Sechszylindermotor
- 490 PS bei 2100/min
- Turbolader
- Fuller 13-Gang-Getriebe
- Höchstgeschwindigkeit 25,7 km/h
- Betriebsgewicht 20,8 t

RITE 606

Ein Kunde, der einen Wagner-Traktor besaß, schlug den Brüdern vor, ihm eine Sonderanfertigung mit 425 PS zu bauen. Sie stimmten zu und fertigten aus Standard-Komponenten ihren ersten eigenen Traktor-Giganten, in den sie viele eigene Ideen und Neuerungen einfließen ließen.

Als die Brüder ihren ersten Rite-Traktor bauten, wussten sie, dass man für einen schweren und starken Traktor eine gute Basis braucht. Der Rahmen des Rite, die Achsen und das Knickgelenk waren sehr strapazierfähig. Zwei einfache Weisheiten der Brüder waren: „Um Gewicht zu ziehen, muss man Gewicht haben", und: „Man kann starke Motoren nicht mit kleinen Achsen und Getrieben kombinieren."

Bei einer stabilen Basis ist es relativ einfach, später größere Motoren und Getriebe einzubauen.

Wichtig ist auch die Gewichtsverteilung zwischen dem Heck- und dem Frontteil des Knicktraktors. In der Regel ruhen 60 Prozent des Gewichtes vorn und 40 Prozent hinten; unter Last verteilt sich das Gewicht gleichmäßig auf Heck und Front.

Bis heute wurden insgesamt 35 Rite-Traktoren gebaut, drei dieser Schlepper waren Rite 750er mit 750 PS; sie wurden zwischen 1980 und 1982 fertig gestellt. Dave Curtis ist auch heute noch jederzeit gerne bereit, einen Traktor nach den Wünschen seiner Kunden zu bauen.

RITE 606
- 1976
- Cummins KT1150 Sechszylindermotor
- 525 PS bei 2100/min
- Turbolader
- Fuller 13-Gang-Getriebe
- Höchstgeschwindigkeit 25,7 km/h
- Betriebsgewicht 24,55 t

ROME 475C

Viele Landwirte bauten sich auf dem Hof ihre eigenen leistungsstarken Traktoren, sodass die Schlepper ihren jeweiligen Bedürfnissen gerecht wurden. Einige Farmer beließen es dabei, andere gingen einen Schritt weiter und stellten Traktoren auch für andere Farmer in der Nachbarschaft her.

Der Farmer J.D. Woods brauchte einen Traktor für seine Reisfarm. Also baute er zusammen mit dem Ingenieur Jones Copeland einen Traktor, der für diese Art der Landwirtschaft geeignet war. Die zwei waren mit dem Resultat sehr zufrieden und beschlossen, gemeinsam Schlepper in Serie herzustellen.

Der erste Woods and Copeland-Traktor, ein Schlepper mit 210 PS, wurde im Jahre 1971 in Texas gebaut. In diesem ersten Jahr stellten die beiden Männer drei Exemplare her. Zwischen 1973 und 1976 fertigten Woods and Copeland weitere 155 Traktoren!

Die Rome Plow Company aus Cedartown in Georgia kaufte 1976 die Rechte an der Traktorenproduktion von Woods and Copeland und baute ab 1978 eigene Modellserien. Sechs Jahre später wurde die Produktion der Rome-Traktoren jedoch wieder eingestellt.

Calvin Couch aus dem Norden Montanas besitzt seinen Rome 475C seit 1979. Er hat den Motor aufgebohrt, sodass der Traktor etwas mehr als 485 PS leistet. Mit dem 18 m breiten Grubber Bourgault 9400 bearbeitet Calvin bei einer Geschwindigkeit von 8 km/h etwa 14 ha die Stunde. Der zuverlässige V8-Caterpillar-Motor zieht tagein, tagaus seine Last und Calvin hat so gut wie nie Probleme mit ihm.

Die meisten Rome-Traktoren arbeiten auch heute noch in Texas und Georgia. Auf den nassen schweren Böden der Reisfarmen in den Südstaaten ist Leistung bei geringem Schlupf besonders gefragt.

ROME 475C

- 1978–1984
- Caterpillar 3408 V8
- 475 PS bei 2100/min
- Allison Powershift-Getriebe, 12 Vorwärts- und 2 Rückwärtsgänge
- Höchstgeschwindigkeit 39,9 km/h
- Betriebsgewicht 16,75 t

ROME 450C

Der Rome 450C zählt zurecht zur Kategorie Hochleistungsschlepper. Das hier gezeigte Exemplar aus dem Jahr 1980 beweist eindrucksvoll die Leistungsfähigkeit der Maschine: Mühelos zieht der bärenstarke Traktor den elffurchigen Beetpflug mit einer Arbeitstiefe von 30 cm. Bei einer durchschnittlichen Geschwindigkeit von knapp 13 km/h können bei guten Verhältnissen 3–4 ha pro Stunde bearbeitet werden.

Die Brüder Doug und Steve Howard bauen auf 600 Hektar Gemüse und Getreide an. Auf ihrer Farm arbeiten insgesamt sechs knickgelenkte Traktoren. Drei von ihnen sind Rome-Schlepper, die hier im Norden der USA, besonders im Bundesstaat New York, recht selten zu sehen sind. Die Brüder besitzen zwei Rome 475C Baujahr 1979 mit Caterpillar V8-Motoren 3408 und einer Nennleistung von 475 PS und einen Rome 450C, Baujahr 1980, der von einem Cummins-Sechszylindermotor 1150K mit einer Nennleistung von 450 PS angetrieben wird.

ROME 450C
- 1978–1984
- Cummins 1150K Sechszylindermotor
- 450 PS bei 2100/min
- Allison Powershift-Getriebe, 12 Vorwärts- und 2 Rückwärtsgänge
- Höchstgeschwindigkeit 39,9 km/h
- Betriebsgewicht 16,7 t

SCHLÜTER PROFI TRAC 5000 TVL

Der leistungsstärkste Traktor-Gigant Westeuropas, der Schlüter 5000, stammt aus der inzwischen geschlossenen Fabrik des deutschen Unternehmens Schlüter in Freising, nordöstlich von München.

Seit den 1960er Jahren baute Anton Schlüter die jeweils stärksten Traktoren ihrer Zeit in Europa. Der Schlüter Profi Trac 5000 TVL war 1978 eine Sonderanfertigung. Ursprünglich hatte man tatsächlich geplant, mit diesem leistungsstarken Schlepper in die Serienfertigung zu gehen.

Zur Vorgeschichte: Anfang der 1970er Jahre hatte die jugoslawische Regierung unter Präsident Tito schon verschiedene 200–300 PS starke Traktoren von Anton Schlüter gekauft. Die großen landwirtschaftlichen Produktionsgenossenschaften dieses osteuropäischen Staates waren mehrere Tausend Hektar groß; man benötigte also viel Leistung, um diese Flächen wirtschaftlich bearbeiten zu können.

Die Verantwortlichen hatten die starken Kirovets- und Kharkov-Knickschlepper bei der Arbeit auf den Kolchosen im benachbarten Russland gesehen und beschlossen, ebenfalls solche Schlepper für Jugoslawien zu beschaffen.

Mitglieder der Geschäftsführung von Schlüter wurden nach Jugoslawien eingeladen, um die Möglichkeit zu besprechen, einen Großtraktor zu entwickeln und zu bauen. Man entwarf Pläne für einen Traktor mit 500 PS. Dieser Traktor sollte ähnlich konstruiert sein wie der erfolgreiche Profi Trac 3000, der 1975 auf den Markt kam – ein Traktor mit starrem Rahmen, gleich großen Rädern, Allradlenkung und Dreipunktaufhängung.

Bis heute ist unklar, ob eine veränderte Politik, eine andere Ausrichtung der staatlichen Landwirtschaft oder Präsident Tito, der vielleicht einfach nur unzufrieden war mit dem Handel, den er mit Schlüter abgeschlossen hatte, dahinter steckte. Jedenfalls wurde der 500-PS-Traktor nie nach Jugoslawien ausgeliefert, denn die geplanten Bestellungen wurden storniert. Der Profi Trac 5000 TVL führte nun ein eher unbewegtes Leben, da er für viele deutsche Höfe zu groß war und es damals kaum passende Arbeitsgeräte gab.

Der bärenstarke Schlüter 5000 ist unter deutschen Traktorfans zum Mythos aufgestiegen, er gehört jetzt einem privaten Sammler in Deutschland. Gelegentlich kommt der Riese an die frische Luft und wird für eine Ausstellung oder ein Oldtimer-Treffen auf Hochglanz poliert; einen vollen Tag arbeiten wird er wahrscheinlich nie wieder.

SCHLÜTER PROFI TRAC 5000 TVL

- 1978
- MAN D 2542 MTE V12
- 500 PS bei 2200/min
- 2 Turbolader
- ZF-Getriebe, 8 Vorwärtsgänge und 1 Rückwärtsgang
- Geschwindigkeit 29,8 km/h
- Gewicht 21,6 t

TRAKTOR-GIGANTEN

Steiger
Von Haus aus größer

Die Brüder Steiger hatten nicht den Ehrgeiz, zu Traktorenherstellern aufzusteigen, aber genau das widerfuhr ihnen. Dieser frühe Steiger Cougar der Serie II ist in dem typischen Hellgrün gehalten, das alle Steiger-Traktoren bis zur Übernahme durch Case kennzeichnete.

Ein Name vor allem wird mit dem allradgetriebenen Knickrahmen-Supertraktor gleichgesetzt: Steiger. Die großen hellgrünen Traktoren gelten als die Supertraktoren schlechthin. Was Ferrari für das Auto und Harley-Davidson für das Motorrad ist, das ist Steiger für den Monstertraktor. Dennoch waren Doug und Maurice Steiger nicht dessen Pioniere. Sie erfanden nicht – wie häufig angenommen wird – das Konzept von Allradantrieb und Knickrahmen. Als sie 1961 schließlich die Serienproduktion aufnahmen, hatte Wagner schon sieben Jahre lang derartige Traktoren gefertigt: John Deere hatte seinen kurzlebigen 8010 bereits 1959 vorgestellt.

Die Steigers waren zwar nicht die Pioniere des Konzepts, dennoch kann kein Zweifel daran bestehen, dass die Steiger-Traktoren noch heute sehr bekannt sind. Das liegt zum Teil auch an der Vorliebe der Brüder, ihre Fahrzeuge nach Großkatzen zu benennen – Cougar, Lion, Panther und Puma –, was auf eine Verbindung von Kraft, Stärke und Anmut schließen ließ. Dazu erwiesen sich die Steiger-Modelle als robust, zuverlässig und langlebig. Auf den

STEIGER

Weizenfeldern des Mittleren Westens erreichten sie Laufdauerwerte von 15.000 oder 20.000 Betriebsstunden und liefen noch immer so gleichmäßig wie am ersten Tag. Die großen grünen Traktoren waren zudem einfach zu warten und bedienten sich vorhandener Großserienteile statt teurer Sonderkomponenten. Obwohl Steiger später von Case geschluckt wurde, schrieb die Firma doch eine Supertraktor-Erfolgsgeschichte.

Eine neue Traktorendynastie zu begründen war wahrscheinlich das Letzte, was Doug und Maurice Steiger im Sinn hatten, als sie im Winter 1957/58 ihren ersten Traktor bauten. Gemeinsam mit ihrem Vater John betrieben sie eine Milchviehfarm in Red Lake Falls, Minnesota, und zeigten sich vom Nichtvorhandensein eines leistungsstarken, ihren Zwecken entsprechenden Traktors enttäuscht, der ihrer Ansicht nach schneller arbeiten könne als ein konventionelles Gefährt. Damals lagen die stärksten von Case, John Deere und Allis-Chalmers angebotenen Traktoren bei 60 PS und besaßen Hinterradantrieb. Die Brüder dachten, dass ein stärkeres Modell mit Allradantrieb, der die Kraft besser auf den Boden brachte, schneller und effizienter wäre.

Der Traktor, den sie in jenen Wintermonaten bauten, war eine Art Hybrid und bestand aus Teilen, die sie sich ohne Mühe besorgen konnten oder die auf der Farm vorhanden waren. Etliche Teile stammten

Steiger verwendete zu keiner Zeit eigene Motoren, sondern kaufte Maschinen wie diesen Caterpillar-V8 zu.

Vier runde Scheinwerfer kennzeichneten die Steiger der Serie III, die von 1976 bis 1983 gebaut wurden und auf die größten Stückzahlen kamen.

TRAKTOR-GIGANTEN

Ein Steiger ST310 mit Steigermatic, also Allison-Zehnganggetriebe plus Drehmomentwandler.

Ein Cougar ST270. Steiger benannte fast alle Modelle nach Großkatzen – sehr viel phantasievoller als die üblichen Ziffernfolgen.

von einer Euclid-Planierraupe, andere aus Lkw. Selbst die berühmte hellgrüne Lackierung ging auf einen Zufall zurück – eine ortsansässige Bergwerksgesellschaft hatte den Lack für ihre Fahrzeugflotte bestellt, war dann aber mit dem Farbton unzufrieden. Die Steigers bekamen von der Sache Wind und kauften den gesamten Lack auf. Fast dreißig Jahre lang blieb Hellgrün die Steiger-Farbe.

Dem Antrieb diente ein 238 PS starker Sechszylinder von Detroit Diesel, und der Steiger Nr. 1,

STEIGER 1200

Die Firma Steiger war nicht das erste Unternehmen, das in Amerika Knickschlepper baute und obwohl die Steiger-Traktorenproduktion erst 1961 begann, sollte das Unternehmen zu einem der berühmtesten Namen in der Welt der großen Knickschlepper werden.

Der Steiger Nr. 1, der zweite Steiger-Traktor, der jemals hergestellt wurde, befindet sich im Besitz von Lloyd und Jeff Pierce in Minnesota, nur wenige Meilen von jenem Ort entfernt, an dem er gebaut wurde. Der 1200 wird von diesen beiden Männern seit 1961 liebevoll instand gehalten und gepflegt.

Jeff Pierce ist ein wahrer Sammler: Er möchte aus jeder der Steiger-Serien, die in Red Lake Falls gebaut wurden, einen Traktor unter seinem Dach vereinen. Er hat schon einiges erreicht. Mehrere Steiger-Traktoren präsentieren sich komplett restauriert, sodass sie wieder voll funktionsfähig sind: ein 1200er, ein 1250er mit 130 PS und ein 2200er mit 238 PS – außerdem weiß er, wo ein 3300er mit 318 PS steht, aber bislang hat er noch keinen 1700er mit 195 PS finden können.

STEIGER 1200
- 1961
- Detroit Diesel 3-71N
- 118 PS bei 2300/min
- Manuelles Synchrongetriebe, 8 Vorwärts- und 2 Rückwärtsgänge
- Höchstgeschwindigkeit 27,4 km/h
- Betriebsgewicht 8 t

TRAKTOR-GIGANTEN

STEIGER 1250

Baujahr	1963
Motor	Detroit Diesel 4-53N
Motortyp	Wassergekühlter Reihenvierzylinder
Hubraum	3,5 Liter
Leistung (Schwungrad)	130 PS bei 2300/min
Getriebe	12-Gang-Schaltgetriebe
Höchstgeschw.	27,4 km/h
Leergewicht	6250 kg
Tankinhalt	341 Liter

Ein Merkmal der Serie III war die Safari-Kabine, die geräumig, hell und klimatisiert war.

Ein später Cougar der Serie II aus den Jahren 1980/81. „PTA" stand für die Ausführung mit schmalem Rahmen und Automatikgetriebe.

wie er im Nachhinein benannt wurde, war für viele Traktor-Freunde „ein grober Klotz". Er wog (für die Zeit gewaltige) 6800 kg und besaß eine schwergewichtige Lenkstange. Da er in einer Scheune (englisch: barn) entstanden war, erhielt er den Spitznamen „Barney".

Barney, das Sondermodell Marke Eigenbau, war schneller und emsiger als alle anderen Traktoren. Und er war zuverlässig; erst nach über 10.000 Stunden Feldarbeit musste er in Rente geschickt werden.

Alles, was die Brüder getan hatten, war etwas querzudenken. Etliche Hochleistungskomponenten – Motoren, Getriebe und Achsen – wurden bereits in bewährten Fahrzeugen, die sie ausschlachteten, verwendet, in Baufahrzeugen und großen Lkw. Das galt für Motoren von Detroit Diesel, CAT oder Cummins, Achsen von Clarke und Getriebe von Allison. Diese Technik für Traktoren nutzbar zu machen, war, im Nachhinein betrachtet, ein völlig logischer Schritt.

Als die Nachbarn sahen, wie gut sich der neue Traktor auf dem Feld schlug, baten sie natürlich um einen ebensolchen. Auf die Lenkstange waren sie weniger erpicht, aber die Arbeitsmengen, die der Traktor bewältigte, sagten ihnen zu. Die Steigers ließen sich aber mit einer Serienfertigung Zeit und erst 1961 lief die erste Serienausführung vom Stapel. Dieser 1200 war kleiner als der „grobe Klotz", besaß ein gewöhnliches Lenkrad anstelle der Lenkstange und einen etwas bescheideneren Detroit Diesel Motor mit 118 PS; dennoch wog er einsatzbereit noch immer acht Tonnen.

Nur drei Exemplare des 1200 wurden auf der Farm in Red Lakes Fall gebaut, überwiegend von den Brüdern Steiger höchstpersönlich, aber die gute Aufnahme, die sie fanden, machte klar, dass der Markt reif war für einen erschwinglichen Hochleistungstraktor mit Allradantrieb. 1963 gewann die ganze Sache Fahrt, als ein drei Modelle umfassendes Programm präsentiert wurde, das aus 1250, 1700 und 2200 bestand. Alle Traktoren wurden von Detroit Diesel Aggregaten angetrieben, die 130 bis 238 PS leisteten; beim kleinsten 1250 erfolgte die Kraftübertragung über ein 12-Gang-, bei den beiden großen Modellen über ein 9-Gang-Getriebe. Zu Doug und Maurice stieß der Verkäufer Earl Christianson, der sich schon lange gefragt hatte, weshalb die Hochleistungstechnik der Baufahrzeuge nicht an Traktoren Verwendung

STEIGER

STEIGER TIGER SERIE I

Baujahr	1969
Motor	Cummins
Motortyp	Wassergekühlter V8
Hubraum	14,8 Liter
Besonderheiten	Turbolader
Leistung (Schwungrad)	320 PS bei 2600/min
Getriebe	10-Gang-Schaltgetriebe
Höchstgeschw.	28,5 km/h
Leergewicht	9515 kg

fand; bei Steiger traf er auf Gleichgesinnte und sein Talent trug erheblich zum raschen Wachstum der Firma bei.

Zu den drei Modellen kam später der größere 3300 mit Detroit Diesel-V8 und 318 PS hinzu. Er stemmte fast 14 Tonnen auf die Waage, kam aber dennoch auf eine muntere Spitze von 36,5 km/h. Damit es auch der Dümmste begriff, besaßen alle Steiger-Modelle mit V8-Maschine ein riesiges, in die aus 9,5 mm starkem Stahl gefertigte Nase eingeschnittenes V. Ein weiteres 300-PS-Modell, der 800 Tiger, kam ebenfalls ins Programm, der erste Steiger mit Cummins-Motor.

So weit, so gut, allerdings begann die Nachfrage die Fertigungskapazitäten der Gebrüder Steiger zu überfordern. Noch immer wurden die Traktoren in der Scheune zusammengeschraubt (bis heute sind sie offiziell als „Scheunen-Serie" bekannt), und obwohl man mittlerweile 20 Mann beschäftigte, legten die Brüder Steiger sehr häufig noch selbst Hand an. Trotz der Bemühungen Earl Christiansons fehlten dem winzigen Unternehmen die Ressourcen, um seine Traktoren landesweit anbieten zu können.

1969 kam es zu einer Lösung, als ein Konsortium eine Stange Geld in die Kasse brachte, wodurch Steiger in ein ehemaliges Panzerwerk in Fargo/North Dakota umziehen konnte. Auf der Farm waren 126 Traktoren entstanden, jetzt aber war es Zeit für Größeres.

Um den Beginn dieser neuen Ära zu markieren, wurde eine neue Baureihe eingeführt. Das Bemerkenswerteste an dieser Serie I waren wohl die Großkatzennamen, die den Steiger-Modellen fast zwei Jahrzehnte lang erhalten bleiben sollten. Die neuen Traktoren waren aber auch sehr viel fortschrittlicher als die alten Ausführungen der Scheunen-Serie und besaßen eine „Climatized Cab" Kabine. Sie wurde auf den Rahmen aufgesetzt, stand unter leichtem Überdruck, um Staub und Schmutz draußen zu halten, und verfügte über Heizung und Klimaanlage.

Die ersten Steiger der Serie I, die aus dem neuen Werk rollten, waren der 175 PS starke Wildcat und der Super Wildcat mit 200 PS, beide mit CAT-V8, dazu der Tiger mit 310 PS, der von einem 14,8 Liter großen Cummins-V8 angetrieben wurde. Im Jahr darauf erschienen der Bearcat (CAT-V8 mit 225 PS), dann der Cougar (CAT-Reihensechszylinder mit 300 PS) und 1973 der bislang stärkste Steiger, der 320 PS leistende Turbo Tiger mit einer Turboversion des großen Cummins-Aggregats. Alle Modelle besaßen ein Zehnganggetriebe, das entweder von Fuller oder von Dana Spicer stammte. Es war ein recht umfangreiches Programm und damit typisch Steiger, wo

Wie könnte man für einen amerikanischen Riesenzirkus besser werben als mit einem amerikanischen Traktor-Giganten?

Ende der 1970er/Anfang der 1980er Jahre sah sich Steiger lebhafter Konkurrenz ausgesetzt, etwa durch den Ford 946 (im Hintergrund), war aber noch immer der führende Supertraktorhersteller.

TRAKTOR-GIGANTEN

Gegenüberliegende Seite: Ein Panther ST310 aus dem Jahr 1978 mit 13,9-Liter-Sechszylinder von Cummins.

Dieser Cougar ST280 und der Panther ST325 besitzen den gleichen Steiger-Standardrahmen, wie das ST in der Modellbezeichnung verdeutlicht. Der ST325 war sehr beliebt; einige Exemplare wurden in der Sonderausführung als Erntetraktor mit verstellbaren Spurweiten verkauft.

STEIGER PANTHER II

Baujahr	1975
Motor	Cummins NT-855
Motortyp	Wassergekühlter Reihensechszylinder
Hubraum	14,1 Liter
Leistung (Zapfwelle)	310 PS bei 2100/min
Leistung (Hydraulik)	ca. 250 PS
Getriebe	10-Gang-Schaltgetriebe

man stets eine ganze Palette an Supertraktoren anbot, während die meisten Konkurrenten nur ein oder zwei Modelle im Programm hatten.

Mittlerweile erfolgte der Vertrieb über 60 Händler in ganz Nordamerika und es war klar, dass nicht nur Milchbauern in Minnesota an den Vorteilen überreicher Kraft Gefallen fanden. Gemüsebauern in Kalifornien, Reisbauern im Süden und Weizenbauern in Washington, sie alle wurden zu Steiger-Besitzern oder -Benutzern. Einer von drei Supertraktorenkäufern entschied sich für einen Steiger, was, wenn man bedenkt, dass auch die großen Werke in diesen Markt einstiegen, eine ziemliche Leistung darstellte.

1974 erfolgte die Einführung der Serie II, wobei der „kleinste" (ein relativer Begriff) Wildcat entfiel und der Panther (mit Cummins-Reihensechszylinder) hinzukam. Ebenfalls neu war die auf Wunsch erhältliche Spurweitenverstellung für die Erntearbeit an Super Wildcat und Bearcat, die eine Spurweiten-Bandbreite von 152 bis 229 cm erlaubte. Diese Ernte-Steiger auszumachen, ist sehr einfach; sie besaßen vor der Modellbezeichnung das Präfix RC, die Ausführungen mit starrer Spurweite hingegen ein vorangestelltes ST.

Die Nachfrage nach dem marktführenden Supertraktor stieg weiterhin an. Mitte der 1970er Jahre begann Steiger erstmals, im großen Maßstab ins Ausland zu liefern, und dieser Absatzmarkt versprach noch größer zu werden als der Heimmarkt – eine Schätzung belief sich auf die vierfache Größe. Nicht alle Supertraktoren gingen in die weiten Ebenen,

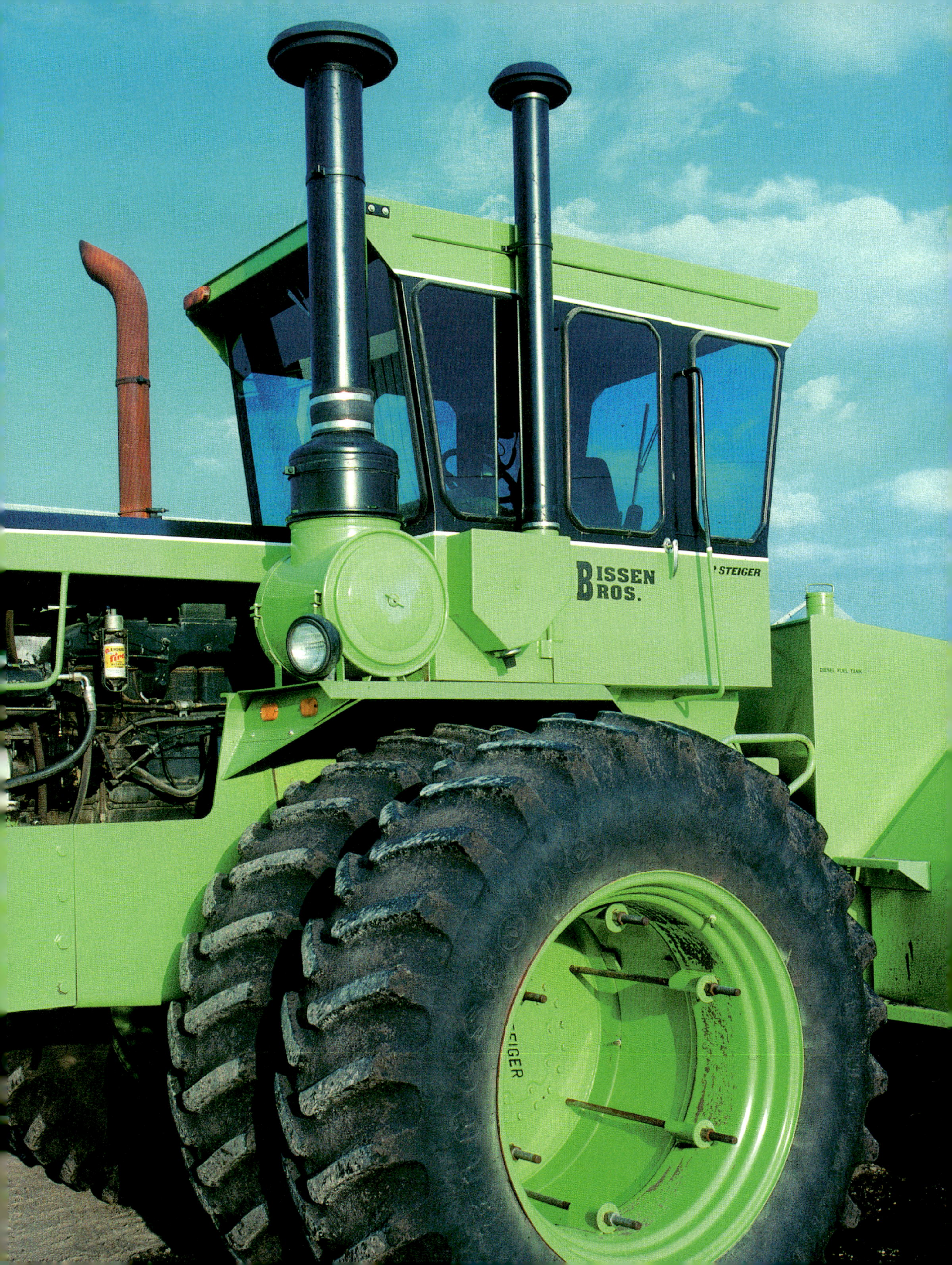

BISSEN
BROS.
STEIGER

STEIGER COUGAR ST 300 II

Anfang der 70er Jahre war die weltweit größte Fertigungsanlage für vierradgetriebene Schlepper die Steiger-Fabrik in North Dakota.

Die Serie II gab es in fünf Grundmodellen, welche in insgesamt elf verschiedenen Varianten angeboten wurden. Die Motoren waren immer noch Zulieferteile von Caterpillar oder von Cummins, was sich durch ein C oder ein K in der jeweiligen Modellbezeichnung niederschlug.

Einige der Modelle hatten die Buchstaben RC – für Row Crop – in der Designation, während die Buchstaben ST auf einen Standardrahmen hinwiesen. Der Cougar II war ausschließlich mit dem V8-Cat-Motor 3306T (10 l Hubraum) und Standardrahmen lieferbar.

Die elastische Lagerung der klimatisierten Kabine reduzierte den Geräuschpegel und verminderte unangenehme Vibrationen und Staubbelästigung. Der Fahrer fand somit für seinen langen Arbeitstag einen bedeutend angenehmeren Arbeitsplatz vor, als es bei vielen anderen Kabinen damals noch üblich war.

Der robuste Cougar II war wendig und konnte die größten Arbeitsgeräte mit seiner erstaunlichen Leistung locker ziehen.

Die Traktoren der Serie II waren sich in der Grundkonstruktion sehr ähnlich. Auch hier gab es bewährte Komponenten, die die Zuverlässigkeit des Schleppers sicherstellten. Diese Zuverlässigkeit und Langlebigkeit haben die Traktoren längst unter Beweis gestellt, da viele, auch heute noch nach 30 Jahren, ihr tägliches Pensum auf den Äckern erfüllen.

Hier zu sehen ein Steiger Cougar II von 1975 mit einer 6 m breiten Bodenbearbeitungskombination, mit der bei 25 cm Tiefe gearbeitet wird. Bei einer durchschnittlichen Geschwindigkeit von 8–10 km/h kann der Fahrer an einem guten Arbeitstag 32–36 ha bearbeiten.

STEIGER COUGAR ST 300 II

- 1974–1976
- CAT 3306T V8
- Turbolader
- 227 PS am Zughaken bei 2200/min
- Spicer-Getriebe, 10 Vorwärts- und 2 Rückwärtsgänge
- Höchstgeschwindigkeit 24,1 km/h
- Betriebsgewicht 11,91 t

obwohl sie in erster Linie für die großen Flächen in Missouri und Dakota gedacht waren; zumindest die schwächeren Modelle erwiesen sich auch als für größere Höfe in Großbritannien und Kontinentaleuropa tauglich. Ihr Geheimnis (das sie sich mit anderen großen Allradtraktoren teilten) bestand natürlich in dem Knickrahmen, durch den sie ebenso wendig waren wie wesentlich kleinere, hinterradgetriebene Traktoren mit starrem Rahmen.

Steiger blühte derart auf, dass nur fünf Monate nach dem Umzug nach Fargo das neue Werk schon wieder zu klein war. 1974 begann man mit dem Bau eines neuen, mit 39.000 m^2 sehr viel größeren Werkes. Bereits im Jahr darauf ging es in Betrieb; 1100 Mitarbeiter konnten dort alle 18 Minuten einen Supertraktor vom Band laufen lassen, eine erstaunliche Zahl.

Steiger entwickelte derweil eine neue Traktorengeneration, führte die Konkurrenz aber gerne an der Nase herum. Zum Beispiel baute man einen riesigen Traktor mit starrem Rahmen und Hinterradantrieb, den man im firmentypischen Hellgrün lackierte, nur um Spione glauben zu lassen, man entwickle ein kleineres Modell. Natürlich war dem nicht so, und der kleine Steiger wurde bald verschrottet.

Ein ernsthafteres Projekt war der Triple-Steiger, ein Ergebnis der Suche nach mehr PS. Big Bud hatte Steiger in Sachen Leistung überholt und den stärksten Serien-Supertraktor aller Zeiten im Programm, und dies war Steigers Antwort. In einem Knickrahmen wurden drei Cougar-Motoren installiert, die zusammen 750 PS abgaben, aber dieser extreme Prototyp blieb hinter den Erwartungen zurück – ein Beobachter beschrieb ihn als „fürchterlich", und das Projekt wurde fallengelassen. Ein ähnliches Schicksal wurde dem TST 650 zuteil, einem Prototyp aus dem Jahr 1976 mit zwei 650 PS Panther-Motoren.

Tatsache war, dass Steiger sich mit derlei radikalen Alternativen gar nicht abgeben musste. Zum einen entwickelte sich der Traktorenbau für Dritte zum lukrativen Geschäftszweig. Manche großen Traktorenhersteller hielten es für nicht der Sache wert, einen eigenen Supertraktor zu konstruieren, kauften stattdessen Steiger-Modelle und versahen sie mit ihren eigenen Lackierungen und Emblemen. Anfang der 1970er Jahre gelangten in Kanada einige Steiger in der orangefarbenen Lackierung von Canadian Co-Op Implements auf den Markt, während der Allis-Chalmers 440, der von 1972 bis 1975 angeboten wurde, einen in den USA über das A-C-Händlernetz vertriebenen Steiger darstellte. Auch die langlebige Ford FW-Reihe, die in verschiedener Gestalt von 1977 bis 1985 verkauft wurde, war in Wahrheit ein anders lackierter und mit anderen Schriftzügen versehener Steiger. Ebenso klopfte International an die Steiger-Tür, konstruierte aber die Serien 66 und 86 selbst und ließ sie lediglich bei Steiger fertigen.

Steiger vernachlässigte darüber aber seine eigenen hellgrünen Modelle keineswegs; 1976 erschien die Serie III. Sie wurde den Händlern in Florida vorgestellt, und als zirkusreife Nummer ließ ein „Löwenbändiger" die Peitsche knallen, als die neuen Panther und Bearcat in die Arena rollten.

Auch weiterhin war es die schiere Auswahl, mit der sich Steiger von allen anderen Supertraktor-Marken abhob – inklusive aller Motor- und Achsenvarianten gab es von der Serie III insgesamt 15 verschiedene Ausführungen, vom 210 PS starken Wildcat bis zum Tiger mit 470 PS. Im Grunde handelte es sich um vier Modelle – Wildcat III, Bearcat III, Cougar III und Panther III –, zu denen sich im Jahr darauf der Tiger III gesellte. Abgesehen vom Wildcat gab es alle Modelle nach Wunsch mit CAT- oder Cummins-Motor; Bearcat und Cougar ausschließlich mit Sechs-

Oben: Die Serie IV erschien 1983 und reichte vom Bearcat mit 225 PS bis zum Panther mit 360 PS. Der 525 PS starke Tiger IV ergänzte ab dem Folgejahr das Programm.

Unten: Ein Panther 1360 der Serie IV. Einmal mehr herrschte große Auswahl im Modellprogramm, das jetzt auch Versionen mit Komatsu-Maschine umfasste.

201

TRAKTOR-GIGANTEN

Dieser Panther der Serie IV ist zwar leicht ramponiert, sieht aber noch einsatzfähig aus. Der KP-Schriftzug weist auf den Cummins-Motor und das sechsgängige Powershift-Getriebe hin.

Der Puma 1000 aus dem Jahr 1986 stellte für Steiger einen radikalen Bruch dar; er war kleiner als seine Vorgänger und besaß zum Zwecke größerer Wendigkeit eine lenkbare Vorderachse.

zylindern, Panther und Tiger mit V8 oder Sechszylinder und den Wildcat ausschließlich mit CAT-V8.

Alle Versionen verfügten über ein Klauengetriebe (die Automatik war noch Zukunftsmusik) und über die neue Safari-Kabine. Letztere bot mehr Platz als jemals zuvor, bessere Sichtverhältnisse und ergonomisch günstiger angeordnete Bedienelemente sowie natürlich auch eine Klimaanlage. Nur für den Wildcat gab es verstellbare Spurweiten, nach wie vor im Bereich von 152 bis 229 cm, die den Traktor für den Einsatz auf ganz verschiedenen Feldern tauglich machten, von Sonnenblumen- bis zu Maisfeldern. Kleinbauern, die ihren ersten Supertraktor kauften, kam dieses Extra entgegen.

Neben dem Ernte-Wildcat gab es ab 1977 Bearcat, Cougar und Panther auch mit schmalerem Rahmen. Ein weiteres neues Extra nur für diese Ausführungen war die elektronische Zapfwelle, die erste an einem Supertraktor mit Knickrahmen. Die Zapfwelle, die maximal 125 PS leistete, war hydrostatisch ausgelegt und hielt eine konstante Drehzahl bei, auch wenn die Motordrehzahl absank. Alle damit ausgerüsteten Steiger trugen die Zusatzbezeichnung PT. Die PT-Modelle mit ihrem schmalen Rahmen waren für derart große Traktoren besonders wendig und der Bearcat PT konnte auf einer ebenso kleinen Fläche wenden wie ein 100 PS starker Traktor mit reinem Hinterradantrieb. Ein weiteres Extra war die Dreipunkt-Hydraulik, die den Steiger vielseitiger denn je machte.

All dieser Fortschritt war schön und gut, doch das wichtigste Argument für einen Steiger war und blieb die hohe Leistung.

STEIGER BEARCAT ST 220 III

Im Produktionszeitraum der Steiger Bearcat IIIer Reihe zwischen den Jahren 1976 und 1983 gab es insgesamt drei verschiedene Modelle: den Bearcat ST 225 mit Cat V8-Motor, den hier gezeigten Bearcat ST 220 mit einem 220 PS starken Cummins-Sechszylindermotor und den Bearcat PT 225; Letzterer ausgestattet mit einem schmalen Rahmen.

STEIGER BEARCAT ST 220 III
- 1976–1983
- Cummins N 855 C200 Sechszylindermotor
- 220 PS bei 2100/min
- 2-Gang-Gruppengetriebe, 10 Vorwärts- und 2 Rückwärtsgänge
- Höchstgeschwindigkeit 24,9 km/h
- Betriebsgewicht 13,11 t

STEIGER BEARCAT PT 225 III

Die Buchstaben PT in der Modellbezeichnung wiesen auf einen schmalen Rahmen hin, der mit einer elektronisch gesteuerten, hydraulisch angetriebenen Zapfwelle ausgestattet war, deren Leistung bei 125 PS lag.

Der Bearcat war sehr wendig: Selbst auf kleinen Feldern war er so leicht manövrierbar wie ein 100 PS starker konventioneller Traktor. Sein Wenderadius betrug nur knapp über 5 m. Wie bei den meisten Knickschleppern, lagen auch beim Bearcat 60 Prozent des Gewichts auf der Front- und 40 Prozent auf der Hinterachse, sodass sich das Gewicht des Traktors unter Last gleichmäßig auf die Achsen verteilte: Das Resultat war minimaler Schlupf.

Durch die Möglichkeit der Verschränkung der Hinterachse um 15° in beide Richtungen wurde eine gleichmäßige Gewichtsverteilung und damit eine einheitliche Bodenverdichtung aller Räder selbst in hügeligem Terrain möglich.

Eine große Auswahl von Reifen für den Bearcat lieferte gute Schlupfwerte und reduzierte die Bodenverdichtung noch weiter. Eine hydrostatische Zapfwelle mit 125 PS gehörte zur Standardausführung; auf Wunsch wurde der Schlepper mit Dreipunktaufhängung geliefert. Diese Ausstattung machte den Bearcat sehr vielseitig.

Die hydrostatische Zapfwelle wurde für drei Modelle angeboten, nämlich den Bearcat PT 225, den Cougar PT 270 und den Panther PT 350. Sie wies eine konstante Drehzahl auf, da sie nur hydraulisch mit dem Motor verbunden war. Selbst wenn die Drehzahl des Motors abfiel, blieb die Geschwindigkeit der Zapfwelle stabil. Um ein Beispiel zu nennen: Verstopfungen einer Erntemaschine oder schlecht abgeerntetes Getreide wurden dadurch verhindert, dass die Geschwindigkeit der Zapfwelle auch dann konstant blieb, wenn der Fahrer seine Geschwindigkeit verringern musste.

STEIGER BEARCAT PT 225 III

- 1977–1981
- CAT 3306 DIT Sechszylindermotor
- Turbolader
- 225 PS bei 2200/min
- 2-Gang-Gruppengetriebe, 10 Vorwärts- und 2 Rückwärtsgänge
- Höchstgeschwindigkeit 26,9 km/h
- Betriebsgewicht 14,7 t

STEIGER PANTHER ST 350 III

Von allen Steiger-Traktoren, die innerhalb der verschiedenen Serien gebaut wurden, war der Panther weltweit das beliebteste Modell. Mit dem 350 PS starken Cummins-V8-Motor war der hier abgebildete Schlepper der stärkste der Panther-Traktoren. Die neun Modelle, die zwischen 296 und 350 PS hatten, eigneten sich sowohl für kleine als auch für große Betriebe.

Die Traktoren der Serie III waren auf Leistung ausgelegt und die Rahmen äußerst robust. Sie bestanden aus 1,27 cm starkem Blech und man hatte sorgfältig eine hierzu passende Kraftübertragung gewählt. Durch ihr gutes Leistungsgewicht waren diese Panther hervorragend für das Ziehen schwerer Lasten geeignet. Mit 20 Vorwärtsgängen konnte der Schlepper seine Leistung in jedem Terrain optimieren, was ihn sehr vielseitig machte. Je nach Reifengröße erzielte dieses Modell Geschwindigkeiten von 2,7 bis 38,3 km/h. Auf Wunsch wurde der Panther mit einer Dreipunktaufhängung der Kategorie III geliefert.

STEIGER PANTHER ST 350 III

- 1976–1983
- Cummins VT903 V8
- 350 PS bei 2300/min
- Turbolader
- Spicer-Getriebe, 10 Vorwärts- und 2 Rückwärtsgänge, 2-Gang-Gruppengetriebe
- Höchstgeschwindigkeit 25,7 km/h
- Betriebsgewicht 14,7 t

STEIGER TIGER ST 450 III

Hans Boxlers Tiger III im Einsatz: Hier zieht er bei etwa 8 km/h einen Tiefenlockerer mit 20 Zinken, die mehr als 30 cm tief in den Boden eindringen.

Als der Tiger III im Jahre 1977 der Öffentlichkeit vorgestellt wurde, war er Steigers größter Traktor. Weltweit war er nach dem Big Bud KT-525 mit seinen 525 PS der zweitstärkste Schlepper auf dem Markt. Innerhalb von zwölf Monaten wurden zwei verschiedene Modelle auf den Markt gebracht. Der ST 450 hatte einen 18 l Caterpillar 3408 V8 mit Turbolader und Ladeluftkühlung, dessen Leistung bei 450 PS lag. Der größere ST 470 war mit einem Cummins 1150 Sechszylindermotor mit fast 19 Liter Hubraum, Turbolader und Ladeluftkühlung ausgestattet. Seine Nennleistung betrug 470 PS.

Man benutzte ein Allison Powershift-Getriebe mit sechs Vorwärtsgängen und einem Rückwärtsgang. Auf der Straße konnte der Schlepper eine Höchstgeschwindigkeit von mehr als 32 km/h erzielen, wenn er mit 30.5 x 32 R1 Zwillingsreifen ausgestattet war.

Der Kraftstofftank war im Heckrahmen eingebaut und hatte ein Fassungsvermögen von 1457 l. Sowohl der Cummins- als auch der Caterpillar-Motor zeichneten sich durch sehr niedrigen Kraftstoffverbrauch aus.

Der Tiger III war nicht nur der stärkste Schlepper, den Steiger je gebaut hatte, auch seine Maße übertrafen alles, was das Unternehmen bis dahin produziert hatte: Bis zur Spitze des Auspuffrohrs maß der Schlepper 4,09 m, ohne die Frontgewichte betrug die Länge des Traktors 7,34 m und mit Zwillingsrädern war er 4,85 m breit.

Der Radstand lag bei 3,81 m und er wendete mit einem Radius von 5,49 m. Im Betrieb brachte er mindestens 20,6 t auf die Waage, das maximale Betriebsgewicht wurde mit 22,7 t angegeben.

STEIGER TIGER ST 450 III

- 1977–1982
- CAT 3408 DITA V8
- Turbolader und Ladeluftkühlung
- 450 PS bei 2200/min
- Allison Powershift, 6 Vorwärtsgänge und 1 Rückwärtsgang
- Höchstgeschwindigkeit 30,7 km/h
- Betriebsgewicht 20,6 t

STEIGER PANTHER KM 360 IV

Auch bei der Serie IV der Steiger-Traktoren hatte der Käufer die Wahl, aber verglichen mit der Serie III war das Angebot bedeutend eingeschränkt worden. Das kleinere Modell, der Wildcat, verschwand von der Bildfläche; die Leistung des größten Modells, des Tigers, wurde auf 525 PS hochgeschraubt.

Es war jedoch der Panther mit seinem Angebot an neun Modellen, ausgestattet mit Cummins- oder Caterpillar-Sechszylinder-Reihenmotoren zwischen 325 und 360 PS, der sich als der Verkaufsschlager herausstellte. Die Bezeichnung der Panther-Modelle der Serie IV bestand aus zwei Buchstaben, gefolgt von einer dreistelligen Zahl, die die Motorleistung angab.

Die Buchstaben CM standen für Caterpillar-Motor und Handschaltgetriebe, KM bedeutete Cummins-Motor mit Handschaltgetriebe, CS stand für Caterpillar-Motor mit „Steiger-matic"-Getriebe, KS für Cummins-Motor und „Steiger-matic"-Getriebe. Modelle mit KP im Namen waren mit Cummins-Motor und Powershift-Getriebe ausgestattet und die Buchstaben SM bedeuteten Komatsu-Motor und Handschaltgetriebe.

STEIGER PANTHER KM 360 IV

- 1983–1985
- Cummins NT 855 A360 Sechszylindermotor
- Turbolader und Nachkühlung
- 360 PS bei 2100/min
- Spicer-Getriebe, 10 Vorwärts- und 2 Rückwärtsgänge, 2-Gang-Gruppengetriebe
- Höchstgeschwindigkeit 37 km/h
- Betriebsgewicht 13,6 t

STEIGER PANTHER PTA 325 III

Dieser Panther hatte die Modellbezeichnung PTA 325 III: PT stand für einen schmalen Rahmen mit elektronisch gesteuerter Zapfwelle, deren Leistung auf 125 PS begrenzt war; A stand für automatisches Getriebe; 325 war die Motorleistung in PS und III bedeutete Serie III. Die Schlepper dieser Serie III zeichneten sich durch die legendäre Bandbreite an lieferbaren Modellen aus: Sie übertraf die jeder vorangegangenen Serie von Steiger und die jedes anderen Traktorenherstellers.

Der PTA mit „Steiger-matic" war der erste vierradgetriebene Schlepper mit Vollautomatik. Die „Steiger-matic" darf nicht mit dem „Powershift" verwechselt werden, einem System, das damals für verschiedene Traktoren angeboten wurde. Sie berechnete Geschwindigkeits- und Lastfaktoren selbstständig und wählte automatisch den optimalen Gang für beste Motorauslastung und Leistungsfähigkeit.

Die Steiger-matic rastete jeden Gang ein, sodass zwischen Motor und Achse eine direkte Verbindung bestand. Die Leistungsfähigkeit eines Wechselschaltgetriebes wurde mit den Annehmlichkeiten eines automatischen Getriebes verbunden.

Ebene Fläche oder Hügelland, schwerer oder leichter Boden, nasse oder trockene Witterung: Der Fahrer brauchte sich nicht über den richtigen Gang den Kopf zu zerbrechen. Er ließ nur das Arbeitsgerät herunter und legte den Gang ein. Dann konnte er praktisch die Hände in den Schoß legen und dem Traktor die Arbeit überlassen. Abends auf dem Heimweg musste er vielleicht noch einmal die Gangschaltung bedienen.

Die Traktoren wurden mit verschiedenen Reifengrößen geliefert. Je nach Reifendurchmesser konnte die Straßengeschwindigkeit des Traktors variieren.

Große Steiger-Knickschlepper werden nicht ausschließlich für die Bodenbearbeitung eingesetzt. Hier zieht ein Panther PTA 325 III ein Husky-Güllefass mit einem Fassungsvermögen von 36.000 l auf Hans Boxlers Farm in Varysburg im Bundesstaat New York, die auf Milchviehhaltung spezialisiert ist. Hans melkt 1800 Kühe und hat insgesamt 4100 Rinder. Eine Herde dieser Größe produziert mehr als 55 t Gülle pro Tag, sodass der Abtransport für den Panther ein Vollzeitjob ist.

Hans Boxler bebaut zusätzlich mehr als 2000 ha in einem Umkreis von 40 Kilometern. Seine zwei Steiger Panther PTA 325er bearbeiten das Land mit 9 m breiten Grubbern von International. Bei etwa 11 km/h schaffen die beiden an einem Zehn-Stunden-Tag zusammen 200 ha.

STEIGER PANTHER PTA 325 III

- 1980–1982
- CAT 3406 DIT Sechszylindermotor
- Turbolader
- 325 PS bei 2100/min
- Allison Automatic 4-Gang-Getriebe – 2-Gang-Gruppengetriebe
- Höchstgeschwindigkeit 24,9 km/h
- Betriebsgewicht 14,7 t

STEIGER COUGAR ST 251 III

Mit der Einführung der Steiger Serie III-Traktoren 1976 erzielte das Unternehmen eine solche Popularität, dass es mehr Knickschlepper verkaufte als jeder andere Hersteller.

Bei Steiger hatte der Landwirt eine Auswahl, die für praktisch jeden landwirtschaftlichen Betrieb geeignet war. Der Cougar der Serie III wurde beispielsweise in zehn Ausführungen angeboten. Bei den Motoren hatte man die Wahl zwischen den Marken Caterpillar oder Cummins, die zwischen 250 und 280 PS stark waren. Das bestverkaufte Modell war der Cougar ST – die Ausführung mit dem Standardrahmen –, der in fünf Varianten gefertigt wurde. Hierdurch erhielten Landwirte die Chance, aus einer Palette von vier Leistungsgruppen und zwei Motorenmarken zu wählen.

Hinter dem Modellnamen Cougar PT verbarg sich ein Traktor mit einem schmalen Rahmen. Alle Steiger der Serie III waren mit einer elektronisch gesteuerten, hydraulisch angetriebenen Zapfwelle ausgestattet. Auf Wunsch konnte eine Dreipunktaufhängung der Kategorie III mit einer Hubkraft von 5 t montiert werden.

Der Cougar ST 251 war mit einer neuen Fahrerkabine ausgestattet, der man den Namen „Exclusive Steiger Safari Cab" gab. Die Kabine war sehr komfortabel eingerichtet: Zur Ausstattung gehörten Heizung und Klimaanlage, Radio, verstellbares Lenkrad mit verstellbarem Neigungswinkel, gepolsterter Sitz und Zigarettenanzünder.

STEIGER COUGAR ST 251 III

- 1976–1983
- Cummins NT-855-250 Sechszylindermotor
- Turbolader
- 251 PS bei 2100/min
- 2-stufiges Gruppengetriebe, 10 Vorwärts- und 2 Rückwärtsgänge
- Höchstgeschwindigkeit 26,9 km/h
- Betriebsgewicht 13,3 t

Dieser Idee war der ebenfalls 1977 lancierte Tiger III verpflichtet. Mit 450 PS war er nicht der stärkste Traktor auf dem Markt (das war der Big Bud mit seinen 525 PS), aber der Tiger kam damit auf den guten zweiten Rang. Die Leistung stellte ein Caterpillar-V8 von 18,1 Litern Hubraum bereit, der seine 450 PS bei 2200/min abgab. Später gab es auf Wunsch auch einen 18,9-Liter-Reihensechszylinder von Cummins, der auf 470 PS kam. Für beide Maschinen war das ansonsten serienmäßige Spicer-10-Gang-Getriebe zu schwächlich, daher wurde es hier durch ein Powershift-Getriebe von Allison ersetzt, das über sechs Vorwärtsgänge und einen Rückwärtsgang gebot.

Der Tiger III war Steigers bislang stärkster Traktor und mit einer Breite von 485 und einer Länge von 734 cm auch der größte. Er wog 20,4 Tonnen und besaß einen Tankinhalt von 1450 Litern, dennoch war er relativ sparsam und kam auf einen Wendekreis von nur 5,50 Metern.

Schaltgetriebe wurden immer häufiger durch Powershift-Getriebe ersetzt, selbst bei kleineren Traktoren mit Hinterradantrieb, worauf Steiger 1980 mit einer auf Wunsch lieferbaren Automatik reagierte. Bei dieser „Steiger-matic" handelte es sich um eine Allison-Zehngangeinheit mit Vorlegegetriebe und Drehmomentwandler. Zur Erhöhung der Effizienz ließ sich jeder einzelne Gang fixieren, ansonsten aber erleichterte sie den Steiger-Fahrern ihr Tagwerk. Traktoren mit diesem Getriebe hörten auf die Bezeichnung PTA; die elektronische Zapfwelle zählte bei ihnen zur Serienausstattung.

Es sah so aus, als könne Steiger nichts falsch machen. Man war der Supertraktor-Spezialist schlechthin, man hatte seine Produkte auf dem neuesten Stand gehalten und exportierte in alle Welt. Ende der 1970er Jahre hatte Steiger 10.000 Traktoren gebaut; 1982 diversifizierte das Werk und lancierte eine Reihe von gelb lackierten Supertraktoren für den Einsatz im Bau- und Bergwerkswesen.

Unglücklicherweise geriet die Landwirtschaft in den achtziger Jahren weltweit und insbesondere in den USA in eine Krise. Zum ersten Mal seit langem fuhren die Farmer ihre Investitionen zurück; als erste Maßnahme verzichteten sie auf die Anschaffung eines Supertraktors. Für Steiger bedeutete dies das Ende der Boomjahre und den Beginn eines schwierigen Jahrzehnts, das zum Bankrott führen sollte.

Niemand konnte aber dem Werk vorwerfen, dass es sich auf seinen Lorbeeren ausruhe. 1983 erschienen sowohl die Serie IV als auch der neue Steiger 1000.

Case oder Steiger? Nach der Übernahme im Jahr 1986 wurden die Traktoren in den Case-IH-Farben Rot und Schwarz verkauft, aber nach wie vor bei Steiger gefertigt.

TRAKTOR-GIGANTEN

Oben: Aus den Großkatzen wurde der Case 9000; später setzte man ein Steiger-Emblem in den Kühlergrill, um die Abstammung des Traktors deutlich zu machen.

Rechts: Das einzige Kettenfahrzeug, das jemals im Steiger-Werk entstand, der Case/Steiger Quadtrac mit vier Ketten.

Die Serie IV stellte das übliche Programm, vom Bearcat mit 225 PS bis zum 360-PS-Panther, zu denen 1984 der Tiger IV mit 18,9-Liter-Cummins-Motor mit Turbolader, Ladeluftkühlung und 525 PS hinzukam. Erstmals wurde Steiger seinen Motorenlieferanten Cummins und CAT untreu und bot im Panther auch eine Komatsu-Maschine an.

An Getrieben standen die mittlerweile bekannte Steiger-matic, ein 20-Gang-Schaltgetriebe und im Tiger das Allison-Sechsgang-Powershift-Getriebe zur Auswahl. Die Serie IV blieb bis 1988 in Produktion; neben diesen aufgefrischten Urmodellen lief der Panther 1000 vom Band. Diese Neuentwicklung folgte dem bekannten Steiger-Kanon und wurde von Cummins- oder CAT-Motoren von 325, 335 oder 400 PS

STEIGER BEARCAT 1000

Baujahr	1986
Motor	Caterpillar 3306B
Motortyp	Wassergekühlter Reihensechszylinder
Hubraum	10,5 Liter
Besonderheiten	Turbolader
Leistung (Schwungrad)	235 PS bei 2100/min
Leistung (Zapfwelle)	218 PS
Getriebe	12-Gang-Powershift
Höchstgeschw.	27,8 km/h
Leergewicht	12.945 kg

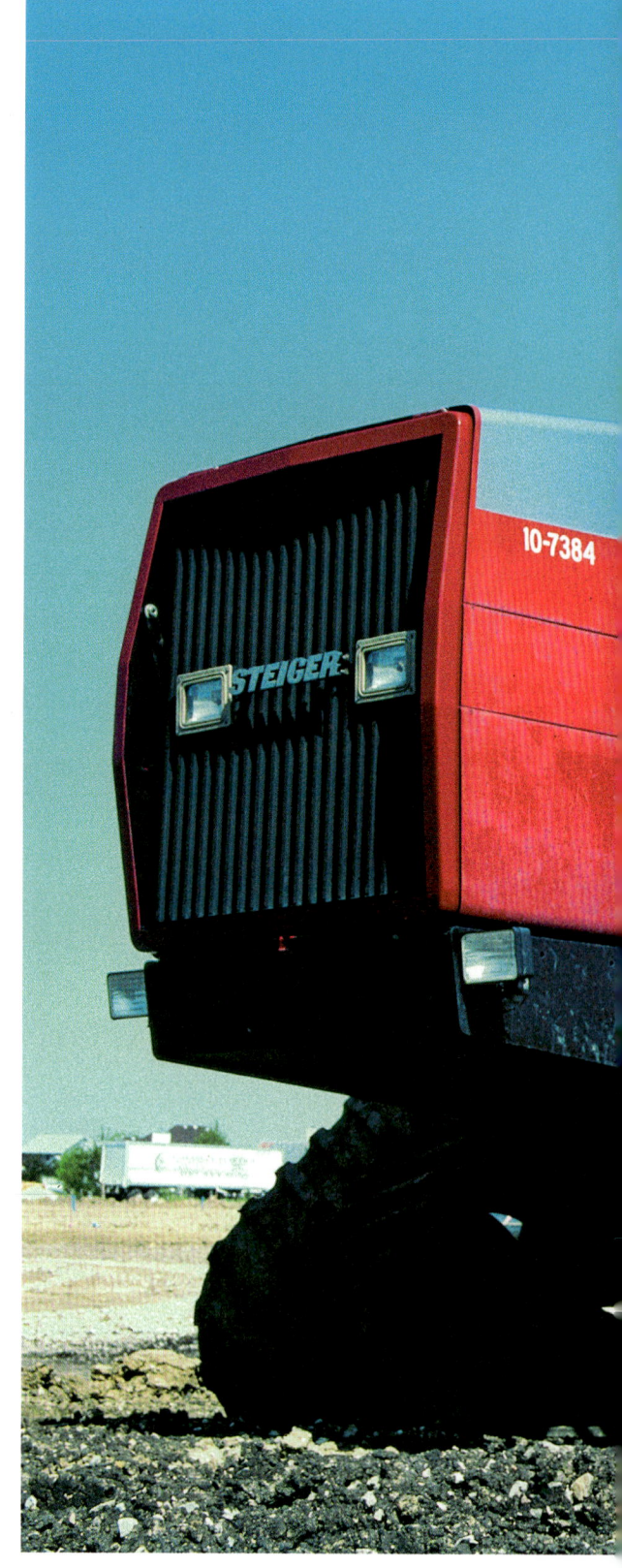

STEIGER

TRAKTOR-GIGANTEN

Der Quadtrac sollte mit dem Caterpillar Challenger konkurrieren und besaß in Kurven eine bessere Traktion.

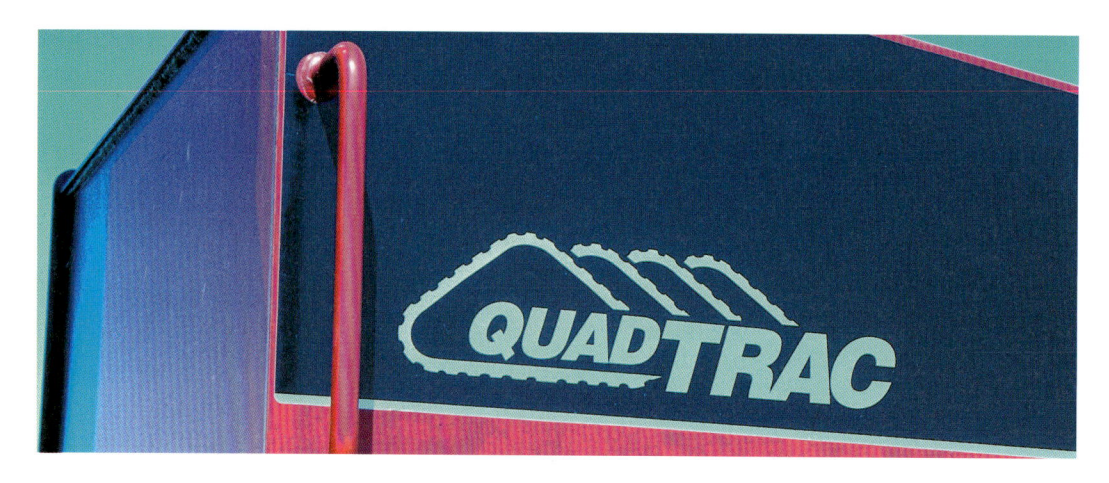

Gegenüberliegende Seite: Die imposante Vorderansicht des Quadtrac, in der die breiten Ketten besonders zur Geltung kommen.

Von den Kettenlaufwerken abgesehen ähnelte der Quadtrac in technischer Hinsicht der Serie 9000 mit Rädern. Hier ein 9380.

angetrieben. Neu waren die überarbeitete Safari-Kabine mit nach vorne abfallender Motorhaube, was die Sicht verbesserte, und das Powershift-Getriebe mit 12 Gängen. Radikaler war der 1986 vorgestellte Puma 1000. Dieser „Baby-Steiger" sollte gegen die großen Traktoren mit Hinterradantrieb antreten und besaß für den Ernteeinsatz verstellbare Spurweiten (152 bis 330 cm) und zum bekannten Knickrahmen eine lenkbare Vorderachse. Damit war er einer der wendigsten Supertraktoren aller Zeiten, eine echte Alternative zu einem großen hinterradgetriebenen John Deere oder Case-IH. Ein 190 PS starker Case-Sechszylinder und ein 12-Gang-Powershift-Getriebe übernahmen den Antrieb.

Weitere Modelle der 1000er-Serie rückten ins Programm, aber dem allgemeinen Absatzrückgang konnte sich das Werk nicht entziehen. Um die Herstellungskosten zu senken, verfolgte man in höherem Maße eine Gleichteilstrategie (Bearcat und Cougar teilten sich zum Beispiel nun den Rahmen), da das Werk aber nur noch zu 25 Prozent ausgelastet war, nahte das Ende. 1986 war es soweit, als die Verluste höher als erwartet ausfielen. Das Werk reichte einen Konkursantrag ein, was zwar das Ende von Steiger als selbstständigem Unternehmen bedeutete, nicht aber das Ende des Markennamens Steiger.

Trotz der Rezession waren die Supertraktor-Erfahrung und die Produktionseinrichtungen interessant für alle großen Hersteller, und noch vor Jahresende hatte Tenneco, der Besitzer von Case-IH, das Werk in Fargo übernommen. Zunächst liefen weiterhin die hellgrünen Steiger 1000 von den Bändern, ab 1987 wurden sie in den Case-IH-Farben Rot und Schwarz gefertigt. Die Großkatzennamen wurden abgeschafft und durch nüchternere Bezeichnungen ersetzt – Lion und Tiger hießen jetzt Serie 9000. Aus dem Puma wurde der 9110, aus dem Bearcat der 9130 und so weiter quer durch das Programm.

Manche Steiger-Händler waren darüber dermaßen aufgebracht, dass sie für die neuen Modelle eigene Steiger-Schriftzüge entwarfen; Case-IH sah erst 1995 ein, dass man mit dem Verzicht auf den respektablen Namen Steiger einen großen Fehler begangen hatte und führte ihn wieder ein. Unabhängig davon hat Steiger aber längst seinen Platz in der Geschichte der Traktor-Giganten sicher.

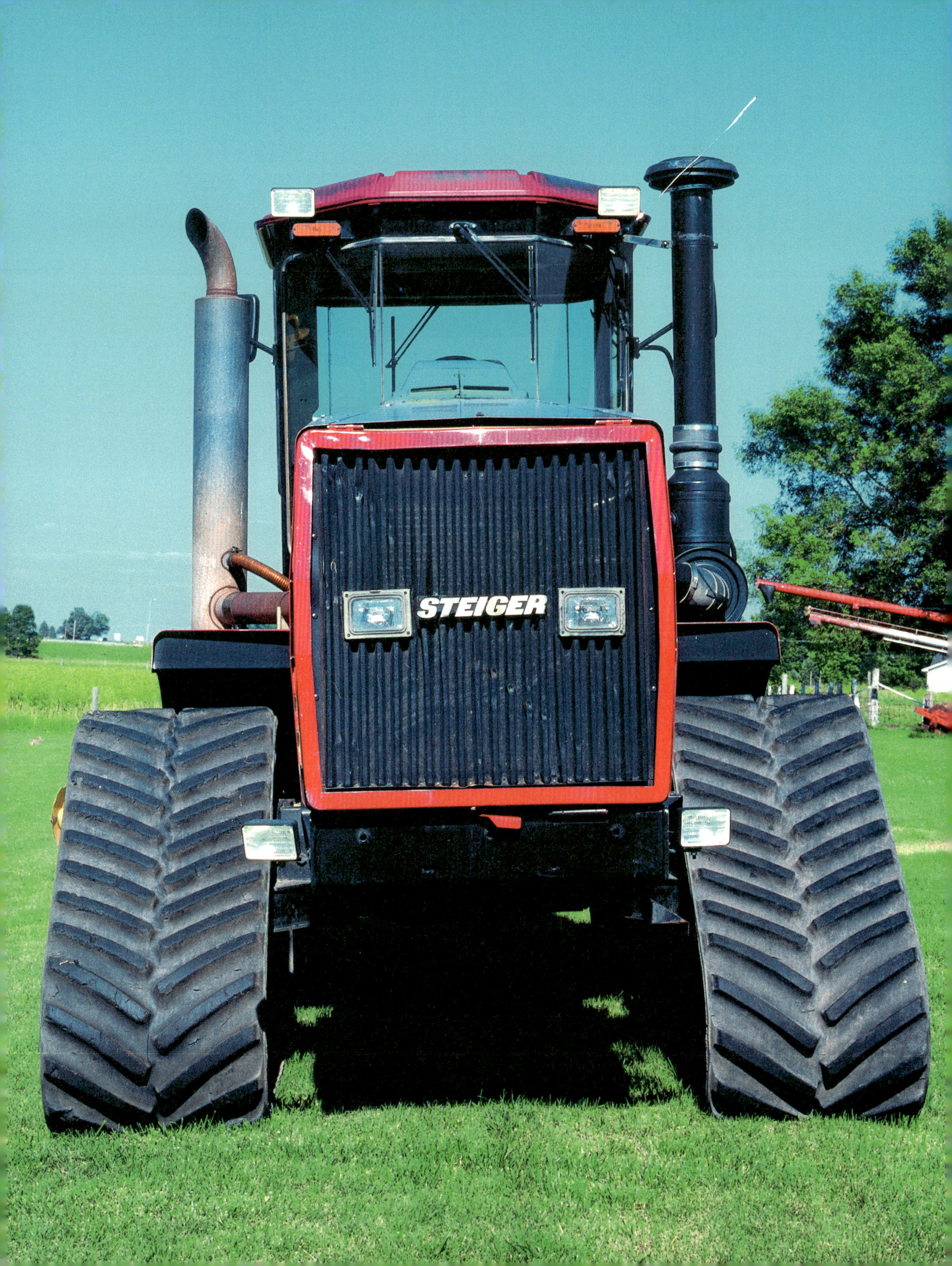
STEIGER

STEIGER PANTHER 1000

Der Steiger Panther 1000 wurde der Öffentlichkeit 1982 vorgestellt und parallel zu den Modellen der Serie IV produziert.

Mitte der 80er Jahre brach die Traktorenproduktion in ganz Amerika dramatisch ein. Steiger erlitt während dieser Zeit so große finanzielle Verluste, dass der Hersteller 1986 den Konkurs anmelden musste: Das Unternehmen bekam eine Frist gesetzt, seine Schulden zu bezahlen, während die Produktion aufrechterhalten wurde.

Man bemühte sich verzweifelt, auf dem Markt, den Steiger 30 Jahre lang dominiert hatte, wieder Fuß zu fassen. Steiger musste deshalb seine Produktion in kurzer Zeit umstellen und vereinfachen. Um Kosten einzusparen, wurde konsequent die Zahl der Modelle und Varianten reduziert.

So wurde z.B. die Produktion der Steiger-Traktoren der Serie IV 1985 eingestellt – nur der 525 PS starke Tiger wurde noch bis 1988 gefertigt.

Ende 1985 stellte Steiger mit dem 1000 Cougar seine zweite 1000er Serie der Öffentlichkeit vor, die 1000er Puma, Wildcat, Bearcat und Lion folgten im Jahr 1986.

Ende 1986 kaufte Tenneco, die Muttergesellschaft von Case IH, die Steiger-Fabrik in Fargo, Nord Dakota. Die Produktion der Steiger-Traktoren wurde mit jener der Case IH-Schlepper zusammengelegt.

Grüne Knicktraktoren der Marke Steiger liefen in Fargo nur noch für kurze Zeit vom Band, dann verdrängte das Case IH-Rot das berühmte Steiger-Grün. Denn: die Steiger Serie 1000 wurde zur neuen Case IH Serie 9100, die 1987 offiziell der Öffentlichkeit präsentiert wurde. Damit verschwand der Name Steiger zunächst von den großen Knickschleppern.

STEIGER PANTHER 1000

- 1982–1987
- Cummins NTA 855A Sechszylindermotor
- 335 PS bei 2100/min
- Turbolader und Zwischenkühlung
- Powershift-Getriebe, 12 Vorwärts- und 2 Rückwärtsgänge
- Höchstgeschwindigkeit 27,8 km/h
- Betriebsgewicht 17,6 t

217

TRAKTOR-GIGANTEN

Versatile
Vielseitigkeit aus Kanada

Der D-145 mit seinem 7,7-Liter-Cummins-V8 war der leistungsstärkste Versatile der Serie I.

Versatile war ein Supertraktor-Pionier, aber keineswegs der erste Hersteller in dieser Klasse. Als der D-100 im Jahr 1966 erschien, war Steiger bereits seit fünf Jahren im Geschäft und Wagner noch wesentlich länger. Aus den Reihen der Großserienhersteller hatte John Deere bereits 1959 den Allrad-8010 herausgebracht.

Bei allen diesen Traktoren handelte es sich um in kleiner Stückzahl gefertigte Modelle, die sehr teuer waren; dies wiederum machte sie für die meisten Farmer uninteressant. Versatile brachte dagegen das Kunststück fertig, einen Allrad-Supertraktor für den Preis eines herkömmlichen Modells anzubieten. Das Werk hatte sich mit Landmaschinen einen Namen gemacht, die zuverlässig liefen und zugleich preiswert waren, da sie von einfacher Konstruktion waren und in großen Stückzahlen hergestellt wurden. Der D-100 führte diese Philosophie einfach auf dem Feld der Supertraktoren weiter. Er war ein großer Erfolg und Versatile Manufacturing of Canada wuchs kräftig weiter.

VERSATILE

Die Geschichte von Versatile ist eine Geschichte von emsigem Einsatz; aus dem Nichts baute der Gründer eine große, erfolgreiche Firma auf – die Verkörperung des amerikanischen (oder in diesem Falle kanadischen) Traumes. Peter Pakosh war polnischer Abstammung. Seine Eltern hatten sich in Pennsylvania kennengelernt, doch die kanadische Einwanderungspolitik, die darin bestand, jedem Immigranten 65 Hektar Land für zehn Dollar zu verkaufen, lockte sie in den Norden. Emil und Klawda Pakosh zogen in Saskatchewan eine erfolgreiche Farm hoch und schon früh zeigte ihr Sohn Peter eine Neigung zur Technik. Nach der Absolvierung der High School wollte er Lehrer werden, ließ diese Idee dann aber fallen und zog in den 1930er Jahren nach Winnipeg, um sich dort zum Ingenieur ausbilden zu lassen. Als Technischer Zeichner mit Abschluss half er noch immer häufig auf der Farm aus und konnte 1940 erfreut feststellen, dass sein Vater endlich einen Traktor angeschafft hatte. Im selben Jahr bekam er eine Stelle beim Traktorhersteller Massey Harris.

Der junge Pakosh sprühte vor Ehrgeiz, und nachdem Massey seiner Bitte um Versetzung in die Konstruktionsabteilung nicht nachgekommen war, wagte er den Schritt in die Selbstständigkeit. Er hatte bereits einen einfachen, aber wirkungsvollen Getreideförderer konstruiert, der 1946 mit Hilfe seines Schwagers Roy Robinson, der bis in die 1970er Jahre hinein eine führende Rolle bei Versatile spielen sollte, in Kleinserie gegangen war. Gemeinsam gründeten sie die Hydraulic Engineering Company, als Markenname griff man schon sehr früh zu „Versatile".

Das Angebot von Hydraulic wurde laufend größer und umfasste auch einen Sprüher, eine Zugegge und einen selbstfahrenden Schwadmäher. Durch die frühen Erfolge ermuntert verließ Peter Pakosh Massey Harris im Frühjahr 1951, um sich ausschließlich Versatile zu widmen. Die Firma blühte auf, setzte 1957 über eine Million Dollar um, drei Jahre darauf das Doppelte. Man nahm Mähdrescher ins Programm und selbst ein Großfeuer im Werk konnte den meteorhaften Aufstieg des Unternehmens nicht bremsen.

Einen Traktor ins Programm zu nehmen, war der logische nächste Schritt, es schien aber kaum erfolgversprechend zu sein, direkt mit den großen Werken zu konkurrieren, daher entwickelte Peter Pakosh eigene Ideen. „Ich war schon seit Jahren von der Vorstellung fasziniert, einen preiswerten Allradtraktor zu bauen", erinnerte er sich später, „und wir hatten dessen Potenzial erwogen. Der Trick bestand darin, einen solchen Traktor nicht als Luxusgut zu konstruieren. Ein solches Fahrzeug in Großserie zu bauen, war ein radikaler Schritt." Es herrschte die Meinung vor, für einen preiswerten Allradtraktor sei der Markt zu klein, doch die Universität Manitoba, die die Effizienzvorzüge der großen 4x4-Modelle herausstrich, überzeugte Pakosh davon, dass dieser Schritt richtig war.

Als der D-100 im Jahr 1966 erschien, sah er aus wie ein leicht verkleinerter Steiger oder Wagner. Wie diese Giganten der Prärie besaß er einen Knickrahmen und vier große Räder. Er war weniger leistungsstark als jene und bot 100 PS an der Hydraulik und 128 PS am Schwungrad. Ungewöhnlicherweise handelte es sich um einen Motor von Ford England, den Sechsliter-Sechszylinder vom Typ 2704E. Kunden, die unbedingt einen Benzinmotor haben wollten, konnten sich für den G-100 entscheiden, der mit seinem 5,2 Liter großen Chrysler-V8 am Schwungrad etwas stärker und an der Hydraulik genauso stark war. Der Diesel war sehr viel beliebter; etwa drei Viertel der Kunden wählten diese Maschine. In beiden Fällen verfügte das Getriebe über drei Vorwärtsgänge und einen Rückwärtsgang sowie ein viergängiges Vorgelegegetriebe.

Der Tradition des Hauses folgend war der D-100 sehr einfach gehalten; eine Kabine gab es nicht einmal gegen Aufpreis, dafür aber kostete er unter 10.000 Dollar und war damit ein echtes Sonderangebot. Die Versatile-Werbung zog alle Register und die Marketingabteilung berechnete, dass ein D-100 über zehn Jahre mehr als 13.000 Dollar einspare und sich damit von selbst trage. Mit einem Einsatzgewicht von 6¼ Tonnen waren die Versatile-Modelle leichter als die schwerere Konkurrenz, daher wirkte sich ihre gerin-

Der Name ist Programm: Der Versatile erwies sich als sehr vielseitig und wurde auch außerhalb der Landwirtschaft verwendet.

VERSATILE D-100

Die ersten zwei Traktoren, die Peter Pakosh und Roy Robinson 1966 unter dem Namen Versatile bauten, waren der Versatile D-100 mit Dieselmotor und der G-100, der mit Benzin betankt wurde. Beide Schlepper benutzten denselben Rahmen, aber unterschiedliche Motoren. Sie waren der Grundstein für eine Serie von Schleppern mit 100 PS, die für den Farmer ein vierradgetriebenes Arbeitspferd zu einem günstigen Preis bedeutete. Mit dem D-100 fing der Siegeszug des Namens Versatile an, der in kurzer Zeit zu den Marktführern unter den Herstellern von Knicktraktoren aufstieg. Die zwei Traktoren wurden 1965 entwickelt, ab Herbst 1965 gingen sie bereits in Produktion und kamen 1966 auf den Markt. Die Versatile-Traktoren wurden in Winnipeg in der kanadischen Provinz Manitoba hergestellt. Auch fast 40 Jahre nach der Einführung der ersten Versatile-Traktoren werden an der Clarence Avenue weiterhin Schlepper hergestellt: Bühler Industries Inc. baut in dieser berühmten Fabrik jetzt die Bühler Versatile-Schlepper.

Ein Ford-Sechszylindermotor mit fast 6 Litern Hubraum sorgte beim D-100 für schätzungsweise 128 PS. Dieser Traktor unterschied sich wesentlich von anderen Schleppern auf dem Markt, denn trotz ihrer Leistung von 100 PS waren die Traktoren leichtgewichtig. Außerdem verfügten sie über die Traktion und Stabilität ihrer großen Brüder. Dadurch konnten sie unter Bedingungen arbeiten, mit denen konventionelle Traktoren nicht fertig wurden. Der D-100 wurde günstiger oder zum selben Preis wie ein vergleichbarer zweiradgetriebener Traktor angeboten. So kostete 1966 der D-100 9200 Dollar. Ein konventioneller Schlepper der gleichen Klasse lag preislich bei etwa 12.000 Dollar. Die neuen D- und G-100-Traktoren wurden aus Standardkomponenten hergestellt und waren leicht zu warten und instand zu halten: Auf diese Vorteile konzentrierte man sich bei der Vermarktung der Schlepper.

Insgesamt entstanden lediglich 100 Versatile D-100 Traktoren. Der hier abgebildete restaurierte Schlepper ist voll funktionstüchtig und man kann ihn im Manitoba Agricultural Museum in Austin, Manitoba, bewundern.

VERSATILE D-100
- 1966–1967
- Ford-Sechszylindermotor
- Schätzungsweise 128 PS
- 100 PS am Zughaken
- Manuelles Getriebe, 12 Vorwärts- und 4 Rückwärtsgänge
- Höchstgeschwindigkeit 26 km/h
- Betriebsgewicht 6,25 t

VERSATILE

Links: Mit der Serie I bewies Versatile, dass es möglich war, einen Allradtraktor für nur wenig mehr anzubieten als ein konventioneller Traktor kostete.

Ganz links: Der Cummins-Motor leistete (wie die Modellbezeichnung nahe legte) 145 PS, womit die Versatile-Kundschaft vorerst zufrieden war.

gere Leistung weniger aus, als man hätte meinen können. Kein Wunder, dass das erste Baulos von 100 Stück noch 1966 verkauft werden konnte. Versatile war ohne Wenn und Aber im Supertraktor-Geschäft angekommen.

Manche Farmer wünschten sich einen stärkeren, aber ebenso preiswerten Traktor, daher ließ man dem D-100 bereits 1967 die Modelle D-118, G-125 und D-145 folgen. „Versatile bietet Ihnen eine Auswahl an starken Motoren", posaunte die Werbung. Der D-118 war das neue Diesel-Grundmodell, angetrieben von einem 5,8-Liter-Cummins-V6, der, wie der Name

Mit den Traktoren der Serie II begab sich Versatile Mitte der 1970er Jahre auf Steiger-Territorium.

221

TRAKTOR-GIGANTEN

Unten: Mit der Serie II ließ Versatile seine Leichtbau-Ursprünge hinter sich; nachdem man sich auf dem Markt der Supertraktoren erst einmal etabliert hatte, konnten die Kanadier eine ganze Modellfamilie anbieten.

Ganz unten: Ein 800 der Serie II mit 235 PS starkem 14-Liter-Reihensechszylinder von Cummins, nunmehr Versatiles bevorzugter Motorenlieferant.

andeutete, 118 PS an der Hydraulik (und 135 PS am Schwungrad) leistete.

Nach wie vor gab es eine Benzinversion; der Motor stammte nun aber von Ford, ein 6,4 Liter messender Industrie-V8, der an der Hydraulik auf 125 PS kam. Das war mit 8600 Dollar der preiswerteste Versatile-Traktor und für Farmer, die ihren Supertraktor weniger intensiv nutzten, vielleicht die ökonomischste Variante.

Der D-118 kostete knapp 10.000 Dollar, eine Zeitlang wurde der D-100 zum gleichen Preis parallel angeboten. Spitzenmodell war schließlich der 12.200 Dollar teure D-145, dessen 7,7-Liter-V8-Diesel von Cummins 145 PS an der Hydraulik abgab. Das war noch immer kein Steiger-Wert, aber für Versatile doch ein Rekord. Und obwohl es sich um den bislang teuersten Versatile-Traktor handelte, stellte die Werbung heraus, dass er sich langfristig rechnete: „Die profitabelste Investition für eine profitable Landwirtschaft".

Diese Traktoren waren insgesamt als Versatile Serie I bekannt und wiesen zusätzlich zu den neuen Triebwerken weitere Änderungen auf. Ein neues Extra war ein geschlossenes Führerhaus, doch ebenso wichtig war das neue verstärkte Getriebe. Es wurde von Versatile selbst gebaut und war speziell auf die Verwendung in Traktoren zugeschnitten. Manche Supertraktoren besaßen ein Lkw-Getriebe, das den hohen Anforderungen der Feldarbeit oftmals nicht gewachsen war, zum Überhitzen neigte und in der Folge Defekte erleiden konnte.

Alles das war dem Versatile-Getriebe natürlich fremd. Es bot neun Vorwärts- und drei Rückwärtsgänge und ermöglichte im Einsatz Fahrgeschwindigkeiten von 5,0, 6,0, 6,7, 7,7, 8,6 und 10,1 km/h. Ebenfalls neu war die hydrostatische Lenkung, die sich mit einer Hand bedienen ließ. Die Nachfrage war so groß, dass Versatile sein Werk in Fort Garry um 1600 m² vergrößern musste.

Trotz der hohen Nachfrage nach den Serientraktoren führte Versatile weiterhin Experimente durch. Ein Kufentraktor-Prototyp für die Forstwirtschaft entstand Anfang der 1970er Jahre, ging aber nicht in Serie. Fruchtbringender war das Projekt Hydrostatischer Antrieb. Peter Pakosh war seit jeher von der Hydraulik fasziniert gewesen (wie ja auch der Name seiner Firma verrät) und brachte 1968 einen Schwadmäher mit hydrostatischem Antrieb heraus, gefolgt von einem hydrostatischen Mähdrescher. Der

VERSATILE

Spitzenmodell und „Der Größte von allen": der 300 PS starke 900 aus dem Jahr 1975.

hydrostatische Antrieb – der anstelle eines konventionellen Getriebes an jedem Rad einen hydraulischen Motor aufweist – hat viele Vorteile. Er ist einfacher als ein mechanisches Getriebe, kommt mit weniger Teilen aus und erlaubt eine exaktere Regulierung der Geschwindigkeit, ist aber auch weniger effizient, insbesondere bei schweren Anhängelasten.

Versatile kombinierte im 1973 vorgestellten Modell 300 Hydro-Mech beide Systeme miteinander. Es wurde von einem 6,2 Liter großen Diesel-V6 von Cummins angetrieben und besaß einen hydrostatischen Antrieb mit Hydraulikpumpe und -motor; vorwärts wie rückwärts ließ sich die Fahrgeschwindigkeit stufenlos von 0 bis 12,5 km/h regulieren.

Die Versatile-Modelle der Serie II konnten große Geräte schleppen und große Felder bearbeiten. Hier ein 850, eines von acht angebotenen Modellen.

TRAKTOR-GIGANTEN

Für schwere Bodenarbeiten konnte der Fahrer in den hydro-mechanischen Modus wechseln, bei dem sich die hydrostatische Temporegelung auf Werte zwischen 3,0 und 12,5 km/h einstellen ließ. Schließlich stand auch ein vollmechanischer Modus in High- oder Low-Stellung zur Verfügung, in dem Geschwindigkeiten von 15,6 bis 25,1 km/h möglich waren.

Der 300 war ein innovativer Versuch, die Vorzüge der Systeme miteinander zu vereinen – das gleichmäßige Tempo der Hydrostatik, die Robustheit und die höheren Geschwindigkeiten des mechanischen Getriebes. Versatile verfolgte die Idee aber nicht weiter und nach lediglich 200 Exemplaren wurde der Traktor wieder aus dem Programm genommen; viele davon sind heute noch in Kanada und den USA im Einsatz.

„Serie 2. Heute in die Zukunft investieren." Die zweite Generation der Versatile-Supertraktoren, in den Jahren 1974 bis 1976 eingeführt, wartete mit zahlreichen Detailverbesserungen auf. Etliche Neuerungen dienten der Vereinfachung der Wartung, zudem fielen die Kabinen bequemer aus. Es kam durchgängig das Versatile-Klauengetriebe mit 12 Gängen zum Einsatz, das für den Feldeinsatz fünf Gänge bereithielt (die im großen 900 von 6,4 bis 11,5 km/h reichten und auf der Straße eine Höchstgeschwindigkeit von 23 km/h ermöglichten).

Einmal mehr sorgte Cummins für die Motorkraft. Das Einstiegsmodell war der 230 PS starke 700 mit dem 555-V8, darüber bot der 800 mit seinem Vierzehnliter-Cummins-Reihensechszylinder 235 PS und der 850 kam mit einer Turbovariante des letztgenannten Motors auf 280 PS bei 2100/min. An der Spitze des Programms des Jahres 1976 stand der 900 mit 14,8 Liter großem Cummins-V8 und echten 300 PS bei 2400/min. Dieses Modell war „Der ALLERGRÖSSTE ... ein Traktor von superrobuster Konstruktion, der mehr zuverlässige Leistung bietet als alle anderen heute erhältlichen Traktoren. Der 900 ist DER Traktor. DER Traktor, der aus großen Feldarbeiten kleine macht." Nicht nur das, der 900 war auch Versatiles bislang größter und leistungsstärkster Traktor und befand sich schon auf Steiger-Territorium.

Aus diesen vier Serie-2-Modellen wurden schon bald acht, als die Mittelklasse um den Sechszylinder-750 und sein Schwestermodell mit Turbolader, den 825, aufgestockt wurde. An der Spitze des Programms wurde der 900 vom neuen 950 übertrumpft, der über eine Turbo-Version des großen Cummins-V8 und 348 PS gebot. Mit einem Einsatzgewicht von 9,3 Tonnen blieb der 950 bis 1982 im Versatile-Angebot. Was diese gigantischen Traktoren wegarbeiten konnten, war schlichtweg phänomenal. Selbst der 850 konnte (bei Ausstattung mit Zwillingsrädern) bis zu 18 Meter breite Geräte mit 8 bis 10 km/h schleppen und pro Stunde 18 bis 20 Hektar bearbeiten.

Zumindest vorübergehend war Größe stark in Mode und es schien keine Grenzen zu geben, was Dimension und Kraft der Supertraktoren betraf. Aus diesem Geist heraus entstand der Versatile Big Roy, ein Achtrad-Prototyp aus dem Jahr 1976. Alles an Big Roy (benannt nach Roy Robinson, dem Mitbegrün-

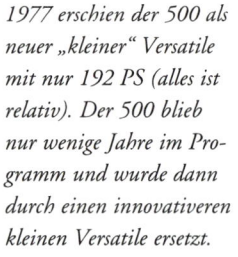

1977 erschien der 500 als neuer „kleiner" Versatile mit nur 192 PS (alles ist relativ). Der 500 blieb nur wenige Jahre im Programm und wurde dann durch einen innovativeren kleinen Versatile ersetzt.

der der Firma) war riesig. Der Cummins-Sechszylinderdiesel mit Turbolader und Ladeluftkühler leistete 600 PS bei 2100/min.

Selbst Versatiles robustes 12-Gang-Getriebe war für derartige Leistungen zu schwach, daher entwarf man eigens für Big Roy eine neue Sechsgangeinheit. Alle acht Räder wurden über vier Achsen angetrieben; man wollte mit so viel Gummi sicherstellen, dass man die ganze Kraft ohne übergroßen Schlupf auf den Boden brachte. Allerdings waren jeweils vier Räder in einer Reihe angeordnet, daher fiel die Bodenbelastung höher aus als bei einem konventionellen Traktor mit Zwillings- oder Drillingsbereifung. Big Roy maß von Bug bis Heck über neun Meter, war 3,40 Meter breit und wog 25,7 Tonnen. In den Tank passten 1750 Liter Sprit.

Die schiere Größe des Traktors sorgte für Probleme, denn der Fahrer saß ziemlich niedrig hinter getönten Scheiben und genoss zwar nach vorne gute Sichtverhältnisse, zur Seite hin und nach hinten aber

Einer der größten Traktoren aller Zeiten, aber Big Roy blieb ein Prototyp. Trotz Knickrahmen fiel der Wendekreis des über neun Meter langen Big Roy größer aus als im Falle konventioneller Supertraktoren.

225

Den Achtradantrieb sah man als einzige Möglichkeit an, die geballte Kraft vernünftig auf den Boden zu bringen.

miserable. Ein Monitor im Cockpit, der mit einer auf die Anhängerkupplung ausgerichteten Kamera verbunden war, sorgte für die Sicht nach hinten, aber dennoch war Big Roy nicht gerade der handlichste Traktor. Der seitliche Knickwinkel belief sich auf 40 Grad (plus 10 Grad Verschränkung, um alle acht Räder auch auf unebenem Boden möglichst aufliegen zu lassen); gleichwohl betrug der Wendekreis stattliche 8,10 Meter – selbst der große Versatile 950 bewältigte diese Übung in knapp 5,20 Metern.

Big Roy war ein voll fahrtüchtiger Prototyp, nicht nur ein Ausstellungsstück, und erregte bei seiner Vorstellung vor der US-Fachpresse großes Aufsehen, sowohl durch die beeindruckenden Demonstrationsfahrten auf dem Feld als auch durch seine bloßen technischen Daten. Zwar lagen einige ernsthafte Anfragen vor, doch die US-Landwirtschaft stand vor einer Abschwungphase und Versatile zögerte, Big Roy in die Fertigung gehen zu lassen. Das Werk hielt bereits einen Supertraktoren-Marktanteil von 30 Prozent und Big Roy wäre natürlich ein beeindruckendes Flaggschiff gewesen; vielleicht aber auch ein riesiger Flop, und die unverkauften Traktoren hätten bei den Händlern Staub angesetzt, während die Rezession herrschte. Zudem hätte man einen speziellen Satz von passenden Geräten entwickeln müssen. 1980 waren alle Pläne für den Bau von Versatiles größtem

VERSATILE BIG ROY 1080

- 1976
- Cummins-Sechszylindermotor
- 600 PS bei 2100/min
- Turbolader und Nachkühlung
- Mechanisches 6-Gang-Getriebe
- Höchstgeschwindigkeit 21,2 km/h
- Betriebsgewicht 26,16 t

Rechts: Wäre Big Roy ein Erfolg geworden? Er hatte seine Schwächen und schien zu bestätigen, dass 500 PS eine vernünftige Leistungsobergrenze waren.

VERSATILE

TRAKTOR-GIGANTEN

Und nun zu etwas ganz Anderem: Der bidirektionale Versatile 256 (links) lief gleichermaßen vorwärts wie rückwärts.

So erfolgreich war der bidirektionale 150, dass er zum Ahnherrn einer ganzen Dynastie wurde; hier ist der 100 PS starke 276 aus dem Jahr 1984 zu sehen.

Traktor vom Tisch. Der einzige Prototyp steht heute im Manitoba Agricultural Museum im kanadischen Austin/Manitoba.

Am anderen Ende des Modellprogramms wurde 1977 der neue 500 eingeführt, der einen 8,3 Liter großen Cummins-Sechszylinder mit „nur" 192 PS aufwies. Er besaß nicht das übliche 12-Gang-, sondern ein eigenes 15-Gang-Getriebe, das eine Spitze von 28 km/h ermöglichte. Mit einer primär angetriebenen Zapfwelle (wie sie auch der kurzlebige 300 besessen hatte) und verstellbaren Spurweiten war der 500 in erster Linie für die Getreide- und Sojabohnenernte gedacht.

Der 500 blieb nur wenige Jahre lang im Angebot, doch ein weiteres von Versatile zu jener Zeit vorgestelltes Modell war von wesentlich größerem Einfluss. Der 150 ist kein Supertraktor, soll aber hier erwähnt sein, weil er eine zentrale Rolle in der Geschichte von Versatile spielt. Der 150 war ein bidirektionaler Traktor, der erste der Welt, mit drehbarem Fahrerplatz und vorwärts wie rückwärts einsetzbar; Geräte ließen sich vorne wie hinten am Fahrzeug anbringen. Mit dem wiederentdeckten hydrostatischen Antrieb ließ sich der 150 zudem leicht fahren und war bei den Farmern überaus beliebt – 1977 war er ein einzigartiger Traktor. So erfolgreich war Versatiles bidirektionaler Traktor, dass er zum Ahnherrn einer ganzen Dynastie wurde – 1984 erschienen 256 mit 85 PS und 276 mit 100 PS, 1990 der New Holland 9030 und 1998 der TV140.

Peter Pakosh und Big Roy Robinson dachten mittlerweile an den Ruhestand. Gespräche mit dem Landmaschinenhersteller Hesston verliefen im Sande, doch 1977 wurde Versatile an Cornat Industries, ebenfalls aus Kanada, verkauft. Im Jahr darauf wurde das Supertraktor-Programm mit der Labour Force-Serie verjüngt. Neu waren die Constant Power-Dieselmotoren von Cummins, so geheißen, weil sie ihre Höchstleistung bereits 400 Umdrehungen unter der Nenndrehzahl erreichten und damit auch an schwierigen Bodenstellen nicht in der Kraft nachließen. Der Labour Force bot mehr Zugkraft als die alten Traktoren und bessere Traktion. Er war auch wendiger, der Knickwinkel betrug nun 42 Grad und ein neues mittiges Rahmengelenk erlaubte eine Verschränkung von bis zu 30 Grad.

Zu Beginn standen als Nachfolger der Serie 2 vier Traktoren im Angebot. Alle besaßen Turbomotoren; das Grundmodell 835 bot einen 14-Liter-Sechszylinder mit 230 PS. Der 855 verfügte über eine stärkere Variante des gleichen Motors, ebenso der 875, der auf 280 PS bei 2100/min kam. Spitzenmodell war die jüngste Variante des 900, der 935, mit 14,8 Liter großem Cummins-V8 und 330 PS. 1980 wurde das Programm um den 895 ergänzt, der mit einer ladeluftgekühlten Version des bekannten 14-Liter-Reihensechszylinders die Lücke zwischen 875 und 935 schloss. Der Erntetraktor 500 wurde durch den 555 ersetzt. Dieses in den USA mit dem Spitznamen „Triple Nickel" versehene Modell diente dem selben Einsatzzweck wie sein Vorgänger, der Erntearbeit auf mittelgroßen und großen Farmen. Die Leistung des Cummins-Turbo-V8 wurde auf 210 PS erhöht, die Kraftübertragung erfolgte nach wie vor über das 15-gängige Klauengetriebe. Der 555 erwies sich als sehr vielseitig und konnte Kultivations- und Säarbeiten ausführen, für die die wirklich großen Traktoren zu groß waren.

Viele „Triple Nickel" wurden nach Australien exportiert; Versatile war mittlerweile Global Player auf dem Supertraktormarkt. Das unterstrich ein Abkommen mit Fiat, das in Europa unter eigenem Namen und in eigener Lackierung Versatile-Modelle anbot, vom Fiat 44-23 mit 230 bis zum 44-55 mit 350 PS.

Big Roy hatte es zwar nicht in die Serie geschafft, zu guter Letzt fand Versatile aber einen geeigneten Einsatzzweck für seinen riesigen Cummins-Sechszylindermotor. Das 18,9 Liter große Aggregat trieb ab 1982 den neuen 1150 an, wo er mit Turbolader und Ladeluftkühlung 470 PS entwickelte; dieses Modell war freilich alles andere als eine vergrößerte Ausführung der kleineren Traktoren des Werkes. Der 1150 besaß viel Elektronik und etliche Mikroprozessoren, die alles überwachten, von der Temperatur im Auspuff bis zum Druck des Getriebeöls. Beim Getriebe handelte es sich natürlich um eine Eigenentwicklung, ein achtgängiges Klauengetriebe mit vier Rückwärtsgängen; auf Wunsch gab es eine 12-Gang-Powershift-Einheit.

Die kleineren (oder besser: weniger großen) Versatile-Modelle wurden im Laufe der achtziger Jahre

Versatile, mittlerweile im Besitz von Cornat Industries, präsentierte 1978 die Labour Force Baureihe. Geräumige Führerhäuser mit guten Sichtverhältnissen waren bei Versatile schon lange Serie.

229

Alle Labour Force-Modelle besaßen einen Knickwinkel von 42 Grad und eine Verschränkung von 30 Grad.

Der mittelgroße 875 bot 270 PS; in allen Modellen fanden Cummins Constant Power-Dieselmotoren Verwendung.

mehrmals aufgefrischt. Die Serie III ab 1983 besaß die jüngsten, sparsameren Cummins Big Cam III-Motoren und eine neue Kabine mit vielfach verstellbarem Sitz und Lenkrad. Die 945, 955 und 975 traten an die Stelle der früheren 855, 935 und 950 und verfügten über bis zu 360 PS.

Zwei Jahre darauf wurde daraus die Designation-6-Serie. Sie war sofort an dem neuen Kühlergrill erkennbar, in der traditionellen Versatile-Lackierung Rot-Gelb-Schwarz gehalten und bot bessere Sicht und mehr Komfort. Auch die Motoren waren neu, obwohl Versatile seinem langjährigen Lieferanten treu blieb; der jüngste 10-Liter-Sechszylinder von Cummins war 10 Prozent sparsamer als der 14-Liter, den er ersetzte. Die stärkeren Traktoren behielten aber die größere Maschine; der 976 leistete 360 PS.

Zu den Extras zählten verstellbare Spurweiten für den Ernteeinsatz, eine 1000/min-Zapfwelle, 42-Zoll-Reifen für mehr Bodenfreiheit und Schalt- oder Powershift-Getriebe. 1986 wurde das Programm nach unten hin um den 756 ergänzt, einen 190-PS-Traktor, der nur auf Bestellung gebaut wurde, um die Kosten gering zu halten. Zugleich wurde der große 1150 als 1156 Teil der Designation-6-Reihe und erhielt eine leisere „WhisperQuiet"-Kabine und ein elektronisches Armaturenbrett.

Die Versatile-Geschäfte liefen indes schlecht. Die 1980er Jahre waren für die Traktorenbauer weltweit eine schwierige Zeit, besonders aber in Nordamerika, wo Versatile hart getroffen wurde. Peter Pakosh erinnerte sich später: „Mit der Wirtschaft ging es bergab. Die Getreidepreise fielen. Cornat Industries geriet mit Versatile in Schwierigkeiten. Sie begannen sich zu fragen, ob sie sich vielleicht nicht übernommen hatten … Cornat verkaufte etliche Versatile-Vermögenswerte, weil sie mit der Firma in Vancouver Probleme hatten."

Cornat wollte Versatile abstoßen, und John Deere zeigte an der Übernahme der Traktorensparte Interesse; die Übernahme wurde aber von den Kartellbehörden untersagt, da das neue Unternehmen über die Hälfte des Allradfahrzeugmarktes in Nordamerika beherrscht hätte. Das Versatile-Werk in Winnipeg stellte über weite Teile des Jahres 1986 die Fertigung ein, doch Anfang 1987 wurde bekannt, dass Ford New Holland die Firma aufgekauft hatte. Ende Juli wurde das Werk wieder geöffnet und die großen Versatile-Traktoren rollten wieder vom Band.

Zunächst blieb das Modellangebot unverändert (846, 876, 946, 976 und 1156) und die Fahrzeuge behielten sogar ihre Versatile-Lackierung. Unter der neuen Leitung konnte dies freilich nicht so bleiben, und ab 1989 erhielten die ansonsten unveränderten Traktoren die blaue Ford-Lackierung. Das Versatile-Emblem blieb erhalten, war aber kleiner als der Ford-Schriftzug. Ein Fortschritt war das nun in allen Modellen erhältliche Powershift-Getriebe mit 12 Gängen, zudem gab es eine lastabhängige Hydraulik, die nur im Bedarfsfall Druck lieferte.

Nach einigen Jahren kamen aber auch Ford Zweifel. Der Konzern wollte aus dem Traktorengeschäft vollständig aussteigen und verkaufte 1991 seine Anteile an New Holland, wozu auch Versatile gehörte, an Fiat. Die Fahrzeuge durften, so sah es der Vertrag vor, noch bis ins Jahr 2000 das Ford-Emblem tragen; Fiat war aber auch klug genug, den respektierten Namen Versatile an den Fahrzeugen zu lassen. Die Designation-6-Versatile mit Ford-Emblem wurden 1994 durch die Serie 80 abgelöst: 9280 (250 PS), 9480 (300 PS), 9680 (350 PS) und 9880 (400 PS). Es blieb aber bei allen Modellen bei den bewährten Cummins-Motoren. Später folgte die Aufwertung zur Serie 82 mit durchgängig mehr Motorkraft (425 PS im Falle des 9882), stärkerer Hydraulik, einfacherer Wartung und komfortablerer Kabine.

Versatile schien also endlich einen sicheren Hafen als Supertraktorspezialist innerhalb eines globalen Konzerns gefunden zu haben. Nur blieb es nicht dabei, denn im Jahr 2000 fusionierte New Holland mit Case zu CNH Global. Der hiermit entstandene Konzern war so riesig, dass die Kartellämter dar-

Der Versatile 895 mit 310 PS rangierte eine Stufe unter dem 330 PS starken Flaggschiff 935.

Auch der 500 wurde überarbeitet, hieß nun 555 Triple Nickel und leistete 210 PS.

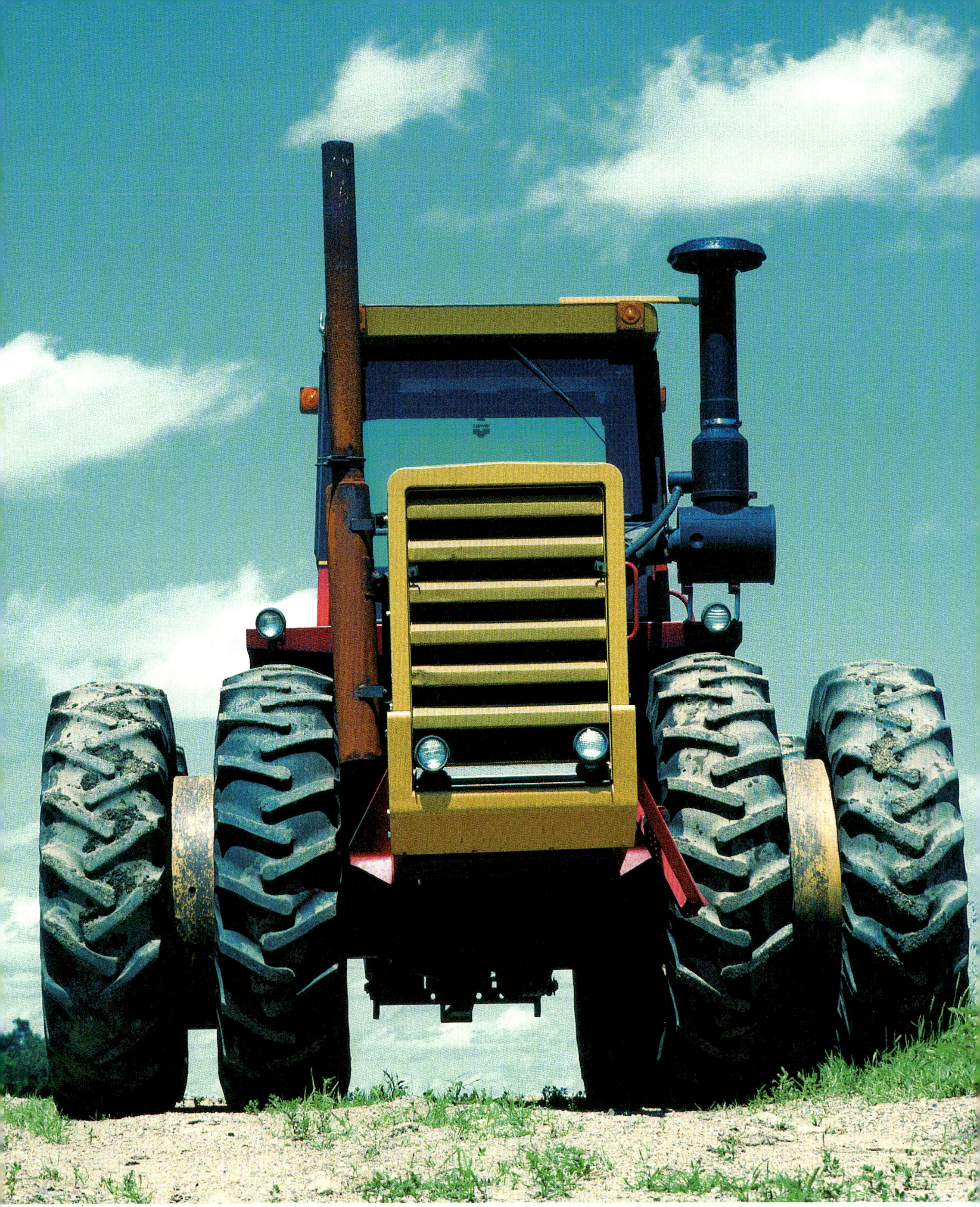

VERSATILE 1150

Baujahr	1982
Motor	Cummins KTA-1150
Motortyp	Wassergekühlter Reihensechszylinder
Hubraum	18,9 Liter
Besonderheiten	Turbolader, Ladeluftkühler
Leistung (Schwungrad)	470 PS bei 2100/min
Leistung (Hydraulik)	400 PS
Getriebe	8 x 4 Gänge, Schaltgetriebe
Höchstgeschw.	25,7 km/h
Einsatzgewicht	21.065 kg
Wendekreis	4,65 Meter
Tankinhalt	1250 Liter

auf bestanden, dass Teile der Firma verkauft werden mussten, um Monopolstellungen zu verhindern. Das betraf auch Versatile, doch zum Glück fand sich ein Käufer in der Nachbarschaft, Buhler Industries aus Winnipeg erwarb Markennamen und Werk und die Produktion lief weiter. Um das Ende der New-Holland-Ära zu betonen, wurden die Traktoren im Januar 2001 in Versatile-Rot/Gelb neu eingeführt; bald darauf wechselte man aber zur Lackierung in den Buhler-Farben Rot und Schwarz.

2006 gestaltete sich das Allrad-Modellangebot von Buhler Versatile ganz ähnlich wie im Jahrzehnt zuvor dasjenige von Versatile. Die Serie 2000 umfasste fünf Modelle, vom 290 PS starken 2290 bis zum 2425 mit 425 PS. Alle wurden von Cummins-Motoren angetrieben, Sechszylindern mit Turbolader und Ladeluftkühler von 10,8 oder 14 Liter Hubraum. Die Kraftübertragung besorgte ein manuelles Quad-Shift-Getriebe, ein 12-Gang-Powershift war ebenso gegen Aufpreis erhältlich wie Zapfwelle und Dreipunkthydraulik.

In dieser Form betrat Versatile das 21. Jahrhundert, 40 Jahre nach der Einführung des ersten Supertraktors, und wird noch immer als einer der weltweit führenden Anbieter von riesigen Allradtraktoren betrachtet.

Oben: Profilansicht eines klassischen Allradtraktors mit Knickrahmen.

Gegenüber liegende Seite: Viele Tripel Nickel wurden nach Australien exportiert, während nordamerikanische Farmer die stärkeren Versatile-Ausführungen bevorzugten.

Unten: Ein Versatile der 1983 lancierten Serie III mit mehr schwarzem Lack und neuem Cummins-Dieselmotor.

TRAKTOR-GIGANTEN

Ganz oben: Die Übernahme durch Ford New Holland bescherte den Versatile-Traktoren wieder eine neue Farbgebung; unter dem neuen Eigentümer blieben die Designation-6-Modelle weiterhin in der Fertigung.

Oben: Der 946 war Versatiles damaliger mittelgroßer Traktor und erhielt auf Wunsch ein 12-Gang-Powershift-Getriebe.

Neues Jahrtausend, neuer Besitzer: Die Buhler Versatiles verrichteten weiterhin ihr Tagwerk.

VERSATILE

TRAKTOR-GIGANTEN

Versatile war vor allem für seine Traktor-Giganten wie diesen 895 bekannt, hatte aber mit einem kleineren 100-PS-Traktor angefangen.

VERSATILE

Die Zwillingsräder an diesem Versatile 850 erhöhen die Traktion und verringern den Radschlupf.

TRAKTOR-GIGANTEN

Wagner
Der Ponier aus Portland

Dieser TRS-9, einer der frühesten landwirtschaftlichen Traktoren von Wagner, stammt aus dem Jahr 1956. Gewiss verdient er ein angenehmeres Schicksal als vor sich hin zu gammeln.

Die meisten Traktorfans werden auf die Frage, wer den Allrad-Supertraktor mit Knickrahmen erfunden hat, wohl mit einer von zwei Antworten aufwarten: Steiger oder Versatile. Der Fehlgriff ist verständlich, denn beide Unternehmen waren weltweit erfolgreich, nicht nur in Nordamerika, und existierten unter eigenem Namen bis in die 1990er Jahre. Die Wagner Tractor Inc aus Portland in Oregon war aber älter als diese beiden bekannten Firmen und war der eigentliche Pionier des Knickrahmen-Supertraktors.

Die sieben Brüder Wagner – Eddie, Bill, Gus, Walter, Harold, Irvin und Elmer – gründeten im Jahr 1922 die Firma Mixermobile, nachdem sie eine fahrbare Maschine entwickelt und gebaut hatten, die auf Baustellen Beton mischen und verteilen konnte. Im Laufe der Jahre entwarfen die einfallsreichen Wagner-Brüder zahlreiche weitere Baumaschinen, mit Namen, die auf ihren Einsatzzweck hinwiesen, wie Scoopmobile (Schaufelbagger), Dozermobile (Planierfahrzeug) usw. Manche besaßen Allradantrieb und viele waren sehr erfolgreich.

Elmer Wagner soll die Idee, diese Prinzipien auf

Farmtraktoren zu übertragen, gekommen sein, als er während des Zweiten Weltkrieges aus Europa nach Hause zurückkehrte. Nach dem Krieg begannen die Brüder mit dem Knickrahmen zu experimentieren; das Dozermobile aus dem Jahr 1950 erhielt diese Technik. Anfangs drehten sich die Versuche ausschließlich um den Knickrahmen, doch stellten die Brüder bald fest, dass sich auf unebenem Boden häufig ein oder zwei Räder in der Luft befanden, worunter die Traktion litt. Die Antwort darauf bestand in pendelnd aufgehängten Achsen, die alle vier Räder in Bodenkontakt hielten und somit durchgängig Traktion zur Verfügung stellten.

Grundlegend wichtig dafür war Wagners patentierte Pow-R-Flex Kraftübertragung mit hydrostatischer Lenkung (mit zwei Achsschenkeln und einem einzelnen Hydraulikzylinder) sowie die Antriebswelle mit zwei Gelenken, die die Kraft zur Hinterachse brachte. Dieses System bot sich für den landwirtschaftlichen Einsatz in schwerem Gelände geradezu an, was für die Wagners Neuland war, da sie bislang ausschließlich Bau-, Bergbau- und Forstfahrzeuge im Programm gehabt hatten. Auf Basis eines Ford Ferguson Traktors bauten sie einen Knickrahmen-Prototyp, der sich auf Gus Wagners Farm hinreichend gut bewährte, um die Brüder das Projekt fortführen zu lassen. Alle Brüder, das muss angemerkt sein, waren rastlose Tüftler, die ihre Fahrzeuge ständig weiterentwickelten und verbesserten. Kein Wagner-Traktor, der das Werk verließ, soll dem Vernehmen nach dem anderen geglichen haben.

Die ersten Wagner-Traktoren mit Knickrahmen wurden 1951 verkauft, doch erst drei Jahre später stellte man endlich eine Landwirtschafts-Variante vor. Mit 64 PS war der erste Wagner TR-6 mit seinem Waukesha 190LB-Sechszylindermotor nicht gerade ein Hochleistungsfahrzeug, doch bald kamen der TR-9 mit 85 PS und der TR-14 mit 160 PS hinzu, beide mit Buda-Motoren ausgerüstet. Hohe Leistungen waren aber gar nicht unbedingt erforderlich, denn die besondere Wagner-Kombination aus Allradantrieb, Knickrahmen und Pendelachsen machte die Traktoren für schwieriges Gelände wesentlich tauglicher als viele Konkurrenten.

Das galt insbesondere für die Kettentraktoren von International und Caterpillar, die die Farmer in

Unscheinbar im Auftritt, handelt es sich hier doch um einen Pionier des Supertraktor-Konzeptes, den die Gebrüder Wagner bauten. Die frühen Wagner-Traktoren waren auf Höfen mit schwierigem Gelände beliebt und zudem schneller und preiswerter als Kettentraktoren.

TRAKTOR-GIGANTEN

Oben: Anfang der 1960er Jahre wechselte Wagner den Besitzer. Typischer Vertreter der Modelle der Zeit ist dieser WA-14.

Rechts: Nachdem die Buda- und Waukesha-Motoren Probleme bereitet hatten, wechselte Wagner zu Cummins-Triebwerken.

Ganz rechts: Zwei Mehrgelenk-Antriebswellen ermöglichen es beim Knickrahmen-Wagner die Achsen pendelnd aufzuhängen, ein wichtiger Vorteil für einen Supertraktor.

WAGNER

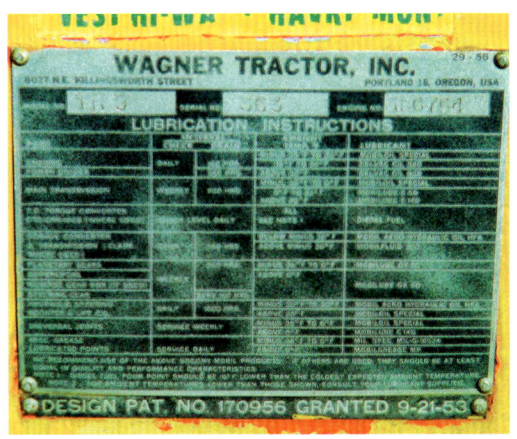

Ganz links: Die Wagner-Traktoren waren simple, robuste Werkzeuge ohne überflüssigen Schnickschnack.

Links: Der Schmierplan für Motor, Drehmomentwandler und Servolenkung; täglich hieß es die Ölstände prüfen und sich um die Schmierpunkte kümmern.

hügeligen Gegenden bevorzugten. Diese Kettenfahrzeuge waren zuverlässig und kamen überall durch, waren aber auch langsam, teuer und wartungsintensiv. Der Wagner mit seinen Rädern kam nicht ganz so gut durch den Schlamm wie ein guter Kettentraktor, war aber viel schneller und auf festem Untergrund wesentlich effizienter. Ein 1955 durchgeführter unabhängiger Vergleich zwischen einem TR-14 und einem Kettentraktor zeigte, dass der Wagner fast doppelt so schnell zu Werke ging und 80 Hektar in der Zeit bearbeitete, die der Kettentraktor für 50 Hektar benötigte. Dabei verbrauchte er auch etwas weniger Treibstoff, so dass sich mit einem Wagner gegenüber einem Kettenfahrzeug 20 bis 50 Prozent an Betriebskosten einsparen ließen.

WAGNER TR-9

Baujahr	1956
Motor	Cummins
Motortyp	Wassergekühlter Reihenvierzylinder
Hubraum	8,1 Liter
Leistung (Schwungrad)	125 PS bei 1800/min
Leistung (Zapfwelle)	87 PS
Getriebe	10 x 2 Gänge, Schaltgetriebe
Höchstgeschw.	24,1 km/h
Einsatzgewicht	7000 kg
Wendekreis	4,05 Meter
Tankinhalt	227 Liter

Dieser WA-14 besitzt keine Dreipunkt-Hydraulik, aber die Wagner-Traktoren waren nicht für die normale Feldarbeit gedacht.

TRAKTOR-GIGANTEN

Für den Fall, dass der Fahrer die erste Tafel übersah, waren hier die Ölqualitäten und die Wartungspunkte aller Hauptkomponenten noch einmal aufgeführt.

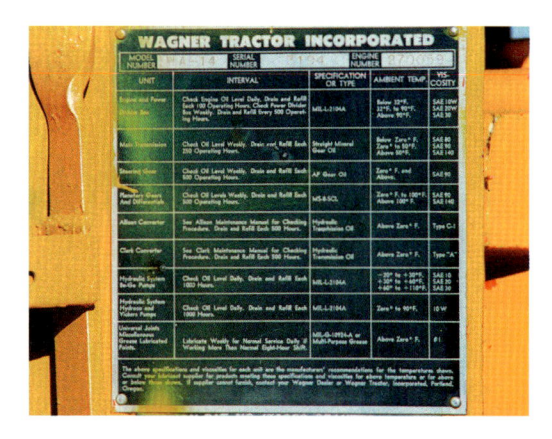

Die Wagner-Traktoren waren nicht billig, aber viele Farmer bemerkten, dass sie bei derartigen Leistungen viel Geld einsparen konnten, und die Brüder hatten sich einen florierenden Marktsektor eröffnet. In nur zweieinhalb Jahren verkaufte man über 350 Traktoren im Wert von über sechs Millionen Dollar an die Farmer. 43 Händler in den USA und Westkanada besorgten den Vertrieb dieses neuartigen Traktors. Durch die Anfangserfolge ermuntert präsentierten die Wagners in der Folge ihren bislang stärksten Traktor, den 300 PS leistenden TR-24 mit Cummins-Motor.

Diese frühen Modelle waren nicht ohne Problemzonen. Die Buda- und Waukesha-Motoren erwiesen sich als derart unzuverlässig, dass viele frühe Wagner-Traktoren nachträglich im Werk auf Cummins-Maschinen umgerüstet wurden; auch der TR-9, den die Universität Nebraska im Jahr 1957 erprobte, besaß ein Cummins-Triebwerk. Es war eine gute Wahl, denn Cummins wurde weithin als Lieferant guter, zuverlässiger Dieselmotoren geschätzt. Auch die an den frühen Ausführungen verbauten Lkw-Achsen neigten zu Schäden, was man durch den Wechsel zu Clark-Achsen kurierte. Die Clark-Komponenten umfassten auch Planetenradsätze mit einer Reduktion von 3:1, was die Drehmomentmenge, die die Kraftübertragung zu verkraften hatte, und in der Folge die Schadenshäufigkeit verringerte.

1961 war Wagners Traktorensparte auf dem Markt eine feste Größe und so interessant, dass sie von der FWD Corporation übernommen wurde. Es folgte eine Phase der Expansion, die Herstellung wurde in ein neues Werk in Portland verlegt und eine neue Traktorengeneration lanciert. Die Modelle der Wagner-Baureihe WA (was für Wagner Agricultural stand) waren breiter als zuvor, wobei WA-6, WA-9, WA-14 und WA-24 mit ihren Vorgängern der Serie TR noch deutlich verwandt waren.

Ein gänzlich neues Modell war der WA-4, der von einem 98 PS leistenden Dreizylindermotor Typ 3-71 von Detroit Diesel angetrieben wurde. Zudem besaß er eine Dreipunkthydraulik, womit Wagner zeigte, dass man breitere Käuferschichten ansprechen wollte.

Wagners Schwanengesang war die Fertigung von WA-14 und WA-17 (hier ein 17) für John Deere. Der Vertrag führte zum Ende der Wagner-Produktion.

Im Jahr darauf wich der 3-71 einem vierzylindrigen Detroit 4-53, der 120 PS bei 2500/min abgab. Im WA-9 kam nun ein Cummins C160-Sechszylinder zum Einsatz; die Spitze des Modellangebotes bildeten WA-14 mit 220 PS, WA-17 mit 250 PS und WA-24 mit 300 PS.

Allem Optimismus zum Trotz geriet Wagner leider in unsicheres Fahrwasser. FWD beschloss, sich auf seine Feuerwehrfahrzeuge und den Bau von Achsen zu beschränken und verkaufte seine Wagner-Sparte an Raygo; diesem Konzern gehörte Wagner aber noch kürzere Zeit an und produzierte in dieser Zeit lediglich zwei WA-24-Versionen. 1968 sah die Zukunft der Wagner-Traktoren düster aus. Anders als Steiger und Versatile, die neue Baureihen präsentierten, hatte man die eigenen Modelle nicht modernisiert, und seit die ersten TR-6 die amerikanischen Bauern erstaunt hatten, waren nunmehr fast 15 Jahre vergangen.

Es schien aber einen Rettungsanker zu geben in Gestalt von John Deere; der Konzern suchte nach einem etablierten Hersteller von Supertraktoren, um sein Programm zu erweitern. Deere hatte 1959 einen eigenen Supertraktor auf den Markt gebracht, aber dieser 8010 war anfällig und kurzlebig gewesen. Der Vertrag mit Wagner legte die Lieferung von 100 WA-14 und WA-17 in John Deere Lackierung fest. Dennoch wurden nur 51 Traktoren ausgeliefert, ehe John Deeres eigener Knickrahmentraktor, der 7020,

WAGNER WA-17 (JOHN DEERE)

Baujahr	1969
Motor	Cummins NT-855C1
Motortyp	Wassergekühlter Reihensechszylinder
Besonderheiten	Turbolader
Leistung (Schwungrad)	280 PS bei 2100/min
Getriebe	10 x 2 Gänge, Schaltgetriebe
Höchstgeschw.	24,1 km/h
Leergewicht	12.810 kg
Tankinhalt	379 Liter

erschien. Damit lief das Abkommen aus, und da eine Klausel im Vertrag Wagner den Bau eines direkten Konkurrenzmodells untersagte, bedeutete dies das Ende des Wagner-Traktorenbaus.

Das war ein trauriges Ende, doch bleibt die Tatsache bestehen, dass die Gebrüder Wagner die eigentlichen Pioniere des Supertraktor-Konzepts waren und dessen Potenzial für die Landwirtschaft aufzeigten. Ob Steiger, Versatile, Big Bud und die anderen ohne die Bemühungen der Wagners wohl derartige Traktoren herausgebracht hätten?

Dies ist kein Wagner, sondern ein Schafer, der ab 1961 in Kansas gebaut wurde und die Pionierarbeit der Gebrüder Wagner wohl beeinflusst hat.

WALTANNA 4-120

Ende der 50er Jahre zog James Nagorcka auf die Farm seines Vaters im australischen Hamilton, Victoria, um im Familienbetrieb zu helfen. Die Farm besaß damals einen Massey Harris 203 Senior und einen Massey Ferguson 65. Später wurden diese Schlepper durch einen Allis-Chalmers 190XT und einen Allis-Chalmers HD5 ersetzt. Aber James, der eine Begabung für Konstruktion und Technik hatte, war auch mit diesen Traktoren noch nicht zufrieden.

WALTANNA 4-120
- 1974
- Caterpillar 3208 V8
- 120 PS bei 2600/min
- 10-Gang Roadranger-Getriebe
- Höchstgeschwindigkeit 24,1 km/h
- Betriebsgewicht 9,05 t

WALTANNA 4-325

WALTANNA 4-325
- 1977–1980
- Caterpillar 3406 Sechszylindermotor
- 325 PS bei 2100/min
- Turbolader
- Powershift-Getriebe, 14 Vorwärts- und 2 Rückwärtsgänge
- Höchstgeschwindigkeit 29,8 km/h
- Betriebsgewicht 13,2 t

WALTANNA 44-380

WALTANNA 44-380

- 1981–1984
- Caterpillar-Sechszylindermotor 3406DITA
- 380 PS bei 2100/min
- Turbolader und Nachkühlung
- Spicer 10-Gang-Getriebe, 20 Vorwärts- und 4 Rückwärtsgänge
- Höchstgeschwindigkeit 27,5 km/h
- Betriebsgewicht 17,58 t

WALTANNA 55-400

Der Waltanna 55-400, Baujahr 1986, war der größte Schlepper dieses australischen Herstellers. Er war eine Sonderanfertigung, nach den technischen Angaben des Kunden entworfen und gebaut: Der zugstarke Schlepper sollte für lasergesteuertes Planieren landwirtschaftlicher Flächen eingesetzt werden.

Der Traktor, der der Firma Craig Druitt Earthworks, Deniliquin in Australien gehört, kommt nun häufig bei Erdarbeiten zum Einsatz. Diese werden durchgeführt, um mit Hilfe einer lasergesteuerten, etwa 4,90 m breiten Horwood Bagshaw Scraperbox Bewässerungsreservoirs auszuheben, wodurch die Wasserversorgung der Felder verbessert wird. Die Scraperbox hat ein Fassungsvermögen von 16 m³.

WALTANNA 55-400
- 1985–1989
- Caterpillar 3406C Sechszylindermotor
- 460 PS bei 2100/min
- Turbolader und Nachkühlung
- 6-Gang Allison-Lastschaltung
- Höchstgeschwindigkeit 27,5 km/h
- Betriebsgewicht 17,77 t

WALTANNA FW-35

Die Traktoren der FW-Reihe waren es, die ab 1986 in Zusammenarbeit mit Ford Australien gebaut wurden. Das FW stand übrigens für Ford Waltanna: Es bestand nicht die geringste Verbindung zu der FW-Serie von Steiger, die in Amerika gebaut wurde. So wurden der 163 PS starke FW-25 und der FW-35 mit 195 PS den interessierten Landwirten vorgestellt, die von diesen Traktoren der Mittelklasse sehr beeindruckt waren. Die Schlepper hatten hervorragende Traktion, waren leicht zu manövrieren und konnten problemlos Anbaugeräte bis zu 12 m Breite ziehen und dabei Geschwindigkeiten von 8–10 km/h erzielen.

WALTANNA FW-35

- 1986–1988
- Ford TW Sechszylindermotor
- 195 PS bei 2.200/min
- Turbolader mir Ladeluftkühlung
- Ford 8-Gang-Synchrongetriebe mit Dual Powershift, 16 Vorwärts- und 4 Rückwärtsgänge
- Höchstgeschwindigkeit 30,7 km/h
- Betriebsgewicht 10,3 t

WALTANNA FW-375

Das Abkommen war leider nur von kurzer Dauer. Es wurde gelöst, als die Ford New Holland-Gruppe Ende 1987 den kanadischen Traktorenhersteller Versatile übernahm und kurze Zeit später die blauen Ford Versatile-Traktoren nach Australien einführte.

James und June Nagorcka waren auch die letzten Hersteller landwirtschaftlicher Traktoren in Australien. Ihr Unternehmen Waltanna stellte die Produktion von Knickschleppern 1989 ein, produzierte aber noch bis 1992 Gummiraupenschlepper. Auch wenn in Australien keine Großtraktoren mehr vom Band laufen: Noch immer entwerfen die Nagorckas Gummiraupen-Systeme für führende Hersteller von Landmaschinen.

Als die Produktion allradangetriebener Traktoren 1989 eingestellt wurde, hatte James Nagorcka insgesamt 165 rote Waltanna-Schlepper und 45 FW-Traktoren in Blau und Weiß hergestellt.

WALTANNA FW-375
- 1986–1988
- Caterpillar 3406B Sechszylindermotor
- 375 PS bei 2100/min
- Turbolader und Nachkühlung
- Powershift-Getriebe, 12 Vorwärts- und 2 Rückwärtsgänge
- Höchstgeschwindigkeit 33,3 km/h
- Betriebsgewicht 16,45 t

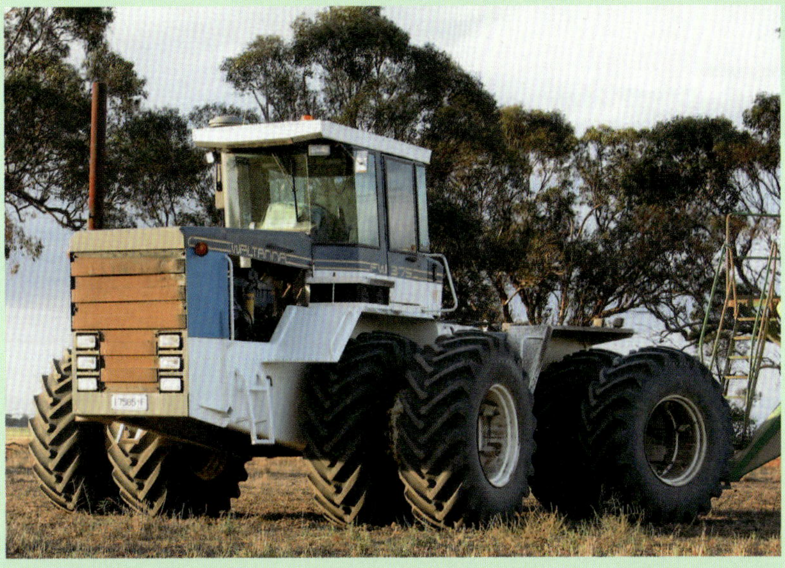

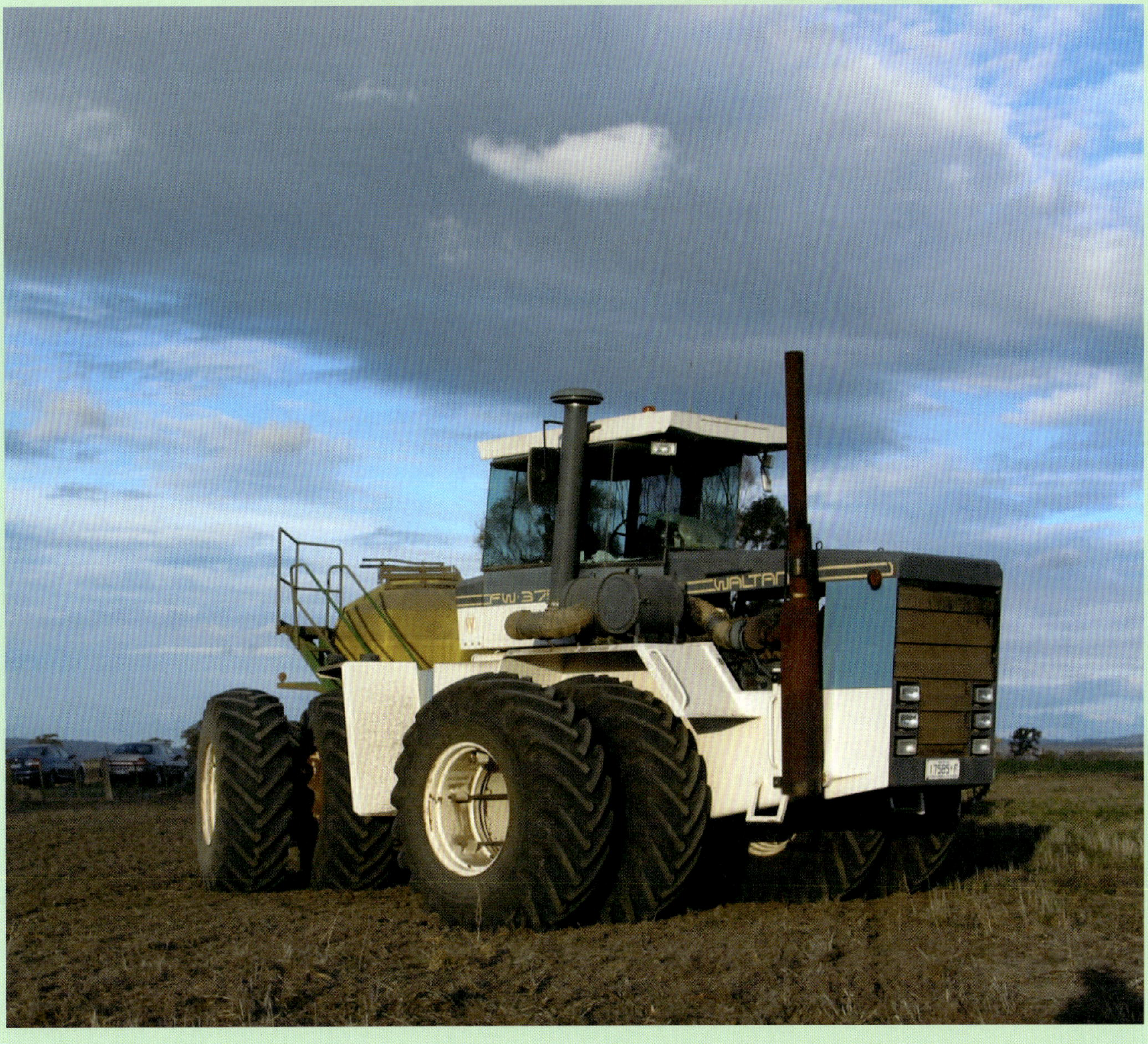

TRAKTOR-GIGANTEN

White

Flach und gut

Auf seine Art war der White Field Boss sehr innovativ. Der flache Supertraktor war primär für Erntearbeiten gedacht.

Die kurze, aber komplizierte Geschichte der White-Supertraktoren illustriert die Probleme, die die US-amerikanische Traktorenindustrie in den 1970er und 1980er Jahren zu durchleben hatte. Ihr Geschick wurde letztendlich nicht von ihrer Technik und nicht von ihrer Arbeitsleistung auf dem Feld bestimmt, sondern von einer Rezession und der Schwäche des Unternehmens, das sie herstellte.

White selbst hatte keinen landwirtschaftlichen Hintergrund. Die White Motor Corporation fertigte Lastwagen, beschloss aber 1960, auf den Traktorenmarkt zu expandieren und erwarb zu diesem Zweck die Firma Oliver. Cockshutt Farm Equipment, das kanadische Unternehmen, das sowohl Traktoren als auch Mähdrescher herstellte, folgte 1962, 1963 Minneapolis-Moline. White sah sich nun also drei völlig unterschiedlichen Traktorbaureihen gegenüber, jede mit ganz eigener Geschichte und eigener Kundschaft, und erst 1969 wurden alle drei unter der gemeinsamen Marke White Farm Equipment (WFE) konsolidiert.

WHITE

Im selben Jahr begann die Fertigung des ersten Traktors unter dem Namen White; beim White Plainsman handelte es sich freilich um einen mehr oder weniger unveränderten Minneapolis-Moline A4T 1400 oder 1600 mit anderen Emblemen und Lackierung. Als solcher bediente er sich der MM-Technik und war mit Diesel- oder Flüssiggasmotoren von 139, 154 oder 169 PS lieferbar. Auf die selbe Weise entstand der Oliver 2455/2655 im markentypischen Grün-Weiß, der unter dem Blech genau dem A4T entsprach.

Anfangs wurde der Plainsman ausschließlich in Kanada verkauft, man kann aber nicht bezweifeln, dass White langfristig die alten Markennamen fallen und die gesamte Traktorenfertigung des Konzerns unter der Marke White laufen lassen wollte. Der Plainsman wurde nur 1970 angeboten, doch im Januar 1972 ließ White verlauten, dass sich eine neue Traktorbaureihe in der Konstruktion befand, die auf den Namen Field Boss höre und nur als White vermarktet werden würde.

Das war schlechte Kunde für die Freunde der althergebrachten Marken Cockshutt, Oliver und Minneapolis-Moline; als die neuen White Field Boss-Modelle 1974 dann aber präsentiert wurden, wirkten sie modern und so, als befänden sie sich auf dem aktuellen Stand. Die Farbgebung in Silber und Anthrazit sah prächtig aus und der Field Boss besaß ein eigenständiges, modernes und kantiges Design.

WHITE 4-150 FIELD BOSS

Baujahr	1974
Motor	Caterpillar 3208
Motortyp	Wassergekühlter V8
Hubraum	10,4 Liter
Leistung (Schwungrad)	175 PS bei 2800/min
Leistung (Zapfwelle)	150 PS
Getriebe	18 x 6 Gänge, Teil-Powershift
Höchstgeschw.	30,9 km/h
Einsatzgewicht	9060 kg
Wendekreis	4,60 Meter
Tankinhalt	541 Liter

WFE 4-270 FIELD BOSS

Baujahr	1983
Motor	Caterpillar
Motortyp	Wassergekühlter Reihensechszylinder
Besonderheiten	Turbolader
Hubraum	10,5 Liter
Leistung (Schwungrad)	270 PS bei 2100/min
Leistung (Zapfwelle)	239 PS
Getriebe	16 x 4 Gänge, Teil-Powershift
Höchstgeschw.	32 km/h
Einsatzgewicht	13.165 kg
Wendekreis	5,95 Meter
Tankinhalt	741 Liter

Ganz oben: Der Field Boss sah modern und eigenständig aus, bediente sich aber vorhandener Komponenten.

Oben: Wie dieses Bild eines 4-150 zeigt, war der White kompakter als alle Steiger- oder Versatile-Traktoren.

TRAKTOR-GIGANTEN

Caterpillar lieferte seinen 3208-V8-Diesel, der je nach Modell 150 oder 180 PS leistete.

Zudem entsprach er Whites Beschreibung als „Flachtraktor" und kauerte zwischen seinen acht großen Rädern niedriger auf dem Boden als alle anderen Supertraktoren. Das White-Management hatte beschlossen, eine kleinere, handlichere Art von Supertraktor in Produktion zu nehmen, der eher auf den Kundenkreis der mittelgroßen Farmer als auf die Weizenbarone zielte. Aus diesem Grund erhielt der Field Boss zwei Differenziale, die von einem Oliver-Traktor mit Hinterradantrieb stammten, eines vorne, eines hinten, womit der neue Traktor relativ schmal und flach gehalten werden konnte.

White Farm Equipment konzentrierte seine Forschungs- und Entwicklungsabteilung 1975 an einem Ort, in Libertyville/Illinois, um die Ausweitung des White Field Boss-Programms zu vereinfachen, das auch Hinterradmodelle umfasste. Trotz der Investition in das neue Entwicklungszentrum lohnte sich der Bau eigener Motoren für diese Nischentraktoren nicht, daher kaufte man einen 10,4 Liter großen V8-Diesel von Caterpillar zu, der 150 PS an der Hydraulik leistete (daher die Bezeichnung 4-150). Die anderen Supertraktor-Hersteller begannen aber just zu dieser Zeit damit, die offiziellen Leistungsdaten am Motor oder am Schwungrad zu messen, nicht mehr an der Zapfwelle oder an der Hydraulik. Es herrschte einiges Durcheinander, das dadurch nicht beseitigt wurde, dass White 1979 den 4-150 zum 4-175 aufwertete – allerdings war damit nicht die anzunehmende Leistungssteigerung verbunden, sondern der Name rührte daher, dass man die PS nun auch bei White am Motor und nicht an der Hydraulik maß.

Dem 4-150 stellte sich bald der 4-180 mit fast identischer Technik zur Seite; beim Motor handelte es sich ebenfalls um den Caterpillar 3208, der hier aber mehr Treibstoff zugeführt bekam und mehr leistete. Er besaß ein 12-Gang-Getriebe, während der 4-150 über 18 Gänge verfügte (sechs Gänge x drei Untersetzungen und Over/Under-Powershift). Um die Belastung der Oliver-Achsen zu verringern, erhielt der 4-180

WHITE

Aus dem Field Boss 4-180 wurde später der 4-210, dank geänderter Methode zur Leistungsermittlung.

zudem Planetenradsätze, die die Drehmomentlasten reduzierten. Wer den 4-180 wählte, konnte ihn auf Wunsch mit Heizung oder Klimaanlage ausrüsten. Analog zu der scheinbar erhöhten Leistung des 4-175 führte die neue Leistungsmessmethode beim 4-180 später zur Umbenennung in 4-210.

Der Field Boss war ein mutiger Versuch, eine neue Traktorbaureihe und eine neue Marke unter Verwendung der besten vorhandenen Komponenten zu lancieren, konnte aber die finanzielle Abwärtsentwicklung bei White nicht aufhalten. Allein 1975 war ein Verlust in Höhe von 69 Millionen Dollar aufgelaufen und 1980 musste man Konkurs anmelden und die Traktorensparte an die TIC Investment Corporation verkaufen. Die Traktorenfertigung wurde wieder aufgenommen; 1982 wurde der Name White zugunsten von WFE fallengelassen und die Lackierung in Silber/Grau durch eine Farbgebung in Weiß mit rotem Streifen ersetzt.

Im Jahr darauf machten 4-175 und 4-210 zwei stärkeren Nachfolgern Platz, die weiterhin von Caterpillar-Motoren, wenn auch von anderen Ausführungen, angetrieben wurden. Der neue WFE 4/225 war in Wahrheit ein kaum veränderter Field Boss mit jetzt turbogeladenem Caterpillar-V8, der 225 PS bei 2600/min oder 195 PS an der Zapfwelle leistete. Das 18-gängige Over/Under-Powershift-Getriebe war nach wie vor mit an Bord.

Der 4/270 allerdings ähnelte zwar den älteren Modellen, stellte aber eine Neukonstruktion dar und war genau genommen das erste neue Modell seit Einführung der Baureihe. Er besaß einen neuen, größeren Rahmen und ein neues Powershift-Getriebe, das sich laut Werk ein Jahrzehnt lang in der Entwicklung befunden hatte. Mit Teil-Powershift und vier Untersetzungen standen insgesamt 16 Gänge zur Verfügung. Auch der Motor war neu, ein 10,5-Liter-Sechszylinder von Caterpillar, der einen Hauch größer war als der V8 und 270 PS bei 2100/min leistete (oder 239 PS an der Zapfwelle).

TIC hielt die WFE Field Boss Traktoren am Leben, hegte aber Zweifel, ob das sinnvoll war. In der Folge wurde die Baureihe 1985 an Allied Products verkauft. Allied besaß bereits den Gerätehersteller New Idea und vereinigte beide Sparten unter der Bezeichnung White-New Idea, um ein komplettes Programm an Landmaschinen anbieten zu können. Die allradgetriebenen Field Boss-Modelle fielen aber bald aus dem Angebot. Der Name White lebte, selbst nach der Übernahme von White-New Idea durch AGCO im Jahr 1993, noch eine Zeit lang weiter, doch die typischen flachen Traktoren gab es nicht mehr.

TRAKTOR-GIGANTEN

Rechts: Unter neuem Eigentümer wurden die White-Modelle mit Hinterrad- und Allradantrieb auf den Namen WFE umgetauft; diese Phase währte aber nur kurz.

Unten: Später tauchte die Bezeichnung White in der AGCO-Ägide wieder auf und wird bis heute verwendet.

FÜR SCHNÄPPCHENJÄGER!
VIEL FAHRZEUG – KLEINER PREIS!

Umfangreich bebildert, mit informativem Text und detaillierten Angaben zu Motorbauart, Hubraum, PS und Bauzeit widmet sich das vorliegende Werk bekannten und weniger bekannten Modellen aus acht Jahrzehnten Traktorgeschichte. Über 450 Typen aus den Bereichen Groß- und Kleintraktoren sowie Knicklenker und Allradfahrzeuge dokumentieren dabei eindrucksvoll die Technikvielfalt im Bereich der landwirtschaftlichen Nutzfahrzeuge.

256 Seiten, ca. 500 größtenteils farbige Abbildungen, 215 x 270 mm, gebunden
EUR 9,99 ISBN 978-3-86852-280-8

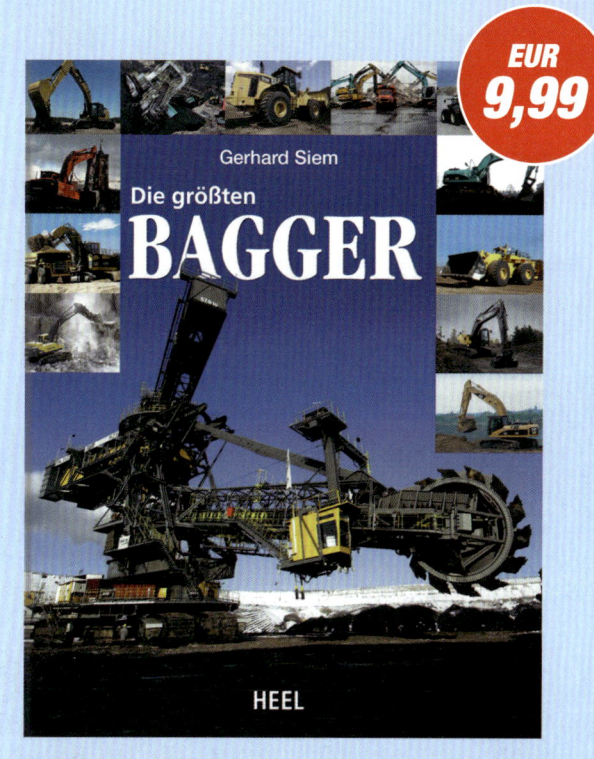

EUR 9,99

Das informative und brillant illustrierte Buch führt den Leser durch die phantastische Welt der Bagger: Vom Midibagger bis zum gigantischen Tagebaubagger bietet das Werk eine bunte Mischung dieser vielseitigen und wandlungsfähigen Baumaschinen. Informative Texte beschreiben rund 350 Bagger-Modelle und porträtieren ihre Hersteller. Technische Daten und spektakuläres Bildmaterial runden dieses Standardwerk ab.

256 Seiten, ca. 700 farbige Abbildungen, 215 x 270 mm, gebunden
EUR 9,99 ISBN 978-3-86852-805-3

EUR 9,95

Sie begeistern Jung und Alt, Groß und Klein: Spezialfahrzeuge. Eine interessante Modell-Mischung dieser Technikwunder präsentiert dieses Buch anhand von informativem Text und spektakulärem Bildmaterial.

256 Seiten, ca. 300 zumeist farbige Abbildungen, 215 x 270 mm, gebunden
EUR 9,95 ISBN 978-3-86852-381-2

H. Unser komplettes Programm finden Sie im Buchhandel und unter www.heel-verlag.de

EINZIGARTIG

Deutschlands **EINZIGE MONATLICH ERSCHEINENDE** Zeitschrift für klassische Traktoren und Landmaschinen.

SCHNELLER IST KEINER: aktuellste Nachrichten und News aus der Szene und ein schnell drehender Fahrzeugmarkt – das bietet nur OLDTIMER TRAKTOR.

Die aktuelle Ausgabe gibt es **VERSANDKOSTENFREI*** beim Leserservice © 06131 / 992 -101

*nur im Inland

Im Abo: 13 % Preisvorteil · bequeme und pünktliche Zustellung · exklusives Begrüßungsgeschenk!
Aboservice: 0931 / 41 70 427

+++ www.oldtimer-traktor.com +++

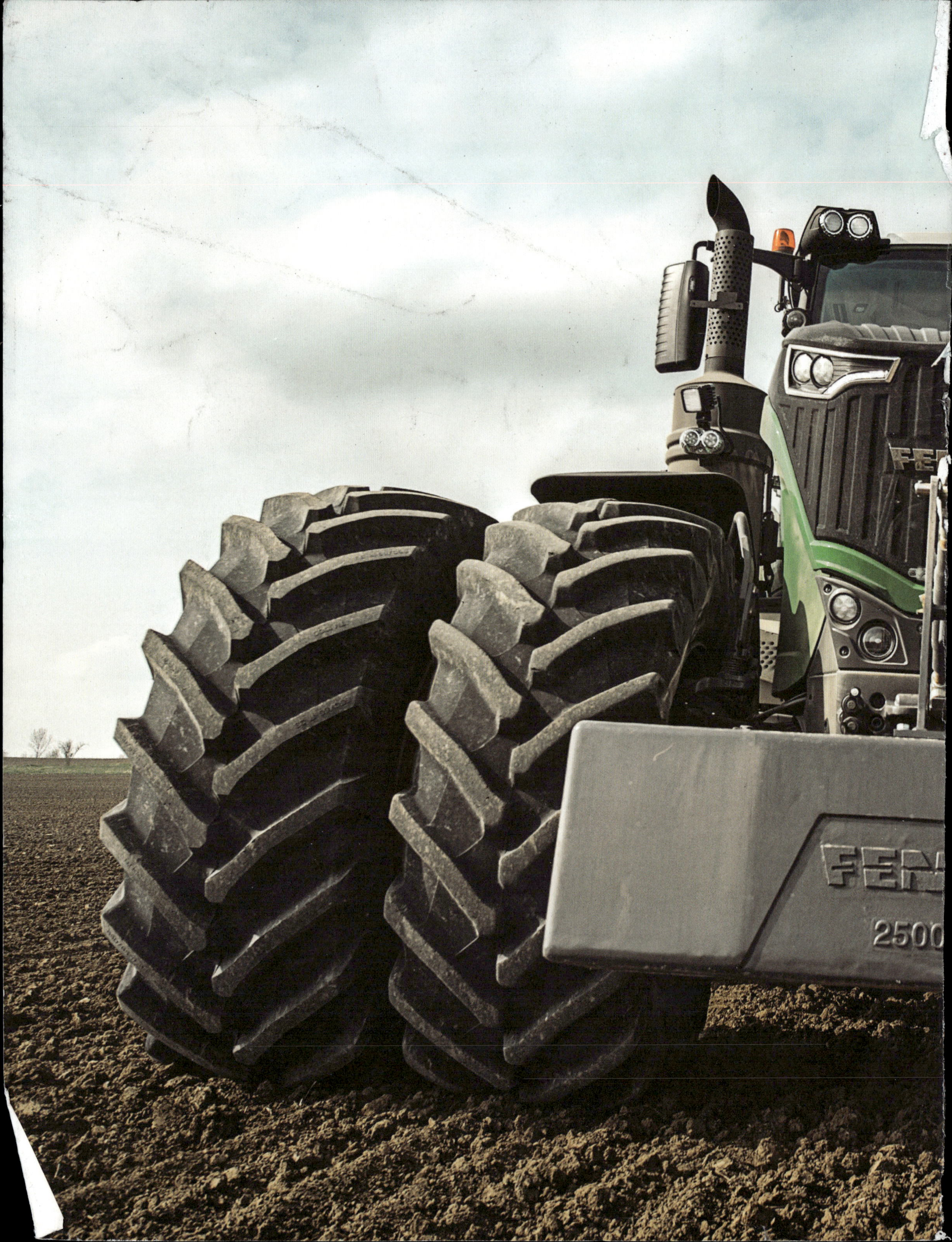
2500